先驱体转化陶瓷纤维与复合材料丛书

碳化硅复合材料反射镜及支撑结构材料

Silicon Carbide Composite Mirrors and Supporting Structure Materials

刘荣军　王衍飞　张长瑞　曹英斌　著

U0252611

科学出版社
北京

内 容 简 介

C 纤维增强的 SiC 陶瓷基复合材料（C/SiC）是 21 世纪初逐步发展起来的一类新型空间光机结构材料，适合制备大口径光学反射镜和支撑结构，是新型高分辨率空间相机光机结构材料的发展方向之一。

本书简要介绍了空间光机结构材料的发展现状，C/SiC 复合材料光学反射镜及支撑结构材料的性能特点和研究现状，并在此基础上，总结作者十余年来在 SiC 复合材料反射镜及支撑结构材料技术领域的研究成果，主要介绍轻质 C/SiC 复合材料反射镜设计与制备技术、C/SiC 复合材料残余应力测量与控制技术、近零膨胀 C/SiC 复合材料支撑结构设计与制备技术等内容。

本书可作为从事先进陶瓷及陶瓷基复合材料教学和科研工作的高等院校教师、从事相关产品开发和生产的技术人员、从事相关设计和应用的总体部门人员的参考资料。

图书在版编目（CIP）数据

碳化硅复合材料反射镜及支撑结构材料 / 刘荣军等著. —北京：科学出版社，2019.7
（先驱体转化陶瓷纤维与复合材料丛书）
ISBN 978 - 7 - 03 - 061869 - 6

Ⅰ.①碳… Ⅱ.①刘… Ⅲ.①碳化硅纤维-陶瓷复合材料-研究 Ⅳ.①TQ174.75

中国版本图书馆 CIP 数据核字（2019）第 139349 号

责任编辑：徐杨峰／责任校对：谭宏宇
责任印制：黄晓鸣／封面设计：殷 靓

科学出版社 出版
北京东黄城根北街 16 号
邮政编码：100717
http://www.sciencep.com

南京展望文化发展有限公司排版
江苏凤凰数码印务有限公司印刷
科学出版社发行　各地新华书店经销

*

2019 年 7 月第 一 版　开本：B5（720×1000）
2019 年 7 月第一次印刷　印张：17 1/2
字数：300 000

定价：115.00 元
（如有印装质量问题，我社负责调换）

丛 书 序

在陶瓷基体中引入第二相复合形成陶瓷基复合材料,可以在保留单体陶瓷低密度、高强度、高模量、高硬度、耐高温、耐腐蚀等优点的基础上,明显改善单体陶瓷的本征脆性,提高其损伤容限,从而增强抗力、热冲击的能力,还可以赋予单体陶瓷新的功能特性,呈现出"1+1>2"的效应。以碳化硅(SiC)纤维为代表的陶瓷纤维在保留单体陶瓷固有特性的基础上,还具有大长径比的典型特征,从而呈现出比块体陶瓷更高的力学性能以及一些块体陶瓷不具备的特殊功能,是一种非常适合用于对单体陶瓷进行补强增韧的第二相增强体。因此,陶瓷纤维和陶瓷基复合材料已经成为航空航天、武器装备、能源、化工、交通、机械、冶金等领域的共性战略性原材料。

制备技术的研究一直是陶瓷纤维与陶瓷基复合材料研究领域的重要内容。1976 年,日本东北大学 Yajima 教授通过聚碳硅烷转化制备出 SiC 纤维,并于1983 年实现产业化,从而开创了有机聚合物制备无机陶瓷材料的新技术领域,实现了陶瓷材料制备技术的革命性变革。多年来,由于具有成分可调且纯度高、可塑性成型、易加工、制备温度低等优势,陶瓷先驱体转化技术已经成为陶瓷纤维、陶瓷涂层、多孔陶瓷、陶瓷基复合材料的主流制备技术之一,受到世界各国的高度重视和深入研究。

20 世纪 80 年代初,国防科技大学在国内率先开展陶瓷先驱体转化制备陶瓷纤维与陶瓷基复合材料的研究,并于 1998 年获批设立新型陶瓷纤维及其复合材料国防科技重点实验室(Science and Technology on Advanced Ceramic Fibers and Composites Laboratory,简称 CFC 重点实验室)。三十多年来,CFC 重点实验室在陶瓷先驱体设计与合成、连续 SiC 纤维、氮化物透波陶瓷纤维及复合材料、纤维增强 SiC 基复合材料、纳米多孔隔热复合材料、高温隐身复合材料等方向取得一系列重大突破和创新成果,建立了以先驱体转化技术为核心的陶瓷纤维和陶瓷基复合材料制备技术体系。这些成果原创性强,丰富和拓展了先驱体转化技术领域的内涵,为我国新一代航空航天飞行器、高性能武器系统的发展提供了强有力的支撑。

　　CFC 重点实验室与科学出版社合作出版的"先驱体转化陶瓷纤维与复合材料丛书",既是对实验室过去成绩的总结、凝练,也是对该技术领域未来发展的一次深入思考。相信这套丛书的出版,能够很好地普及和推广先驱体转化技术,吸引更多科技工作者以及应用部门的关注和支持,从而促进和推动该技术领域长远、深入、可持续的发展。

中国工程院院士

北京理工大学教授

2016 年 9 月 28 日

前　言

SiC 陶瓷基复合材料，主要是指采用纤维增强的 SiC 基复合材料，通常采用的增强纤维为 C 纤维。C/SiC 复合材料具有高比强度、高比模量、低膨胀、耐腐蚀、抗辐射等优异的物理和化学性能，是 21 世纪初逐步发展起来的一类新型空间光机结构材料，适合制备大口径光学反射镜和支撑结构，能有效提高卫星的有效载荷，是新型高分辨率空间相机光机结构材料的发展方向之一。

本书基于新型陶瓷纤维及其复合材料国防科技重点实验室十多年来在 C/SiC 复合材料光学反射镜及支撑结构方面的研究积累，较为系统地介绍了空间光机结构材料的发展现状、C/SiC 复合材料光学反射镜及支撑结构材料的性能特点、C/SiC 复合材料反射镜设计与制备技术、C/SiC 复合材料支撑结构设计与制备技术。C/SiC 复合材料反射镜设计与制备技术包括：C/SiC 复合材料反射镜结构设计技术、C/SiC 复合材料光学反射镜坯体制备技术、梯度过渡层制备技术、光学改性涂层制备技术、反射镜坯体应力控制技术等。C/SiC 复合材料支撑结构制备技术包括：近零膨胀 C/SiC 复合材料设计技术、近零膨胀 C/SiC 复合材料制备工艺和 C/SiC 支撑结构（镜筒）制备技术等。

本书内容是作者所在团队在 C/SiC 复合材料反射镜及支撑结构技术科研实践中的积累与总结，由刘荣军、王衍飞、张长瑞和曹英斌共同编写。书中融入了周浩、张玉娣、于坤的博士学位论文研究成果和王静、张德珂、黄禄明的硕士学位论文研究成果，严春雷博士在书稿和参考文献整理方面付出了辛勤劳动，在此一并表示感谢。

　　作者希望通过本书的介绍能使科研技术人员对 C/SiC 空间光机结构材料的特点、优势、制备技术有较为全面地了解，对空间光机结构材料的发展现状与趋势有较为准确地把握，从而为新型高分辨率空间相机的结构设计、选材、制备等提供指导与帮助。

2019 年 4 月 28 日

目　录

第 1 章 绪 论

纤维增强 SiC 陶瓷基复合材料具有轻质、耐高温、高稳定性等优异性能,在航空航天诸多领域有着广泛的应用需求[1-11]。空间相机是卫星有效载荷的重要组成部分,降低空间相机的质量可大幅度减少卫星的有效载荷,从而节约卫星的发射成本。空间相机的质量主要是由反射镜和光学支撑结构件组成,因此,空间相机光机结构的轻量化措施包括两方面:一方面是采用新型轻质的反射镜坯体;另一方面是采用轻质、高性能的支撑结构材料。其中,支撑结构件主要包括镜筒与主承力结构件等。

2000 年以来,基于新型高分辨率空间相机对轻质、高稳定性空间光机结构材料的需求,研究人员开展了纤维增强 SiC 陶瓷基复合材料在空间相机光学反射镜及其支撑结构上的应用研究,目前,以 C/SiC 为代表的陶瓷基复合材料已陆续在空间相机上获得应用,成为一类新型的空间光机结构材料。其发展过程简要叙述如下。

对于光学反射镜材料来说,目前已发展了三代:第一代为玻璃材料,包括石英玻璃、微晶玻璃、超低膨胀熔石英等;第二代为金属材料,主要以金属 Be 为代表;第三代为 SiC 陶瓷及其复合材料。

玻璃材料具有较低的热膨胀系数和较好的光学表面加工性能,已在光学反射镜上得到大量应用。但是,玻璃材料的缺点是:弹性模量和导热系数低,在温度交变环境下容易产生热应力变形,导致反射镜面形稳定性差,影响成像质量,满足不了新型高分辨率空间相机的要求;其次,玻璃材料是脆性的,在用于制备大型反射镜时,其轻量化过程非常困难,导致光学系统的重量居高不下,增加了卫星的制造与发射成本。

以 Be 为代表的金属反射镜虽然比刚度和导热系数很高,但是其热膨胀系数很高,易产生热变形,影响空间相机的成像质量;再者,金属 Be 有剧毒,对人体有害,在对其进行加工时需要采取一系列防护措施,这大大增加了制造成本,目前,基于环保考虑,欧美一些发达国家已经停止使用 Be 反射镜。

SiC 陶瓷材料具有弹性模量高、导热系数高、热膨胀系数低、热稳定性好等优点,因此,适合用于反射镜体系。目前,国外 SiC 材料反射镜体系主要有:① 反应烧结 SiC 坯体+CVD SiC 涂层;② 普通烧结 SiC 坯体+CVD SiC 涂层。SiC 陶瓷反射镜的不足是:在坯体烧结过程中线收缩率大(反应烧结 SiC 坯体收缩率>2%;普通烧结 SiC 坯体收缩率>10%),坯体易开裂、可靠性不高,难以实现超大口径(>1.5 m)单块整体主镜的制备。

C/SiC 复合材料反射镜体系为:C/SiC 坯体+SiC 光学涂层,具有密度低、结构轻量化、热稳定性好、光学加工性能优异等优点,是国际公认的新一代反射镜材料。其优势为:采用多孔 C/C 预制件渗 Si 烧结制备 C/SiC,坯体线收缩率小于 0.1%,克服了采用其他 SiC 陶瓷镜坯制备方法收缩大、坯体易开裂的缺点;采用纤维增强改善了 SiC 本体陶瓷的脆性,提高了镜坯的可靠性。

轻量化空间相机支撑结构材料要具有以下特点:① 具有低密度;② 具有高的比刚度、比模量和抗蠕变性能;③ 具有低膨胀系数、高热导率;④ 在空间环境(真空、原子氧、冷热循环、辐射)下具有好的稳定性;⑤ 具有良好的加工性,满足支撑结构的轻量化要求。

目前,空间相机支撑结构可选用的材料有铸 Ti 合金、铸 Al 合金、铸 Mg 合金、因瓦(Invar)合金、C 纤维/树脂、SiCp/Al、C/SiC 复合材料等。对比发现,金属材料存在密度大、膨胀系数高的缺点(尽管 Invar 合金膨胀系数低,但其成型困难,难以制备大型结构复杂的光机结构件)。C 纤维/树脂比模量高、成型容易、具有可设计性,是一种理想的光机结构材料,但也存在以下问题:① 树脂材料耐辐照性能差,长期在空间环境暴露会变性,性能下降;② 树脂材料在空气中容易吸水,在空间真空环境中,水的释放会引起复合材料的尺寸变化;③ C 纤维/树脂复合材料蠕变性能差,应力状态(例如自重)下会发生尺寸的变化。因此对于精密的空间光学系统,C 纤维/树脂难以满足光机结构件高稳定性的应用要求。

近年来,随着 C/SiC 复合材料设计、成型方法、精密加工等技术的突破,其在空间相机支撑结构件(镜筒、整体框架、支撑杆、基座等)方面也表现出很大的应用潜能,具体表现为:① 低密度,且密度在 1.7~2.2 g·cm^{-3}范围内可设计;② 高弹性模量,大于 130 GPa;③ 低热膨胀系数,其膨胀系数可以采用调整复合材料的组分比和制备工艺来进行设计和调节;④ 应用温度范围宽,从 -270℃ 到 1 200℃温度下的性能保持率良好;⑤ 耐空间环境辐射、耐化学腐蚀、耐磨损等。因此,C/SiC 复合材料正逐步发展成为新型高分辨率空间相机领域主流的轻量化支撑结构材料。

1.1 高分辨空间相机对光学反射镜材料性能要求

卫星侦察是用于搜集和截获军事情报的重要手段[12]。卫星侦察的优点是侦察范围广、速度快、可不受国界限制定期或连续地监视某个区域,对于增强国家的军事实力和综合国力具有重要意义。

空间相机是卫星侦察的有效手段。空间相机的光学系统大多采用反射式设计[13],反射式光学系统中的关键部件是反射镜。为了提高空间相机的地面分辨率,要求反射镜口径大、镜面面形精度高;此外,为了降低发射费用,提高效能,要求反射镜具有高度的轻量化结构。因此,新型轻质光学反射镜成为高分辨空间相机光学系统的关键部件。

新型轻质光学反射镜的关键技术中,材料的选择是前提,镜体材料的选用决定了相机的基本重量和机械性能,影响光学系统的成像质量和热稳定性。因此反射镜材料必须具有优异的力学、热学和光学性能,同时还要考虑载荷要求、制备工艺、使用环境、制备成本和生产周期等因素[14]。

1.1.1 空间相机对反射镜材料力学性能的要求

从动力学角度分析,反射镜重量的增加,不仅将使反射镜组件的动力学特性下降,而且会增加空间相机整机的重量,导致整机自然频率下降,削弱其抵抗外界振动的能力,相机的其他技术指标也会受到一定程度的影响[15]。所以反射镜重量的减小不仅能改善其自身性能,还可以提高空间相机对力学环境的适应性。

以圆柱形反射镜为例,其重量 W 可以表示成:

$$W = \frac{1}{4}\pi \cdot d^2\rho gh \tag{1.1}$$

其中,ρ、d、h 分别为反射镜的密度、直径和厚度。由式(1.1)可知,在反射镜直径和厚度一定的情况下,要减小反射镜的重量,应该选择低密度的反射镜材料。

从静力学角度分析,在空间相机的使用过程中,太空的微重力环境将造成相机重力场的变化,反射镜在地面由于自重引起的变形将严重破坏相机的成像质量[16]。

一般来说,反射镜由自重引起的镜面变形量 δ_m,满足式(1.2)[17]:

$$\delta_{m} = k \frac{d^4}{h^2} \cdot \frac{\rho}{E} \qquad\qquad (1.2)$$

其中，k 为比例常数；E 为弹性模量。从式(1.2)可知，反射镜因自重引起的变形量与其直径的四次方成正比，与结构比刚度 E/ρ、厚度 h 的平方成反比。然而，通过增大厚度虽然可以降低反射镜的变形，却使反射镜重量大大增加。显然，增大厚度并不是降低反射镜变形的最佳途径。对于直径确定的反射镜来讲，要减小反射镜由自重引起的镜面变形，需要采用结构比刚度大的材料，也就是低密度、高弹性模量的反射镜材料。

1.1.2　空间相机对反射镜材料热物理性能的要求

空间相机对周围环境温度的变化非常敏感，由温度梯度引起的镜面变形将导致相机的视轴漂移和光学系统的波前畸变，造成影像模糊[18]。

对于温度梯度引起的镜面变形问题，根据热力学理论[19]可知，镜体材料的局部升温量 dT 导致的镜面变形量 δ_T 可以表示成：

$$\delta_T = \frac{\mathrm{d}l}{l} = \alpha \cdot \mathrm{d}T \qquad\qquad (1.3)$$

其中，变量 α、l 分别为材料的(线)热膨胀系数和线尺寸长度。此外，表面 x_0 处的热流通量 $\varphi(x_0)$ 与对应区域的温度梯度 $\mathrm{d}T/\mathrm{d}x$ 间的关系可以表示为

$$\varphi(x_0) = -\lambda \frac{\mathrm{d}T}{\mathrm{d}x} \qquad\qquad (1.4)$$

其中，λ 为热导率。将式(1.4)代入式(1.3)中，可以得到

$$\delta_T = -\left(\frac{\alpha}{\lambda}\right) \cdot \varphi(x_0)\mathrm{d}x \qquad\qquad (1.5)$$

由式(1.5)可知，环境温度引起的镜面变形量与反射镜材料的热膨胀系数、热流通量成正比，与热导率成反比。

因此，从以上分析可知，为了减小大口径反射镜镜面的形变，应采用热变形系数 α/λ 较小的反射镜材料，即高热导率、低热膨胀系数的反射镜材料。

1.1.3　空间相机对反射镜材料光学性能的要求

从应用角度来看，空间相机最为关键的技术指标是其地面分辨率。地面分

辨率受反射镜表面粗糙度和面形精度影响,高分辨率相机通常要求反射镜具有低的表面粗糙度和高的镜面面形精度。

材料表面可加工粗糙度与材料的孔隙率和孔隙大小有直接联系[20]。一般来说,为了降低表面粗糙度,应选择孔隙率低、孔隙尺寸小的致密反射镜材料。

反射镜的镜面面形精度与材料的结构与组成有关。材料结构不均匀,在光学加工过程中各点的去除速率不一致,无法获得高的面形精度。因此,为了提高镜面面形精度,应该选择无杂质、无粗大晶粒、均质结构的反射镜材料。

另外,空间相机要求反射镜环境适应能力强,因此,镜面应不仅能够耐辐射、耐腐蚀、耐磨损,而且空间中光学性能稳定。

综上所述,高分辨率相机对反射镜材料性能的整体要求是:密度低、弹性模量高、结构比刚度大;热膨胀系数小、热导率高;致密、无杂质、无粗大晶粒、均质结构,可加工出低表面粗糙度和高镜面面形精度的镜面,具备抗空间辐射能力。

1.2　轻质光学反射镜材料与轻量化结构研究现状

1.2.1　轻质光学反射镜材料发展现状

对轻质光学反射镜材料的主要性能要求可以概括为如下几点:① 大口径,光学系统的角分辨率 θ 与直径 D 的关系为:$\theta = 1.22\lambda/D$,其中 λ 为工作波长,所以当 λ 确定后,要使光学系统具有高分辨率,只有增大主反射镜的口径;② 轻量化结构、质量轻,这样可降低发射成本,提高飞行器的飞行性能,另外,在激光武器系统中,为了提高整个系统的灵敏度,缩短其响应时间,通常都要求反射镜具有轻量化结构;③ 热稳定性好,能够在很宽的温度范围内工作(4～700 K),低的峰谷(peak‐valley,PV)值以适应太空工作环境和满足低温成像的质量要求,有高的弹性模量、高的热导率、低的热膨胀系数且要求各向同性;④ 具有电磁波的衍射极限分辨率、低的散射率,这就要求反射镜表面具有材料的理论致密度,无气孔和杂质;⑤ 材料加工工艺性好,能获得低的表面粗糙度和轻量化结构;⑥ 反射镜制备工艺相对简单、成本低。

表 1.1 列出了至今用于反射镜坯体材料的物理性能。从表中数据可见,目前反射镜材料已发展了三代[21,22]。第一代反射镜材料主要是微晶玻璃[如零膨胀玻璃(Zerodur)、超低膨胀玻璃(ULE)等],其密度适中,可抛光性强,可制成很

好的镜面材料[23-27],因此,应用非常广泛,如 1990 年制造的哈勃望远镜的主镜直径为 2.4 m,主要材料是膨胀系数特别小的微晶玻璃。尽管玻璃反射镜得以广泛应用,但其玻璃材料的弹性模量低,比刚度小,要使玻璃反射镜像质稳定,反射镜的直径和厚度需要满足一定的比值,通常是 6∶1~8∶1,因此玻璃反射镜比较重。

表 1.1 典型反射镜材料性能对比[28-30]

性 能 参 数	期望值	第 一 代		第 二 代	
		Zerodur 玻璃	ULE 玻璃	Be(合金)	Al(合金)
密度 $\rho/(g \cdot cm^{-3})$	低	2.53	2.2	1.85	2.7
热导率 $\lambda/(W \cdot m^{-1} \cdot K^{-1})$	高	1.64	13	194	150
比热容 $C_p/(J \cdot kg^{-1} \cdot K^{-1})$	高	821	708	1820	919
热膨胀系数(室温)$\alpha/(10^{-6} K^{-1})$	低	3.2	0.03	11.4	24
弯曲强度 σ/MPa	高	—	—	350	—
弹性模量 E/GPa	高	91	67	303	70
比刚度 E/ρ	高	36	30	164	26
稳态变形 $10^3 E\lambda/\alpha$	高	0.05	29	5	0.44
动态变形 $E\lambda/\alpha C_p$	高	0.06	41	3	0.48
可抛光性/(Å RMS)	低	—	≤3	≤10	—

性 能 参 数	期望值	第 三 代		
		CVD SiC	RB SiC	C/SiC
密度 $\rho/(g \cdot cm^{-3})$	低	3.21	3.1	2.65
热导率 $\lambda/(W \cdot m^{-1} \cdot K^{-1})$	高	300	140	135
比热容 $C_p/(J \cdot kg^{-1} \cdot K^{-1})$	高	710	710	660
热膨胀系数(室温)$\alpha/(10^{-6} K^{-1})$	低	4.5	4.3	2.6
弯曲强度 σ/MPa	高	—	300	175±35
弹性模量 E/GPa	高	490	391	235
比刚度 E/ρ	高	152	126	88
稳态变形 $10^3 E\lambda/\alpha$	高	32	12.7	12
动态变形 $E\lambda/\alpha C_p$	高	46	17.9	18
可抛光性/(Å RMS)	低	≤3	≤10	≤20

第二代反射镜材料主要是金属,其中以 Al 和 Be 为代表[31]。Al 及其合金易变形,因而,应用比较少。Be 及其合金有较高的弹性模量、优异的力学性能,国外很多机构用它来制作轻质、大尺寸、高精度的反射式望远镜。俄罗斯瓦维洛夫国家光学研究所对 Be 反射镜的研究开展了 20 多年,制备的 Be 反射镜最大尺寸可达 1.2 m。但是金属 Be 有剧毒,机械加工性能差,并且价格昂贵[32,33]。

第三代反射镜材料主要以 SiC 陶瓷及其复合材料为主[34-37]。SiC 及其复合材料具有密度低、弹性模量高、导热系数高、热膨胀系数低、热稳定性好等优点;致密的 SiC 材料光散射小、在宽的电磁波范围内反射率高;此外,SiC 材料在真空中无挥发,且能有效防止原子氧、高能电磁辐射和高能粒子辐射对材料的损伤。因此,SiC 及其复合材料能满足高分辨率相机的要求,是一种具有广阔应用前景的反射镜材料,目前,SiC 及其复合材料已成为高性能反射镜材料的研究热点[38-60]。

1.2.2　SiC 及其复合材料反射镜轻量化结构研究现状

SiC 反射镜轻量化结构的研究经过几十年的发展,已经逐步形成了多样化的格局,不同材料、不同结构形式和不同工艺方法制备的轻量化结构反射镜,已经在天文观察、空间相机和高功率激光系统等领域获得了重要的应用[61-63]。

目前,用于实现 SiC 及其复合材料反射镜轻量化结构的技术方法主要有机械切削减重法、胶态成型减重法和转化连接法。

1. 机械切削减重法

机械切削减重法[64]是对致密化后的整块 SiC 镜体进行加工,通过磨料与镜体的机械磨削,逐步在镜体底部形成盲孔,实现减重。由于 SiC 的硬度很高,当加强筋减薄到一定程度时,容易因钻头的偏移或磨料的挤压在加强筋处造成破裂,为了避免这一情况出现,通常保留较厚的加强筋厚度和反射面板厚度,因而减重率受到限制,通常只能达到 50%左右。同时,致密 SiC 材料的加工难度大,不仅增加了加工过程中的风险,也延长了反射镜的制备周期,使得反射镜的制备成本提高。

阔斯泰(CoorsTek)公司[41]采用等静压工艺制备 SiC 素坯,使得素坯具有一定强度,可以进行机械加工,利用机械切削方式对素坯实施轻量化加工,烧结后得到轻量化结构 SiC 反射镜,其制备过程如图 1.1 所示。与致密 SiC 相比,对素坯的加工要容易得多,可以将加强筋制备得更薄,反射镜也具有较高的减重率。然而,这种方法形成的反射镜通常是底部开口结构,使得反射镜的力学性能较差。

2. 胶态成型减重法

胶态成型减重法在 20 世纪 90 年代开始应用于实现 SiC 反射镜的轻量化结构[65,66]。其工艺过程为:将 SiC 料浆注入模具后引发有机单体和交联剂交

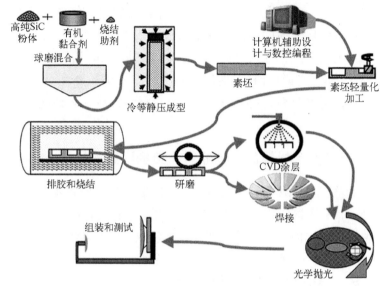

图 1.1　机械切削减重法制备底部开口的 SiC 反射镜

图 1.2　底部开口的 SiC 反射镜

联,从而形成 SiC 坯体,烧结后得到具有一定轻量化结构的 SiC 反射镜。该方法的缺点是脱模过程中容易对加强筋造成破坏。因此,反射镜加强筋较厚,轻量化率较低。图 1.2 为采用胶态成型法制备的底部开口的 SiC 反射镜,反射镜直径 295 mm,轻量化孔为三角形,面板厚度 3.2 mm,加强筋厚度 2 mm,总高度 60 mm,面密度 24.9 kg·m^{-2},减重率 58%。

3. 转化连接法

德国工业设备管理(IABG)公司和道尼尔卫星系统(DSS)公司[67-70]从 20 世纪 90 年代开始进行 SiC 复合材料反射镜的转化连接研究。他们将一种特殊的黏合剂涂敷于待连接素坯或 SiC 构件的表面,连接成所需要的轻量化结构形式,在高温时,黏合剂裂解形成 C,与引入的熔融 Si 反应后转化为 SiC,从而将素坯或 SiC 构件连接起来,形成轻量化结构的 SiC 反射镜。

转化连接法最大的特点是可以制备出夹芯结构和底部局部开口的 SiC 反射镜。如图 1.3 所示,IABG 和 DSS 采用转化连接法成功制备了背部局部开口的

C/SiC 反射镜。另据报道,步高石
墨(Poco)公司[71]也采用该方法制
备了小尺寸夹芯结构 SiC 反射镜。

另外,针对不同的反射镜轻
量化结构形式,结构参数的优化
也呈现出多样化的特点。在轻量
化孔的几何形状方面,有三角形、
四边形、六边形、圆形、扇形以及

图 1.3 底部局部开口的 C/SiC 反射镜

多种形状的组合形式等,其中以三角形为主。同时,为了进一步减轻反射镜的重
量,SiC 反射镜通常采用薄的加强筋结构,Poco 公司制备的 ϕ250 mm 反射镜[37],
面板厚度 1.7 mm,加强筋厚度仅 1.2 mm,面密度 16 kg·m^{-2},通过计算,其减重率
达到 63%。

综上所述,目前 SiC 及其复合材料反射镜轻量化结构的特点是:结构形式
由底部开口结构向夹芯结构发展;轻量化孔的几何形状多样化;加强筋厚度越来
越薄、面密度越来越低、轻量化率越来越高。

1.3 SiC 陶瓷反射镜的制备及其应用进展

1.3.1 SiC 陶瓷反射镜的制备工艺

SiC 反射镜坯体根据其制备工艺的不同可分成很多种。主要的材料类型普
通烧结法 SiC(Sintered SiC)、热(等静)压法 SiC(HP SiC)、反应烧结法 SiC(RB
SiC)、化学气相沉积法 SiC(CVD SiC)、多孔泡沫法 SiC(Porous SiC)陶瓷等[75]。
表 1.2 为不同工艺方法制备的 SiC 陶瓷反射镜性能比较。从表 1.2 可以看出,各
种工艺制备的 SiC 陶瓷材料都具有反射镜要求的优异力学性能及热物理性能,
但只有 CVD 工艺制备的 SiC 材料能够满足光学加工要求,适合用作高性能反射
镜的光学镜面[76-79],但 CVD 制备工艺周期长,仅适合制备高纯度、薄层制品,因
此在制备厚的高性能 SiC 陶瓷反射镜时,通常需将反射镜坯体与反射镜光学镜
面采用不同工艺分别制备,以利用不同制备工艺的优点满足反射镜使用的要求。
陶瓷反射镜一般由坯体及表面光学反射层组成,坯体要求满足反射镜所要求的
力学、热学以及轻量化结构要求,而光学层材料则要求细晶、致密、可加工到足够
高的表面光洁度,以及与坯体的物理、化学性能相匹配。除 CVD SiC 涂层外,由

于单晶或多晶 Si 与 SiC 材料有良好的热匹配性能,同时也能够满足光学抛光精度的要求,常用来作为 SiC 反射镜表面的光学反射涂层。

表 1.2　不同工艺方法制备的 SiC 材料性能对比[72-74]

材料类型	密度 /(g·cm⁻³)	热导率 /(W·m⁻¹·K⁻¹)	比热容 /(J·kg⁻¹·K⁻¹)	弹性模量 /GPa	热膨胀系数 /(10⁻⁶ K⁻¹)	可抛光性 /(Å RMS)
Sintered SiC	3.1	15~120	—	408	4.5	≥100
HP SiC	3.2	50~120	—	451	4.6	≥50
RB SiC	3.1	120~170	—	391	4.3	≥10
CVD SiC	3.21	300	710	490	4.5	≤3
Porous SiC	0.10~1.45	—	340	—	4.2	≥100

1. 普通烧结法

普通烧结法是传统的陶瓷成型方法,它是在一定的温度下将 SiC 粉末烧结成型,由于纯 SiC 粉末很难烧结成型,所以通常要在粉体中添加一些烧结助剂,如 B、B_4C、Al_2O_3、MgO、Y_2O_3 等,这样通过产生一定的液相成分,提高界面扩散能力,降低烧结温度,提高陶瓷的致密度。据报道,美国在 2004 年 5 月份发射的 ROCSAT 相机中采用的主镜即为普通烧结方法制备的 $\phi600$ mm 的烧结 SiC 反射镜,除反射镜本身外,反射镜支撑结构同样也采用这种普通烧结 SiC 材料[80]。这种工艺简单易行,成本相对较低,但是坯体收缩较大,致密度不高,从而导致抛光精度很低,需要在其表面制备光学致密层。

2. 热(等静)压法

热(等静)压法是将 SiC 粉末和烧结助剂混合后置于模具中,通过施加单向压力或等静压力烧结。具体工艺流程如图 1.4 所示。

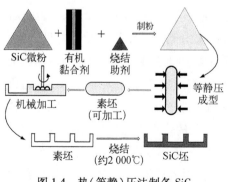

图 1.4　热(等静)压法制备 SiC 反射镜坯体工艺图

这种方法得到的 SiC 材料密度可达到理论密度(3.21 g·cm⁻³)的 98%以上,体积收缩一般控制在 14%左右,可以通过计算准确设计,因此这种方法可近净成型,最终的尺寸误差可控制在 $0.2~0.5$ mm。与普通烧结法相比,致密度高,机械性能也有所提高,同时光学加工精度也较普通烧结法制备的 SiC

高。该种方法制备反射镜时,除在表面制备 CVD SiC 涂层外,同样可以在其表面制备一层光学质量好的 Si 涂层。该工艺的缺点是由于高温高压的限制,制备的样品形状单一,不能制备复杂形状的构件[81,82],另外,由于烧结助剂的加入使得这种方法制备的 SiC 材料的热导率降低,与其他方法相比,膨胀系数略有增加。

3. 反应烧结法

反应烧结法是一个比较成熟且具有较长发展历史的工艺,它是由 SiC 粉体与 C(以有机或无机的形式加入)成型后在 1 410~1 600℃下与引入的液相或气相 Si 反应生成 SiC,新生的 SiC 与原有 SiC 颗粒结合,同时液相或气相的 Si 充填残留的气孔。该工艺制备温度低,一般来讲,由于 SiC 的共价键特性,普通的烧结通常需要很高的制备温度(>1900℃),而反应烧结仅需在 Si 熔点以上进行,比其他烧结工艺制备温度低数百摄氏度。另外,在烧结过程中几乎不产生收缩,尺寸变化很小,对于制备复杂形状制品特别有利,这种净成型工艺避免了后续加工过程,可以实现素坯轻量化设计及加工,此外该工艺制备的 SiC 材料近乎完全致密,可实现零开口气孔率,通过调整泥浆组分及其他工艺参数,复合材料中 Si 组分可控制在 10%~40%,因而可以控制产品的最终密度;这种工艺同时有着制备周期短、成本低的优点。通过控制工艺参数,可以实现对反射镜坯体的密度、强度、模量及热导膨胀等性能[34,83]的设计。

由于这种方法简单易行,是目前许多国家制造 SiC 反射镜坯体的优选方法,反应烧结法在反射镜坯体的制造性能、坯体轻量化结构设计和低成本方面具有很大优势,特别是对于大尺寸反射镜,反应烧结法的优势更加明显,如美国 Poco 公司利用反应烧结法制备出性能优异的直径约 500 mm 的 SiC 平面反射镜,支撑结构的厚度仅 1.2 mm,重量仅 2.5 kg,反射镜平均面密度为 13.06 kg·m⁻²[71],反射镜基本能实现近净成型。

4. 化学气相沉积法

化学气相沉积法是以含 Si 的有机先驱体在高温下气相沉积形成 SiC 膜或块体材料的工艺。通过对工艺参数的控制可以获得细晶、高密度的材料,常用的先驱体是甲基三氯硅烷(CH₃SiCl₃,MTS),反应式如下:

$$CH_3SiCl_3(g) \xrightarrow{\text{过量 H}_2} SiC(s) + 3HCl(g) \tag{1.6}$$

MTS 作为先驱体的优点是:其分子中 Si∶C 为 1∶1,可分解成化学计量的

SiC,因而可制备出高纯 SiC,而且 MTS 沉积的温区特别宽,在 900~1 600℃均可发生沉积。采用这种工艺制备 SiC 反射镜坯体时一般选择膨胀系数与 SiC 接近的石墨材料为芯材,采用 CVD 工艺在表面生成一层 SiC 层,然后去除石墨芯材后得到纯 SiC 反射镜坯体。

CVD 工艺的优点是可以制备出理论密度、纯度达 99.999 5% 的 β-SiC,光学加工精度非常高;而且由于 β-SiC 是立方结构,具有各向同性的性能;其缺点是沉积速率较慢、工艺时间比较长,所以 CVD 非常适宜制备致密反射镜表面涂层。作为光学反射涂层时能够抛光到小于 0.3 nm 的光学表面粗糙度,且具有低散射、较高的高低温稳定性以及耐氧原子与电子束辐照等性能。

5. 多孔泡沫法

反射镜轻量化技术除了采用背部开孔结构或蜂窝夹芯结构等减重方式外,还包括坯体采用多孔或泡沫材料。目前,多孔 SiC 材料已广泛应用于反射镜技术[54,84],美国 Ultramet 公司是第一个提出采用轻质开孔 SiC 泡沫结构作为反射镜坯体的公司,SiC 泡沫在结构和质量上比传统的蜂窝结构和其他轻量化结构有更大的优势。

SiC 泡沫制备过程通常是:采用聚氨酯泡沫渗有机树脂,然后裂解得到开孔碳泡沫,这种碳泡沫质地坚硬,可以加工成所需的任意形状,可通过 CVD/CVI 工艺沉积各种物质,包括 Si 和 SiC。Si 泡沫和 SiC 泡沫两侧黏接单晶硅片,制造出三明治结构的镜片[85]。此外,这种 SiC 泡沫结构需要先在表面涂敷泥浆来进行表面封孔,之后在其外表面制备一层 CVD SiC 涂层作为反射镜表面。采用 SiC 泡沫结构的反射镜性能可以达到并超过现有的高质量玻璃、陶瓷以及金属反射镜,并具有较低的密度。

Ultramet 制备出 SiC 泡沫支架+表面 CVD SiC 涂层反射镜面板的反射镜,平均面密度仅为 4 kg · m^{-2},图 1.5 为表面制备了 CVD SiC 涂层的泡沫 SiC,图 1.6

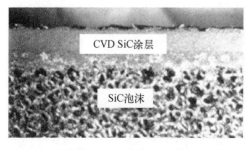

图 1.5　表面制备了 CVD SiC 涂层的泡沫 SiC　　图 1.6　Ultramet 公司制备的 ϕ100 mm 多孔 SiC 反射镜照片

为 Ultramet 公司制备的 ϕ100 mm 多孔 SiC 反射镜照片。另外,美国洛杉矶的休斯(Hughes)航空公司的研究工作中,采用体积密度仅为 5% 的多孔 SiC 作为反射镜坯体,多孔 SiC 表面由两个 SiC 薄片组成,为了保证反射镜表面光学质量,在其中的一个 SiC 表面制备一层 CVD SiC 涂层[86]。意大利的 Citterio 等人也采用三明治结构制造泡沫支撑体 SiC 反射镜,密度为 0.2 g·cm^{-3} 的泡沫支撑体的厚度为 98 mm,CVD SiC 镜片厚度 1 mm,镜片面密度为 26 kg·m^{-2}[87]。

1.3.2　SiC 陶瓷反射镜的应用进展

从 20 世纪 80 年代初开始,美国、苏联、德国、法国等国家开始对应用于光学系统的 SiC 反射镜进行研究,90 年代制得 SiC 反射镜,现已在 SiC 镜坯制作、研磨和抛光方面取得了较大进展。较为著名的研究机构有美国的光学系统联合技术(United Technologies of Optical System, UTOS)公司[88,89] 和苏联的瓦维洛夫国家光学研究所[36]。据报道,他们已能利用反应烧结法制备 ϕ1 200 mm SiC 陶瓷反射镜,面密度可达 10 kg·m^{-2},表面光洁度 10Å RMS[90]。SiC 反射镜主要应用在以下三个领域:大型轻量化反射镜、低温反射镜以及高能激光反射镜[87,91,92]。

1. 大型轻量化反射镜

SiC 材料比刚度高,能够用于制造直径达 3 m 的轻质反射镜,应用在空间光学系统工程中,不仅成本大幅度降低,而且分辨率有所提高。

美国 SSG 公司研制了一系列 SiC 轻型反射镜:直径 90 mm 的反射镜,质量小于 30 g;直径 230 mm 的网络结构反射镜,质量小于 400 g;直径 600 mm 的 SiC 主镜,质量小于 5.5 kg[39,93,94]。

日本航天与航空科学研究院研制的在 2003 年发射的空间望远镜中使用的 SiC 轻质反射镜,直径 700 mm,质量仅 8.2 kg,如图 1.7 所示。

国内中国科学院长春光电研究所在反应烧结法制备 SiC 反射镜方面已展开了大量的研究,取得了重要的进展,图 1.8 为其研制的口径 4.03 m RB SiC 反射镜坯[95]。

其他如法国、加拿大等国家在 SiC

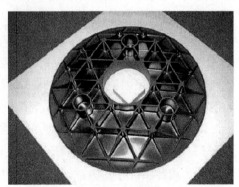

图 1.7　日本航天与航空科学研究院研制的 SiC 反射镜

图 1.8　长春光电研究所研制的口径 4.03 m SiC 反射镜坯

反射镜制备和应用方面均开展了相应的研究。

2. 低温反射镜

为了测量和记录红外射线,必须使反射镜本身的散射达到最低程度,将光学仪器和探测器冷却到最低的温度可以实现这个目的,因此,对低温反射镜的研制和生产提出了需求。制造低温反射镜的主要困难是在常温下加工的光学表面,在 10~50 K 的工作温度下,光学表面会发生热变形,这与反射镜材料的各向异性的特点联系在一起,其中主要是线性热膨胀系数的各向异性;制造低温反射镜的另一个困难是需要安装制冷系统,从而保证反射镜与制冷器进行必要的热传导交换,以及反射镜在工作温度下和出现热应力时保持光学表面的面形精度。选用 SiC 作为低温反射镜材料,工作系统具有最大的尺寸、温度稳定性以及最小的散射率。测试表明,在干涉仪的精度范围内,从常温转移到低温或从低温转移到常温时,SiC 反射镜不会发生变形滞后,面形精度始终保持不变,这种温度稳定性高的优点可以在相当程度上拓宽反射镜的工作范围,减小对温控系统的要求。

3. 高能激光反射镜

SiC 反射镜可以用于激光反射镜,镜面形状可以是平面、球面、回转非球面或离轴非球面,反射镜能够和装夹、冷却元件连接在一起,保证在制造和使用激光系统的过程中光学表面的面形精度不受破坏。

俄罗斯学者依·阿·费德罗夫根据各种反射镜坯体材料性能数据,得出 SiC 材料是 HF/DF 高能激光器反射镜最佳材料的结论。另外,据报道,在美国的天基激光武器项目计划中,目前世界上功率最大的连续波激光器——5.5MW 的 ALPHA 环柱型高能 HF 激光器使用的也是 SiC 反射镜,其支撑结构也全部采用 SiC 材料[96],如图 1.9 所示。

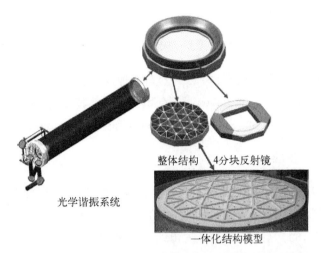

整体结构　4分块反射镜

光学谐振系统

一体化结构模型

图 1.9　在环柱型高能 HF 激光器光学系统中的 SiC 整体结构

1.4　C/SiC 复合材料反射镜制备及其应用进展

1.4.1　C/SiC 复合材料反射镜的特点及优势

除 SiC 陶瓷反射镜外,SiC 基复合材料同样由于其优异的力学和热学性能成为反射镜坯体的可选材料,SiC 基复合材料一般包括 C/SiC 复合材料和 SiC/SiC 复合材料两种,与 SiC/SiC 复合材料相比,C/SiC 复合材料具有更低的膨胀系数和更高的导热系数,成为 SiC 基反射镜发展的重要方向。与 SiC 单相陶瓷反射镜相比,C/SiC 复合材料反射镜具有如下特性:

(1) 低密度,密度为 $1.7\sim2.7~\mathrm{g\cdot cm^{-3}}$,并且可调整,能进一步实现轻量化;

(2) 高模量;

(3) 低膨胀系数,在低温下接近零膨胀,且膨胀系数可根据组分比来调节;

(4) 高热导性能;

(5) 高热稳定性能;

(6) 更易实现轻量化;

(7) 耐环境性(如高低温环境、耐腐蚀、耐辐射等性能);

(8) 制备工艺相对简单,成本较低。

因此,C/SiC 复合材料作为一种新型反射镜材料,有望代替 SiC 单相陶瓷材料作为轻质反射镜材料。

1.4.2　C/SiC 复合材料反射镜坯的制备工艺

常用的制备 C/SiC 复合材料的工艺有三种：液/气相渗硅法（liquid silicon infiltration/gaseous silicon infiltration，LSI/GSI）、先驱体转化法（precursor infiltration and pyrolysis，PIP）、化学气相渗透法（chemical vapor infiltration，CVI）。

1. 液/气相渗硅法

液相渗硅方法制备轻质反射镜坯体通常是将短切 C 纤维预制件用酚醛树脂或其他含 C 先驱体真空浸渍，干燥固化后，在 1 000℃左右裂解；然后将裂解后的样品在 2 100℃左右的真空炉中石墨化后得到 C/C 复合材料，石墨化高温处理的作用主要是提高 C 材料的石墨化程度，从而提高复合材料的强度、刚度，提高坯体的机械加工性能；最后将 C/C 复合材料置于高温真空炉中，1 600℃左右进行液相 Si 浸渍反应后得到密度 2.6~2.7 g·cm^{-3} 的 C/SiC 复合材料[97]，将这种材料研磨找平后得到反射镜坯体。这种工艺制备的材料一般包括 SiC、Si 及 C 三种物质。

液相反应的优点是：可以通过调整 C/C 素坯的密度和孔隙率控制最终复合材料的密度；可采用转化连接技术制备具有夹芯结构的大尺寸轻量化反射镜。欧洲很多公司，如阿斯特里姆（Astrium）、布斯特工业（Boostec）和 IABG 公司，近几年来都不同程度地对这种方法进行研究，制备出性能优异的反射镜。如德国 IABG 公司[98,99]采用该方法制备的 C/SiC 复合材料反射镜作为空间望远镜主镜，直径 630 mm，质量仅为 4 kg，利用 C/C 的连接技术及轻量化加工性能，反射镜的背部加强筋的厚度只有 1 mm，轻量化系数达到 0.12，目前最大可制作尺寸为 3 m 的大型反射镜，有望成为美国下一代空间望远镜（Next Generation Space Telescope，NGST）的主反射镜。

然而，液相渗硅工艺也存在其自身的缺点，主要是液相反应过程中 Si 与 C 反应很快且难以控制，在制备大尺寸反射镜坯体时，容易造成坯体的开裂。因此，为了克服 LSI 的不足，研究者发展了 GSI 工艺，以气相 Si 代替液相 Si 作为渗透和反应物质。本书作者所在研究团队对气相渗硅技术制备 C/SiC 复合材料进行了研究，希望探索出更好的 C/SiC 反射镜坯制备工艺。

2. 先驱体转化法

先驱体转化法是近年来发展起来的一种制备纤维增强陶瓷基复合材料的工

艺,它是利用有机先驱体在高温下裂解转化为无机陶瓷基体的一种新方法[100-110]。先驱体裂解法的优点是可制备形状比较复杂的异型构件;裂解时温度较低,材料制备过程中对纤维造成的热损伤和机械损伤比较小。不足之处是由于高温裂解过程中小分子溢出,材料的孔隙率高,很难制备出完全致密的材料,而且有机先驱体转化为无机陶瓷过程中材料的体积收缩大,收缩产生的内应力不利于提高材料的性能。另外,为了达到较高的致密度,必须经过多次浸渗和高温处理,制备周期较长[111-116]。

3. 化学气相渗透法

化学气相渗透法起源于 20 世纪 60 年代中期,是在 CVD 工艺基础上发展起来的制备陶瓷基复合材料的方法。从微观尺度上讲,CVI 和 CVD 的实质完全相同,只是 CVI 可看作在多维复杂的表面沉积,而 CVD 是在二维连续表面沉积。

化学气相渗透法制备 C/SiC 反射镜坯体的基本过程是:将 C 纤维预制件加工成一定的形状,在高温下通过含硅有机先驱体气相组分向预制件内部渗透并沉积形成 SiC 基体。常用的工艺为等温 CVI 工艺,该种工艺可以在同一反应炉中同时致密不同大小形状的预制件。采用低温、低压和低反应气体浓度可促进渗透,防止表面沉积,也就是说,要保证 CVI 工艺应由化学反应速率控制,而不是通过孔隙扩散或边界层扩散所控制。

等温 CVI 主要优点是 CVI 制备的 C/SiC 复合材料具有良好的力学性能,与其他工艺相比,采用低温、低压,减少了对增强体 C 纤维的损伤;此外,它还可以进一步致密其他工艺制备的材料,只要表面是开孔的,就能填充内部孔隙,还能致密各种不规则构件,实现近净成型;基体纯度和微观结构比其他方法好,不需要烧结,沉积出的基体可控制为细颗粒结构,从而增加了材料的低温和高温性能。另外,由于 CVI 沉积的 SiC 与 CVD SiC 涂层的结构和性能一致,因此采用此方法制备的 C/SiC 复合材料与 CVD 涂层结合性能较好。它的缺点是为了获得高密度和高性能的材料,CVI 沉积工艺中所需要的时间特别长。为了克服 CVI 周期长的缺点,除等温 CVI 外还有热梯度、均热-强制气流、热梯度强制气流、脉冲气流、微波法及激光 CVI 等工艺[117-123]。

除上述三种工艺单独使用来制备 C/SiC 复合材料外,各种工艺联用,如 CVI－RB、PIP－RB、CVI－PIP 等,均具有良好的发展前景,多种工艺联用可以弥补单独使用一种工艺的缺陷,制备出综合性能优异的 C/SiC 复合材料。

1.4.3　C/SiC 复合材料反射镜的应用

C/SiC 复合材料主要应用于 C/SiC 反射镜和反射镜支撑结构[124-129]。C/SiC 复合材料用于轻质反射镜材料的研究已有近 20 年的时间,其中以德国的研究处于世界领先地位,德国已成功实现 C/SiC 复合材料反射镜在卫星上的应用。此外,美国和日本也在积极开展这方面的研究。美国和日本主要是通过和德国的合作来实现 C/SiC 复合材料在空间相机反射镜和光机结构件方面的应用。

德国的工业陶瓷材料(ECM)公司开发了商品名为 Cesic 的 C/SiC 复合材料,用于制备轻型反射镜。格雷戈尔(Gregor)空间望远镜的主镜 M1、次镜 M2 和三镜 M3 均采用 Cesic C/SiC 复合材料,直径分别为 1.5 m、0.42 m 和 0.36 m,图 1.10 为

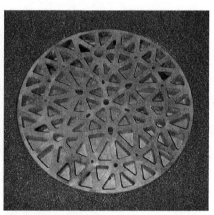

(a) C/SiC复合材料主镜,直径1.5 m　　　　　(b) C/SiC复合材料次镜,直径0.42 m

(c) C/SiC复合材料三镜,直径0.36 m

图 1.10　用于 Gregor 空间望远镜的 C/SiC 复合材料反射镜

Gregor 太空望远镜的反射镜实体照片[130]。ECM 公司现有的 C/SiC 反射镜坯体的制备平台可以满足直径 2.4 m 反射镜的制备需求。

　　图 1.11 为 ECM 公司为法国红外预警预备系统卫星制备的 C/SiC 复合材料反射镜及支撑结构[131]。2009 年 2 月 12 日,法国阿丽亚娜(Ariane)公司成功地将该系统的两颗微卫星送入地球同步轨道。

图 1.11　ECM 公司制备的 C/SiC 复合材料反射镜及支撑结构

日本三菱电气公司联合东京大学和德国 ECM 公司开展了 SPICA 计划,进行直径 3.5 m C/SiC 复合材料主镜的研制,制备的直径 2 m C/SiC 复合材料反射镜用于可见光/红外波段的对地观测,已完成直径 4 m C/SiC 复合材料镜坯制备平台的建设。图 1.12 为用于演示验证的直径 0.75 m C/SiC 复合材料反射镜,该反射镜用于 SPICA 望远镜上天前的各种模拟考核[91,132]。

图 1.12　日本三菱电气公司研制的直径 0.75 m C/SiC 复合材料反射镜

　　美国通用电气公司也和德国 ECM 建立了牢固的合作关系,获得了在美国本土生产 Cesic 品牌 C/SiC 复合材料反射镜的授权。目前,通用电气公司建立了直径 1 m C/SiC 复合材料反射镜坯制备的设备平台(图 1.13)[44]。

　　德国的 IABG 和 DSS 公司,在 ESA 和 NASA 的资助下,发展了一系列用于光学和光机部件的 C/SiC 材料,目前已可以制备直径 3 m、长 4 m 的 C/SiC 复合材料,NASA 的资助目的是研制开发用于 NGST 的大尺寸 SiC 基复合材料反射镜[3,70,133-136]。图 1.14 是 IABG 和 DSS 公司研制的用于 NGST 原理机的 C/SiC 轻型反射镜,面密度为 8 kg·m^{-2},直径为 500 mm,厚度为 50 mm,该镜具有三角形的支撑肋,肋的厚度只有 1 mm。

　　　　(a) 渗硅烧结炉　　　　　　　　　　(b) 化学气相沉积(CVD)炉

图 1.13　美国通用电气公司直径 1 m 的 C/SiC 复合材料反射镜坯制备平台

　1.14　用于 NGST 原理机的 C/SiC 反射镜　　　图 1.15　C/SiC 轻型扫描镜图

　　图 1.15 为 IABG 和 DSS 联合研制的用于流星 2(Meteosat Second Generation，MSG)地球同步轨道卫星上的轻型扫描镜，该镜为椭圆形，长、短轴分别为 80 cm、50 cm，质量为 7 kg。该镜表面利用 CVD 工艺制备了致密 SiC 涂层，抛光后面形精度为 60 nm RMS，表面粗糙度小于 1 nm。

1.5　光学支撑结构材料研究现状

1.5.1　光学支撑结构材料应用背景

　　空间相机的重要部件除了光学反射镜，还包括光学支撑结构。光学支撑结构主要包括反射镜镜筒、光具座、桁杆、焦平面基板等。空间相机工作环境的温度、辐射、碎片，以及空间原子氧冲击和火箭发射过程中的振动都会对相机光学系统的精密结构造成影响,成为决定空间相机使用寿命及成像精度的关键因素。因此,空间光学支撑结构材料必须具有优异的力学性能和热稳定性等,具体可归纳为以下几点:

(1) 低密度。光学支撑结构材料必须具有轻量化的特点,密度一般控制在 $1.7 \sim 2.2 \ \mathrm{g \cdot cm^{-3}}$。

(2) 低热膨胀系数。为保证空间相机的高精度,支撑结构在空间温度剧烈变化的环境中要与反射镜保持精确的位置关系,因此其热膨胀系数应尽量低。

(3) 良好的力学性能。断裂强度和韧性高,以承受空间相机在运行转动过程中可能产生的轴向力、弯矩和剪切力。具有较高的弹性模量,使其不易变形,能够保持外形稳定。

(4) 应用温度范围宽。在 $-270^{\circ}\mathrm{C} \sim 200^{\circ}\mathrm{C}$ 温度范围内的性能保持良好。

(5) 耐空间环境辐射、耐原子氧冲击、耐磨损。

(6) 优异的结构成型工艺。可通过结构设计、制备工艺和组分进行设计和调节。

(7) 易于加工,原料易得,成本低廉。

其中,热膨胀系数是光学支撑结构材料最关键的性能指标之一,它关系着空间相机的分辨率。因此空间光学支撑结构材料在服役温度范围内的热膨胀系数应尽可能低,理想化的材料体系还应具有零膨胀特性。

1.5.2　低膨胀光学支撑结构材料发展现状

物质材料在受热时体积膨胀,在受冷时体积收缩,是通常所说的热胀冷缩现象。工程上材料的热胀冷缩能力用热膨胀系数来表示,其定义如下:

$$\alpha = \frac{\mathrm{d}(\ln L)}{\mathrm{d}T} = \frac{(L - L_0)}{L_0(T - T_0)} \qquad (1.7)$$

式中, L 和 L_0 分别为在 T 和 T_0 时材料的长度。

按照热膨胀系数的高低,一般将材料分为高热膨胀系数物质($\alpha > 8.0 \times 10^{-6} \ \mathrm{K^{-1}}$)、中等热膨胀系数物质($2.0 \times 10^{-6} \ \mathrm{K^{-1}} < \alpha < 8.0 \times 10^{-6} \ \mathrm{K^{-1}}$)和低热膨胀系数物质($\alpha < 2.0 \times 10^{-6} \ \mathrm{K^{-1}}$)[137]。

固体的热膨胀行为是由原子间的势能决定的。物质内两原子在原子间斥力和引力的作用下达到平衡位置,并一直围绕其平衡位置做随机振动,温度升高会导致热振动幅度加剧,热运动使得两个原子相对位置发生变化,宏观上表现为材料的热膨胀,因此,材料的热膨胀是由原子间作用力的非对称产生的[138]。在原子尺度上,两原子间的作用对热膨胀系数的影响有三种可能的机制[139,140]:① 键伸缩效应,原子对沿轴线方向振动,原子间的距离随温度的升高而升高;② 张力效应,原子在平衡位置沿轴线的垂直方向振动,从而抵消了键伸缩效应,在面心立方体系中使膨胀系数为负;③ 键转动效应,原子间的距离沿轴向和垂直方向均发生变动,但这种效应对热膨胀的影响很小。

在晶体中,键的伸缩效应和张力效应同时发生,如果两种效应的作用几乎能够相互抵消,则材料宏观上体现低膨胀;若张力效应较键伸缩效应占优势,则材料在宏观上可能体现出负膨胀。在一些复杂的晶体结构中,可能存在多种相互竞争的振动机制同时对热膨胀产生影响,并且在不同的温度下体现出不同的大小,因此材料的热膨胀体现出多变性。此外,研究表明[137],在低温下非振动效应(肖托基效应、分子旋转、电子效应)也会对材料的热膨胀系数产生一定的影响。

低膨胀光学支撑结构材料主要有 Invar 合金、钨酸锆陶瓷材料、磷酸盐陶瓷材料、C 纤维增强复合材料等。

1. Invar 合金

Fe、Ni、Co 等过渡族元素所组成的合金,由于它们的铁磁性使得在居里温度(失去磁性的临界温度点)以下表现出反常的热膨胀性,1896 年法国物理学家 Guilaume 首先发现铁镍合金($Fe_{65}Ni_{35}$,含 Mn 0.4% 和 0.1% 的 C)在镍含量为 36% 时室温热膨胀系数达到最小,并将其命名为 Invar 合金[141,142]。

随着对 Invar 合金研究的不断深入,其低膨胀特性迅速得到广泛的应用,并在应用中不断发展出不同种类的改型合金。但是,Invar 合金制备工艺要求严格,研究发现,元素 C、Cu、Ti、Mn、Cr 等含量对 Invar 合金的热膨胀系数都会产生影响,实际上除了 Co 元素外大多数元素都会增加 Invar 合金的热膨胀系数,因而在 Invar 合金的制造过程中需要严格控制这些元素含量。此外,Invar 合金在制造大型构件时也受到限制,使用 Invar 合金制造存放液态天然气的储罐时在焊接的条件下会发生开裂。Invar 合金的强度低难易满足某些应用场合的要求,但通过添加元素强化时又会增加材料的热膨胀系数。因此 Invar 合金不能完全满足现阶段工程应用需求。

2. 钨酸锆陶瓷材料

近年来,美国的 Sleight 在钨(钼)酸盐、磷(钒)酸盐中发现了很强的负热膨胀效应,如 ZrW_2O_8 的热膨胀系数达到了 -9×10^{-6} K^{-1},且负热膨胀效应相应的温度范围为 0.3~1 050 K,并保持各向同性[143]。因此,可以通过将 ZrW_2O_8 与常用的正热膨胀系数材料按一定的比例和方式进行复合,实现热膨胀系数可控,将材料的热膨胀系数控制在零,这成为近年来国际上这类材料研究的一大热点。例如,Lommens 等[144]将 ZrO_2 与 ZrW_2O_8 按一定比例混合,在密闭铂金坩埚中 1 180℃煅烧 2 h,然后液氮冷却,合成了 ZrO_2/ZrW_2O_8 复合材料并实现了零膨胀。Kofteros 等[145]在硅酸盐水泥中加入质量比占 40%的钨酸锆,水泥的热膨胀率为零。

但是,钨酸锆热力学稳定的温度范围窄,因此合成困难,制备方法还比较复杂,要达到大规模的工业化生产还有相当的难度。在应用方面,如何克服钨酸锆与其复合的材料的热膨胀系数不匹配问题还有待更进一步的研究。

3. 磷酸盐陶瓷材料

磷酸盐陶瓷材料主要是指 $M_IM_{II}Zr_4(PO_4)_6$ 系列材料,其中 M_I 代表碱金属,M_{II} 代表碱土金属[143]。研究表明,通过控制化学组成,可以合成在一定温度范围内的热膨胀系数为零的磷酸盐陶瓷材料。磷酸盐陶瓷材料可应用于催化剂载体、汽车发动机材料和航天涂层材料,但是磷酸盐陶瓷的热膨胀性能呈各向异性,在受到热冲击时容易产生微裂纹,而且微裂纹易扩散并引起材料断裂,因此磷酸盐类陶瓷的力学性能很低。在采用复相法改善力学性能时,材料的热膨胀系数又随之提高,在应用方面受到了很大的制约。

4. C 纤维增强复合材料

C 纤维由于其本身晶体结构的特点,其轴向的室温热膨胀系数为 -0.3×10^{-6} K^{-1},径向热膨胀系数为 5.5×10^{-6} K^{-1}(T300 C 纤维数据)[146],因此可通过合理的纤维组合方式、铺层等方法,降低某一方向或多方向的热膨胀系数,C 纤维与其他材料复合制备低热膨胀的复合材料成为可能。C 纤维增强复合材料热膨胀性能具有灵活的设计性,逐渐成为科研人员研究的热点之一。复合材料的热膨胀性能不仅是评价和衡量复合材料服役稳定性、精密性的重要依据,也是复合材料内部组成、微裂纹、内应力等结构设计研究的重要手段。目前,对纤维增强复合材料热膨胀性能的研究主要为热膨胀系数的理论计算、模拟分析等,且主要集中于单向纤维增强及二维层合板复合材料热膨胀性能的研究。

根据复合材料中纤维排布的方向不同,复合材料的热膨胀系数可以分为纵向热膨胀系数和横向热膨胀系数,目前已经提出了多种理论计算单向纤维增强复合材料的热膨胀系数公式[147]。

Schapery[148]基于热弹性理论,提出了计算单向纤维增强复合材料的纵向和横向热膨胀系数的公式:

$$\alpha_1 = \frac{E_f \alpha_f V_f + E_m \alpha_m V_m}{E_f V_f + E_m V_m} \qquad (1.8)$$

$$\alpha_2 = (1 + \nu_f)\alpha_f V_f + [1 + \nu_m \alpha_m V_m - \alpha_1(\nu_f V_f + \nu_m V_m)] \qquad (1.9)$$

式中,α_1、α_2 分别表示复合材料纵向、横向热膨胀系数;E_f、E_m 分别为 C 纤维和 SiC 基体的弹性模量;V_f、V_m 分别为 C 纤维和 SiC 基体的体积分数;ν_f、ν_m 分别为 C 纤维和 SiC 基体的泊松比。

Bowles[149]通过对厚壁圆柱体模型进行应力分析,在 Schapery 公式的基础上推导出了单向纤维增强复合材料的横向热膨胀系数公式:

$$\alpha_2 = \alpha_m + \frac{2(\alpha_{f2} - \alpha_m)V_f}{\nu_m(F - 1 + V_m) + (F + V_m) + (E_m/E_{f1})(1 - \nu_{f12})(F - 1 + V_m)} \qquad (1.10)$$

式中,F 为排列因子,与纤维的排列方式有关。当纤维为四边形排列时,$F = 0.785\,4$;当纤维为六边形排列时,$F = 0.906\,9$。纵向热膨胀系数公式同式(1.7)。

Turner[150]基于应力平衡理论,提出了计算复合材料线膨胀系数的经验方程:

$$\alpha = (\alpha_m K_m V_m + \alpha_f K_f V_f)/(K_m V_m + K_f V_f) \qquad (1.11)$$

式中,α 为复合材料的线热膨胀系数;α_m、α_f 分别为基体、纤维的热膨胀系数;K_m、K_f 分别为基体、纤维的体积模量[$K = E/3(1 - 2\mu)$,μ 为泊松比];V_m、V_f 分别为基体、纤维的体积分数。

Chamis[151]同样利用应力平衡方法,得出了均质纤维单向增强复合材料的横向热膨胀系数公式:

$$\alpha_2 = \alpha_{f2}\sqrt{V_f} + (1 - \sqrt{V_f})(1 + V_f \nu_m E_{f1}/E_1)\alpha_m \qquad (1.12)$$

式中,E_1 为复合材料的纵向弹性模量,即

$$E_1 = E_{f1} V_f + E_m V_m \qquad (1.13)$$

纵向热膨胀系数公式同式(1.7)。

1) C 纤维增强树脂基复合材料

按基体类型分类,C 纤维增强复合材料可分为树脂基复合材料和陶瓷基复合材料。近三十年来,C 纤维增强树脂基复合材料(carbon fiber reinforced plastic, CFRP)以其优异的力学性能,简易的制备工艺等特点广泛应用于制造卫星桁架、天线、遮光镜筒等结构[152-154]。其中使用较多的 C 纤维增强环氧复合材料具有热膨胀系数较低,成型容易、可设计等优良性能。天津工业大学陈栋[155]系统研究了三维编织树脂基复合材料热膨胀系数与编织结构、编织角、纤维体积含量的关系,并探讨了利用遗传算法对零膨胀复合材料进行优化设计。姚学峰等[156]从热物理和热力学两方面出发,研究了 3D 碳纤维增强环氧树脂基复合材料的热膨胀机理,并认为编织结构复合材料热膨胀系数具有可设计性。近年来,科研人员越来越多借助于有限元方法和 ANSYS 有限元分析软件对复合材料的力学性能、热膨胀系数等进行预测和分析,法国的 Alzina 等[157]运用有限元软件建立了椭圆形截面、纤维曲线交织的单胞模型,如图 1.16 所示,模型计算的理论值与测得的实验值基本一致。

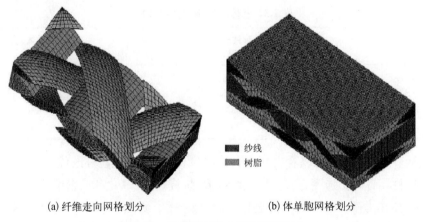

(a) 纤维走向网格划分　　　　　　　　(b) 体单胞网格划分

图 1.16　单胞模型的有限元网格划分

吴萍等[158]通过有限元软件 ADINA 和 ANSYS 数值模拟验证了任意形状夹杂内、外应力场及其理论解,计算结果表明与实验测试结果吻合很好。程伟等[159]采用经典的"米"字形三维四向单胞模型,通过有限元计算得到复合材料的热膨胀系数,并研究了三维四向复合材料轴向热膨胀系数与纤维体积含量、编织角之间的关系。夏彪等[160]通过 ANSYS 软件建立了三维编织结构树脂基复合材料,并进行了热物理性能分析,与实验值符合较好。

但是在实践中发现,树脂基体热膨胀系数很大、耐高温性能差、耐辐照性能差,长期暴露在空间环境中会发生变性,而且 CFRP 弹性模量低,易变形。在空气中长期使用时,湿热效应会使其吸湿溶胀发生变形,降低材料的刚度和强度[161,162],热膨胀性能也会受到很大的影响。因此,对于高精密结构材料,CFRP的应用仍然受到一定的制约。

2) C 纤维增强陶瓷基复合材料

基于 C 纤维各向异性热膨胀系数,特别是轴向负热膨胀,科研人员开始考虑寻找一种既能发挥 C 纤维的优势,又能代替树脂基作为基体相的材料,以实现近零膨胀的同时,使得材料具有优异的综合性能。陶瓷基体的出现满足了这一应用需求。

如前所述的钨酸盐、磷酸盐等陶瓷,虽然具有很低的热膨胀系数,但是制备工艺复杂,力学性能较差,与 C 纤维的复合工艺也还需开展研究。实现近零膨胀且具有优良力学性能的复合材料必须选用能与 C 纤维有良好界面结合、具有高热稳定性、良好力学性能、耐空间环境的陶瓷材料作为基体。可作为候选的有SiC 基体、SiO_2 基体、BN 基体等。部分候选基体的基本性能见表 1.3[163]。

表 1.3　基体材料基本性能参数

材料类型	密度 /(g·cm^{-3})	弹性模量 /GPa	热导率 /(W·m^{-1}·K^{-1})	热膨胀系数(室温) /(10^{-6} K^{-1})
C	1.85	76.8	1.6	0.96
SiO_2	2.32	—	—	0.55
BN(HP)	2.0	48	25.1	3.2
BN(IP)	1.25	70	29.3	3.8

从表 1.3 中参数可以看出,SiC 具有密度低、热膨胀性能好的优势,且 SiC 基复合材料具有高比强度、高比模量、耐高温、抗烧蚀、抗氧化和低密度等特点。因此,SiC 是作为基体的一种较优选择。Cheng 等[164]研究了 C/SiC 复合材料在高温处理下的热膨胀行为,研究表明通过高温处理可以提高复合材料的热稳定性,并通过改变材料内部结构及界面热应力对热膨胀系数产生影响。张青等[165]通过 CVI 工艺制备了 C/SiC 复合材料并对其热膨胀性能进行了研究,表明材料的热膨胀系数受界面热应力的影响,其变化规律是纤维和基体相互限制、相互竞争的结果。Kumar 等[166]通过 LSI 工艺制备了三维针刺 C/SiC 复合材料,研究了材料平面和厚度方向的热膨胀性能,结果表明平面内复合材料的热膨胀主要受控于 C 纤维,而厚度方向的热膨胀则受控于 SiC 基体,残余 Si 对厚度方向热膨胀的影响远强于对平面内的影响。在通过有限元方法研究 C 纤维增强陶瓷基复合

材料热膨胀性能方面,西北工业大学的宛琼等[167]根据三维四向编织复合材料的结构特点,建立了如图 1.17 所示的"双扭线"体胞模型,比较真实地反映了三维四向编织复合材料的空间构型,对热膨胀性能进行了分析,与理论计算结果基本一致。

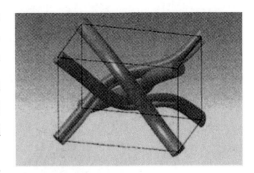

图 1.17 "双扭线"几何模型

这些研究通过对不同工艺、不同基体相组成及不同处理方法下的 C/SiC 复合材料热膨胀系数的测试和分析,得到了相关复合材料热膨胀系数,并阐述了热膨胀系数的受控机理,为系统研究碳纤维增强陶瓷基复合材料热膨胀奠定了基础,对开发和扩展复合材料的应用领域开拓了新的空间。

表 1.4 列出了几种空间光机结构材料的性能参数,相比之下,C/SiC 复合材料整合了 C 纤维优异的力学、耐高温、低热膨胀系数和 SiC 基体低密度、抗氧化性、耐烧蚀等性能[169-176]。C/SiC 具有低密度、高模量、低热膨胀系数等特点。此外,由于 C 纤维热膨胀系数各向异性,可以通过结构设计实现复合材料线膨胀系数为零[177-180]。因此,C/SiC 复合材料是一种十分理想的空间光学支撑结构材料。

表 1.4 空间光机结构材料性能参数[168]

材料类型	密度 /(g·cm^{-3})	弹性模量 /GPa	比刚度 (E/ρ)	热导率 /(W·m^{-1}·K^{-1})	热膨胀系数(室温) /(10^{-6} K^{-1})
Invar 合金	8.0	150	18.75	13	1.8
SrZr$_4$(PO$_4$)$_6$	—	—	—	—	3.2
Al$_2$TiO$_5$-ZrTiO$_5$-ZrO$_2$	—	—	—	—	−1~1
CFPR	1.6	126	78.7	16.7	2.0
C/SiC	1.9	130	68.4	12	0~2.5

1.5.3 C/SiC 复合材料支撑结构的应用

由于 C/SiC 具有极好的力学性能,同时它的高热导性与其合适的热膨胀系数结合较好,因此其热稳定性也比其他反射镜镜架材料优越,被广泛应用于光学系统中的结构材料及反射镜支撑体系。Astrium 和 ESA 合作开展了 C/SiC 光机材料的研究,图 1.18 是目前他们所设计的完全由 C/SiC 复合材料组成的光具座,Astrium 设计、制造的这种新的高精度稳态结构在 30~373 K 温度范围内测试结果显示在冷却过程中边与边之间的最大线膨胀和收缩比保持在微米尺度范围。

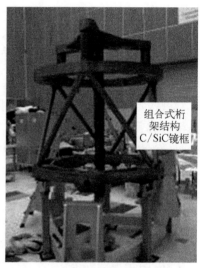

图 1.18 完全由 C/SiC 复合材料
组成的光具座[168]

图 1.19 大尺寸桁架结构 C/SiC
复合材料镜框

图 1.19 为德国 IABG 公司制备的大尺寸桁架结构 C/SiC 复合材料镜框[70],高为 2.6 m,直径为 1.5 m。此外,德国 IABG 公司研制的 C/SiC 复合材料由于其与 Si 有极好的热匹配性能,也被美国 Schafer 公司用来作为轻质 Si 反射镜的支撑镜架,如图 1.20 所示[181]。

图 1.20 C/SiC 反射镜镜架

ECM 公司也开展了 Cesic 品牌的 C/SiC 复合材料支撑结构的制备技术及应用研究。图 1.21 所示为该公司研制的多种光机结构件,包括复杂结构 C/SiC 复合材料光具座、1 m 尺寸的低温光学支撑面板、一体化网架结构相机支撑结构件和 C/SiC 镜筒等[44,131,182-184]。图 1.21(a)为 819 mm×360 mm×394 mm 的 Cesic 复杂结构 3D 整体光具座,测试表明,该光具座在室温下尺寸变化范围为 684~706 nm。

(a) 复杂结构C/SiC复合材料光具座　　　　(b) 1 m尺寸的低温光学支撑面板

(c) 一体化网架结构相机支撑结构件　　　　　(d) C/SiC镜筒

图 1.21 德国 ECM 公司 Cesic 品牌的 C/SiC 复合材料典型应用

另外,美国、日本等国家也和德国 ECM 公司合作,积极开发了 Cesic 品牌的 C/SiC 复合材料在空间光机功能结构件方面的应用。图 1.22 为美国 GE 公司复合材料分公司制备的 C/SiC 复合材料光学支撑面板[44]。日本三菱电气公司通过和德国 ECM 公司合作,在 Cesic 品牌的基础上开发出了 HB‐Cesic 品牌的 C/SiC 复合材料,用于制备空间光学反射镜及其支撑结构。图 1.23 为日本三菱电气公司制备的 C/SiC 整体光学支撑结构[124,185,186]。

图 1.22　GE 公司制备的 C/SiC 复合材料支撑面板

图 1.23　日本三菱电气公司制备的 C/SiC 整体光学支撑结构

　　为进一步实现复合材料的轻质化，MER 公司（Material & Electrochemical Research Corporation）研制出了一种中空的碳纤维，可使复合材料重量减少 20% ~ 50%，目前该公司已经成功利用它制备出直径为 110 mm 的支撑结构件。

　　总之，采用 C/SiC 复合材料作为空间光机结构件可以充分发挥其轻质高强、高模量、近零热膨胀、高热传导率以及耐空间环境辐射等一系列优点，保证空间光学系统的高精度、高稳定性，是未来新一代空间卫星材料的重要发展方向之一。

第 2 章 轻质 C/SiC 复合材料及其反射镜的设计

在绪论中已论述反射镜的光学特性主要取决于其表面粗糙度和面形精度。表面粗糙度仅受其材料表面性质的影响,而面形精度受到反射镜的坯体特性的影响。显然,粗糙度要求材料有致密的表面特性。坯体从轻量化角度考虑可采用轻质多孔的坯体。因此,为了满足粗糙度和面形精度的要求可将表面涂层和坯体材料分开考虑,从而要考虑反射镜表面涂层和坯体不同的制备方法。

本书从工艺设计上采用 CVD SiC 做表面涂层;而采用短切碳纤维预制件、气相渗硅工艺制备密度较低的 C/SiC 坯体,同时对坯体的可加工特性和轻量化结构进行研究。考虑坯体 C/SiC 和表面涂层 CVD SiC 之间的热匹配问题,还采用泥浆预涂层-气相渗硅烧结工艺制备 Si - SiC 梯度过渡层。因此,反射镜的结构为坯体、梯度过渡层和表面致密层的三层结构。下文将详细论述采用这种三明治结构的原因。

2.1 反射镜表面光学特征与 CVD SiC 表面涂层的设计

反射镜应用的关键技术之一是要求材料具有优异的光学加工精度。表面光学加工性能及粗糙度对反射镜材质表面要求:无气孔、无杂质、无粗大晶粒、均质结构等。本节通过理论分析首次建立材质表面可加工粗糙度与材质中气孔率和气孔大小的关系,对各种工艺制备的 SiC 材料的光学特性进行比较,从而为确定采用 CVD SiC 光学涂层制备工艺提供理论依据。

2.1.1 反射镜表面光学特性与材料表面性质的关系

1. 气孔率与气孔大小和数量的关系模型

材料质量对表面粗糙度的影响有微观结构缺陷、显微结构缺陷,如杂质的偏析和夹杂、颗粒的大小与不均匀性等;还有气孔率和气孔大小及分布。本书仅考虑气孔率和气孔大小对表面粗糙度的影响,至于其他微观结构和显微结构缺陷,在此没有考虑。

1) 单位体积中气孔率与气孔大小和数量的关系模型

假定有一气孔率为 p 的均质材料,气孔半径为 r(本书规定 r 的单位为 μm)的球体,气孔均匀地分布在介质中,单位体积介质(本书规定为 1 cm³)中的气孔个数为 N_v,建立如下关系:

$$p = N_v \times \frac{4}{3} \times \pi \times (r \times 10^{-4})^3 \tag{2.1}$$

即

$$N_v = \frac{3 \times 10^{12} \cdot p}{4\pi r^3} \tag{2.2}$$

式(2.2)为气孔率、单位体积内的气孔大小和气孔数量的关系,为直观起见,将式(2.2)用图来表示。图 2.1 为不同气孔率的材质中气孔大小与气孔数量的关系,图 2.2 为不同气孔大小材料中气孔率与气孔数量的关系。从图 2.1 和图 2.2 中可看出,随着材料中气孔率的增加,单位体积内气孔的数量急剧增加,这将影响材料的光学加工精度。从图 2.1 中可知,即使材料中气孔率仅为 0.000 1,其中的微米级的气孔数量也是很多的。

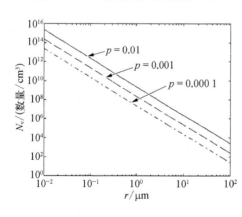

图 2.1　不同气孔率材质中气孔
大小与气孔数量的关系

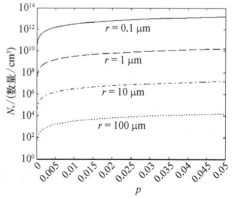

图 2.2　不同气孔大小材质中气
孔率与气孔数量的关系

2) 单位表面上气孔率与气孔大小和数量的关系模型

为了得到单位面积上气孔率与气孔大小和数量的关系,要在体积模型的基

础上做一些改进。假定上表面为 1 cm²，高度为
1 cm 的圆柱体的介质，存在着 N_S 个半径为 $r(r$ 的
单位为 μm)，高度为 1 cm 的圆柱状孔洞，也就是
单位面积上存在着半径为 r，数量为 N_S 的孔洞，
如图 2.3 所示，在这单位体积的介质中，存在着如
下关系：

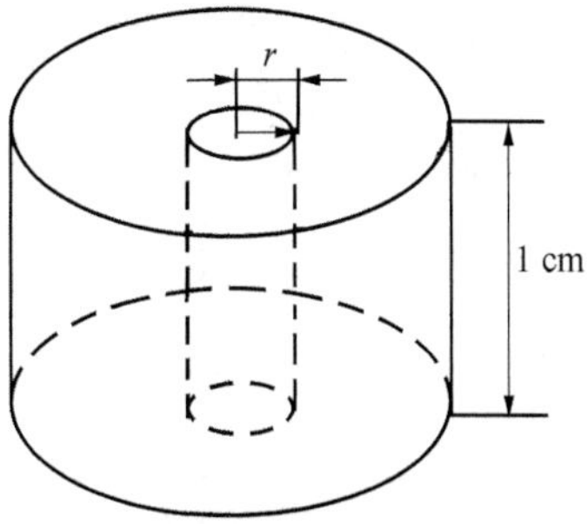

$$p = N_S \times \pi \times (r \times 10^{-4})^2 \times h \qquad (2.3)$$

$h = 1$ cm，所以，

$$N_S = \frac{10^8 p}{\pi r^2} \qquad (2.4)$$

图 2.3　计算单位面积上气孔大
小与气孔数量示意图

式(2.4)为气孔率、单位面积上的气孔大小和气孔数量的关系。将式(2.4)用
图来表示。图 2.4 为单位面积上不同气孔率材质中气孔大小与气孔数量的关系，
图 2.5 为单位面积上不同气孔大小的材质中气孔率与气孔数量的关系。由图 2.4
和图 2.5 可知，当材质中存在一定气孔率时，单位面积上的气孔数量是很多的。

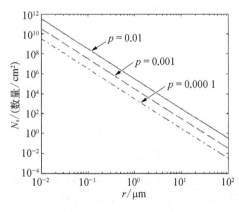

图 2.4　单位面积上不同气孔率材质中
气孔大小与气孔数量的关系

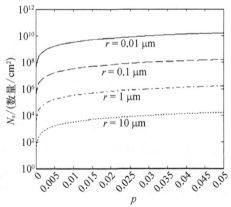

图 2.5　单位面积上不同气孔大小材质中
气孔率与气孔数量的关系

2. 表面粗糙度 Ra 与材质的气孔率和气孔大小的关系模型和特征

表面粗糙度是指材质表面凸凹不平的程度，从本质上来讲是表面几何形状
对其理想几何形状的变动量[187,188]，除了与材质本身的特性有关外，还与表面的
加工(如磨、抛等)质量有关。为了建立表面粗糙度 Ra 与材质特性之间的关系，

在此假定材质是理想的平面形态。

1) 表面粗糙度的定义

表面粗糙度的含义可以用图 2.6 来说明。在图 2.6 中，x 方向代表平面的方向，y 方向代表高度的方向，阴影部分是材质的横断面示意。表面形态的曲线 y 为轮廓线，x 轴为轮廓中线，轮廓中线是测试表面粗糙度的基准线，也就是上面讲到的理想的几何形态。

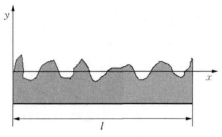

图 2.6　表面粗糙度计算的示意图

x 轴上方的轮廓线为正值，下方的轮廓线为负值，轮廓中线满足如下条件：

$$\int_0^l y\,dx\,(y \geq 0) = -\int_0^l y\,dx\,(y \leq 0) \tag{2.5}$$

也就是说，轮廓中线上方轮廓线与 x 轴围成的面积和等于轮廓中线下方轮廓线与 x 轴围成的面积和，因此，轮廓中线具有唯一性，即同一测试面上只有一条轮廓中线。

当轮廓线，轮廓中线确定之后，对于长度为 l 的区域表面粗糙度 Ra 的定义为

$$Ra = \frac{1}{l}\int_0^l |y|\,dx \tag{2.6}$$

2) 表面粗糙度 Ra 与材质的气孔率和气孔大小的关系模型和特征

根据 Ra 定义可知，表面粗糙度 Ra 完全取决于表面的几何形态。影响表面几何形态的因素除了与材质本身的特性有关外，还与表面的加工质量有关。为了建立起表面粗糙度 Ra 与材质的气孔率和气孔大小之间的关系，假定表面粗糙度不受加工质量的影响，也就是表面是理想的平面几何形态，表面粗糙度只受气孔率、气孔大小、气孔形态的影响。为了保证在气孔率为 p 的材质中取任一长度为 l 的表面，其轮廓线具有唯一性，在前述的体积气孔和表面气孔的基础上对气孔形状进行修正，并建立如下模型。

在气孔率为 p 的单位体积($1\,cm^3$)材料中具有边长为 $2d$(单位：μm)的立方体孔洞，其个数为 N_V，根据式(2.2)得

$$N_V = \frac{10^{12}p}{8d^3} \tag{2.7}$$

单位面积($1\,cm$)上具有边长为 $2d$(单位：μm)正方形孔洞的个数为 N_S，根

据式(2.4)得

$$N_{\mathrm{S}} = \frac{10^8 p}{4d^2} \tag{2.8}$$

单位长度(1 cm)中具有长度为 $2d$ 的孔隙个数为 N_{L}，则

$$N_{\mathrm{L}} = \frac{N_{\mathrm{S}} \cdot 2d}{10^4} = \frac{10^8 p}{4d^2} \cdot \frac{2d}{10^4} = \frac{10^4 p}{2d} \tag{2.9}$$

单位长度上的孔隙长度为 $2dN_{\mathrm{L}}$，计算得

$$2dN_{\mathrm{L}} = 2d \cdot \frac{10^4 p}{2d} = 10^4 p \tag{2.10}$$

由式(2.10)可知，单位长度上孔隙长度与气孔的大小和数量无关，仅与气孔率有关。

由上述内容可知，单位长度上有 N_{L} 个长度为 $2d$ 的孔隙的周期，每个周期 i 用图 2.7 来表示。根据粗糙度 Ra 的定义，求出所建立模型的表面粗糙度：

$$Ra = \frac{1}{l} \int_0^L |y| \mathrm{d}x = \frac{1}{10^4} \sum_{i=1}^{N_{\mathrm{L}}} \left[2d(h - h_1) + \left(\frac{10^4}{N_{\mathrm{L}}} - 2d \right) h_1 \right]_i \tag{2.11}$$

$$= 10^{-4} N_{\mathrm{L}} \left[\left(2d(h - h_1) + \left(\frac{10^4}{N_{\mathrm{L}}} - 2d \right) h_1 \right) \right]$$

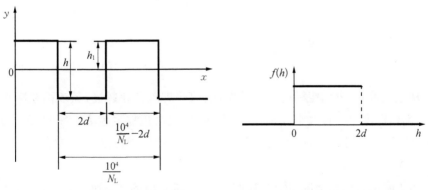

图 2.7　表面粗糙度模型表示　　　图 2.8　孔隙深度随机分布函数图

所建立模型的表面粗糙度大小与两个参数有关：一个是空隙深度 h，另一个是材料表面和轮廓中线之间的距离 h_1。显然，h 的值不是固定的，而是一随机的函数，它是由表面加工质量随机确定，其值的范围为 $0 < h \leqslant 2d$，由建立的模型

给定。该随机函数为均匀分布,其分布图如图 2.8 所示,分布函数为

$$f(h) = \begin{cases} \dfrac{1}{2d} & (0 < h \leqslant 2d) \\ 0 & \text{其他} \end{cases} \tag{2.12}$$

其数学期望值 $E(h)$ 为

$$E(h) = \int_0^{2d} \frac{h}{2d} dh = d \tag{2.13}$$

数学期望值即为 h 在 $0 \sim 2d$ 之间的平均值,用平均值代表 h 值,即: $h = d$。h 值确定后,根据轮廓中线的性质和原则,可以得

$$\left(\frac{10^4}{N_L} - 2d \right) h_1 = 2d(h - h_1) \tag{2.14}$$

即

$$h_1 = \frac{2dhN_L}{10^4} \tag{2.15}$$

将式(2.9)代入式(2.14)得

$$h_1 = hp \tag{2.16}$$

将式(2.16)、式(2.8)和 $h = d$ 代入式(2.11),得

$$Ra = 2dp(1 - p) \tag{2.17}$$

当 p 很小时,Ra 可简化为

$$Ra \approx 2dp \tag{2.18}$$

从上式可知,表面粗糙度与气孔率成正比,即气孔率越高,其表面粗糙度越大;表面粗糙度与气孔大小成正比,气孔越大,表面粗糙度越大。按式(2.17)绘制图 2.9 和图 2.10,图 2.9 为表面粗糙度与气孔率的关系,图 2.10 为表面粗糙度与气孔大小的关系。

为了降低表面粗糙度,从材料的选择上要求材质的气孔率尽量少、气孔尺寸也要尽量小。对于传统烧结法制备的陶瓷材料,控制气孔率为 0.005,气孔大小为 2 μm 就比较困难了,根据式(2.17)计算可知,表面粗糙度 $Ra = 10$ nm,显然不能满足光学材料的要求,所以,为了满足精密光学材料的要求,对材质的制备工艺要合理选择。

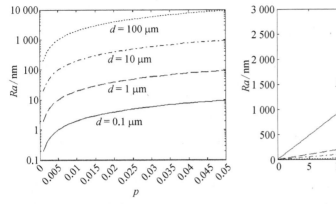

图 2.9　表面粗糙度与气孔率的关系　　　图 2.10　表面粗糙度与气孔大小的关系

至此,本节建立了材质气孔率和气孔大小与表面粗糙度的定量关系,这为科研人员选择材料制备方法提供了一定的理论依据。

2.1.2　各种工艺方法制备的 SiC 材料的光学特性

通过上述研究内容可以看出,为了降低反射镜表面可加工光学粗糙度,对于反射镜镜面材料的选择要求气孔率尽量少、气孔尺寸也要尽量小。

对于普通烧结、反应烧结、热压 SiC 以及 C/SiC 复合材料坯体来说,由于工艺本身的局限性,都存在一定的气孔率,材料密度不能达到理论的致密度,因此满足不了光学加工表面粗糙度小于 1 nm 的应用要求。在 SiC 陶瓷或 C/SiC 反射镜坯体上直接抛光不能获得高的光学精度。为了满足光学精度的要求,必须在坯体表面制备一层理论致密度的 SiC 光学涂层。

在制备表面致密涂层时,应考虑以下因素[189]:① 表面致密涂层经光学加工后能够满足表面粗糙度小于 1 nm 的要求;② 表面致密涂层和坯体之间的黏附力强,以保证能承受磨削及抛光过程中的力;③ 涂层内应力不会导致涂层开裂失效;④ 涂层能长时间应用,环境状态不会使其失效;⑤ 涂层制备工艺不会损伤基体。

SiC 陶瓷材料的制备工艺有反应烧结法、普通烧结法、热(等静)压法以及 CVD/CVI 法等。从表 1.2 中可以看出,对于普通烧结法、反应烧结法、热压法制备的 SiC 陶瓷材料来说,光学加工后表面粗糙度都超过了 1 nm。只有 CVD 工艺能获得理论致密度的 SiC 涂层,其抛光后表面粗糙度小于 0.3 nm,能满足反射镜的光学加工及应用要求,同时它具有低散射、较好的高温及低温稳定性以及耐氧原子及耐电子束辐照等性能。因此,CVD 工艺很适合用于制备反射镜表面致密光学涂层,是最常用的 SiC 陶瓷及 C/SiC 复合材料反射镜表面致密化方法。

2.1.3　CVD SiC 涂层的工艺设计

CVD 过程非常复杂,它涉及气体输运、化学反应、表面吸附及解吸附、表面反应、晶体形核及长大等一系列过程。这些过程受沉积装置的形状及尺寸、沉积温度、反应物过饱和度、沉积压力等因素影响[190-198]。因此,为了获得高质量的沉积物,对 CVD SiC 涂层的制备工艺进行设计,研究具体的工艺参数对 CVD 过程的影响是非常重要的。

CVD SiC 用于反射镜表面光学涂层时要满足以下要求:致密、晶粒细化、显微结构均匀、晶型为多晶 β-SiC。参考前人对 CVD SiC 热力学分析及工艺研究的一些结果[199-203],涂层要致密,沉积速率不能太快,尽量减少热壁 CVD 的空间反应,负压条件下的沉积效果较好;要获得晶粒细化的 SiC 涂层,沉积温度不能超过 1 300℃;涂层显微结构均匀,则要保证沉积范围内温度的均匀性以及反应剂浓度分布的均匀性;沉积物为多晶 β-SiC,则要进行综合考虑:由于 MTS 在常温下为液态,通常采用 H_2 作载气,通过鼓泡的方式将 MTS 输送到沉积炉内,因此需要通过控制 H_2 的流量和鼓泡瓶的温度来控制 H_2/MTS 的摩尔比,同时通过稀释气体(Ar 或 H_2)来调节反应剂浓度;另外,还需要控制沉积温度、沉积压力为一定的范围,避免其他成分沉积物的产生。

结合实际应用要求及前期的一些研究结果,设计了 CVD SiC 涂层的工艺参数如下:① 沉积温度范围为 950~1 300℃;② 负压条件下沉积,维持反应过程中的真空;③ 采用 Ar 或 H_2 作稀释气体,通过调节稀释气体的流量来调节反应剂浓度;④ 将恒温区内分成若干个放样位置,考察涂层沉积的均匀性;⑤ 在优化了其他工艺参数的前提下,研究沉积时间与涂层厚度和沉积速率的关系,沉积时间范围为 5~60 h。

在确定了工艺参数研究范围之后,再探讨一下实验方法的设计。一般说来,化学气相沉积中研究工艺参数对沉积速率影响的实验方法是:固定其他各种条件,只改变考察参数,这样可以减少实验量。工艺参数研究方案如图 2.11 所示。首先研究沉积温度和放样位置对 SiC 涂层沉积速率的影响,确定制备均匀涂层较好的实验温度点;其次,在该温度点下,研究稀释气体种类、流量和放样位置对 SiC 涂层沉积过程的影响,优化出较好的稀释气体种类及流量;然后,在确定的温度和稀释气体流量条件下,考察沉积压力对沉积过程的影响;最后,在以上工艺参数都确定的条件下,研究沉积时间对 SiC 涂层沉积厚度和沉积速率的影响。

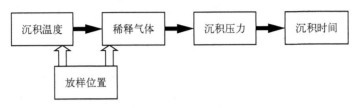

图 2.11　CVD 工艺参数研究方案

2.2　C/SiC 复合材料反射镜轻量化和加工要求与反射镜坯体的设计

从第 1 章可知,主镜的轻量化和轻量化结构不仅能改善自身性能,还可以提高空间相机光学系统对力学环境的适应性。对于 SiC 及其复合材料反射镜来说,轻量化方式有机械切削减重法、胶态成型法和转化连接法。对于反射镜的结构形式来说,夹芯结构是结构刚度最好的反射镜轻量化结构方式,而转化连接法是唯一可以制备夹芯结构反射镜的方法。

对于转化连接法来说,要先将素坯加工成一定的尺寸和结构,再通过反应连接成整体构件,因此,对于反射镜素坯及坯体的可加工性提出了一定要求。本节将结合 C/SiC 复合材料反射镜轻量化和加工要求对反射镜坯体进行系统的设计。

2.2.1　反射镜轻量化和加工对坯体的要求

目前轻型反射镜坯体的结构形式可分为 5 种,如图 2.12 所示：有对称夹芯结构、非对称夹芯结构、底面局部开口结构、底面开口结构及泡沫夹芯结构。美国 Arizona 大学 Valente 采用计算及模拟分析方法,研究了结构形式对反射镜坯体力学性能的影响,其夹芯结构是结构刚性最好的轻型反射镜坯体结构形式[16]。

(a) 对称夹芯结构　(b) 非对称夹芯结构　(c) 底面局部开口结构　(d) 底面开口结构　(e) 泡沫夹芯结构

图 2.12　轻量化反射镜结构形式

无论采用何种结构形式,都需要确定若干结构参数,如反射板厚度、底板厚度、夹芯层高度、夹芯单元几何形状、夹芯单元直径、夹芯单元壁厚度、内环厚度、外环厚度等。轻型反射镜坯体结构优化设计的目的就在于通过改变结构参数获得坯体结构刚性、热性能和重量的最佳值。但是,结构优化设计中必须考虑坯体制备的难易、可加工性能、制备周期和制备成本等因素。

对于 SiC 陶瓷材料,由于 SiC 的硬度很高,仅次于金刚石,加工非常困难。传统的机械钻孔减重法是对致密化后的整块 SiC 坯体进行加工,这种方法形成的反射镜坯体通常是底部开口结构,坯体的力学性能较差;另外,机械钻孔减重法通常保留较厚的单元壁厚和反射板厚度,减重率受到限制,一般为 50% 左右;同时,由于 SiC 的高硬度,对致密 SiC 材料的加工,不仅增加了加工过程中的风险,也延长了坯体的制备周期,从而提高了反射镜坯体的制备成本。因此,在选择坯体及其制备工艺时,是否能比较容易地实现轻量化结构非常关键。

综合以上研究可知,反射镜轻量化和加工对坯体材料提出了以下要求。

(1)低密度。采用低密度、刚度满足要求的坯体材料对反射镜的轻量化具有重要的意义,因此,从材料的设计开始,就应该考虑低密度坯体材料的选择和体系设计。

(2)净成型。反射镜坯体材料还要满足净成型的要求,这样,在制备过程中能保证坯体尺寸的稳定性,减少后续的加工量,对于制备形状复杂的构件来说,这一点尤为重要。

(3)可加工。对于 SiC 及其复合材料反射镜坯体来说,其制备过程:首先通过各种工艺方法制备出一定形状和尺寸的素坯,再利用一定的烧结技术制备出坯体。前面提到过对称夹芯结构的轻量化方式是刚度最好的反射镜轻量化结构方式,这种方式需要在素坯阶段制备出夹芯层和上下盖板,在烧结过程中制备出坯体并同时将夹芯层和上下盖板连接成整体结构。因此,在素坯和坯体阶段,还要求其容易实现机械加工,以利于制备出形状复杂的构件并实现轻量化。

2.2.2　C/SiC 复合材料反射镜坯的轻量化和可加工特性

与 SiC 单相陶瓷反射镜相比,C/SiC 复合材料反射镜具有密度低、组分可调节、性能可设计的优点。而且,由于 C/SiC 的制备过程是采用一定密度的 C/C 预制件进行 SiC 基体的复合制备而成的,在 C/C 预制件阶段,素坯具有一定的强度,同时又具有良好的机械加工性能,因此很容易实现轻量化加工设计。C/C 预制件在复合 SiC 基体的过程中,几乎无尺寸变化,因此,在 C/C 预制件进行轻量化加工设计之后,采用一定的复合工艺和转化连接方法,在制备 C/SiC 坯体的过程中实现了轻量化结构的同时,大大降低了制备成本。

图 2.13 为在数控机床上进行轻量化加工的 $\phi 610$ mm C/C 预制件。加工后预制件的面板厚度可小于 3 mm,加强筋厚度可小于 2 mm。

C/SiC 坯体在制备完成后,由于尺寸基本无变化,只需要对复合过程中残余的一些先驱体进行清理,可以采用常用的机械加工方法完成。另外,由于 C/SiC 密度小于 2.70 g · cm^{-3},相对于其他工艺制备的 SiC 陶瓷来说,更容易采用机械方法实现精加工。

图 2.13　正在进行轻量化加工的 C/C 预制件

另外,在 C/C 预制件阶段,可以将预制件加工成上、下面板和中间夹芯结构层,在基体复合工艺的过程中采用转化连接的方法,可以实现夹芯结构的 C/SiC 反射镜坯的制备,关于蜂窝夹芯结构的连接技术研究将在下节进行详细研究。

C/SiC 复合材料作为反射镜坯体既满足了低密度、净成型、可轻量化加工的要求,同时,材料本身的力学性能及热物理性能也满足了光学元件应用的要求。

2.2.3　C/SiC 复合材料反射镜坯体蜂窝夹芯结构的设计

从 2.2.1 节的分析中可知,夹芯结构形式的结构刚度是最好的轻型反射镜的结构。采用气相渗硅烧结制备 C/SiC 可方便地实现其夹芯结构。本书采用转化连接-气相渗硅烧结实现夹芯结构。

选用 C/SiC 复合材料作为反射镜坯体的优势在于:在坯体制备过程中,可以利用转化连接的方法将分块的素坯通过化学反应连成一个整体的结构,从而实现蜂窝夹芯结构的轻量化方式。

C/SiC 坯体转化连接的基本原理是:以有机树脂(如 BF)为黏合剂,将黏合剂涂敷于需要连接的多孔 C/C 素坯表面,按构件所需形状黏接后将树脂固化,高温时树脂裂解生成 C,气相 Si 与多孔 C/C 反应的同时也与接头处的 C 反应生成 SiC,从而将 C/SiC 复合材料连接成一体。

由于转化连接实质上也是利用 Si 和 C 反应生成 SiC 的过程,因此,在制备蜂窝夹芯结构的 C/SiC 反射镜坯体时,必须选用气相渗硅烧结的方法。

1. 连接技术工艺设计及实验过程

影响素坯连接的工艺参数主要有:树脂的黏度(配方)、交联温度和固化保温时间。

使用 BF 树脂黏合剂对 C/C 素坯连接时,首先将树脂溶于乙醇,由于树脂的乙醇溶液黏度较低,此时若直接涂敷于 C/C 表面,树脂将在毛细管力的作用下渗入素坯,使连接层不连续,减少了实际连接面积,造成连接强度降低,树脂黏度越低,连接层物质流失越严重,甚至导致无法连接素坯,因此必须调整树脂的黏度。树脂黏度的调节方式为:在树脂-乙醇溶液中加入不同比例的 C 粉,考察其对连接过程的影响。BF 的固化起始温度在 180℃左右,将树脂的乙醇溶液于 180℃保温,由于温度的升高,树脂在乙醇中的溶解度增大,保温过程中,乙醇不断挥发的同时,树脂部分交联,黏度增加。经过多次试验,发现保温时间为 0.5 h 时,得到的树脂黏度适中,涂敷于 C/C 表面时只有少量渗入素坯,可对素坯进行连接。

2. C/SiC 复合材料连接试验结果及性能

图 2.14 为 C/SiC 复合材料连接试样照片。将部分交联的 BF 涂敷于待连接的 C/C 素坯表面,少量树脂渗入素坯孔隙中,将素坯连接好后,将试样置于烘箱中固化,固化后的树脂镶嵌在孔隙中形成微小的"销钉",与表面牢固地连接起来。经过气相 Si 渗透反应后,得到 C/SiC 复合材料连接试样。

(a) C/C 素坯连接试样　　　　　　　　(b) 气相渗硅烧结后连接试样

图 2.14　C/SiC 复合材料连接试样

图 2.15 为不同 BF 树脂与 C 粉配方得到的连接层金相照片,可以看出连接层与 C/SiC 复合材料结合紧密,连接表面完好,连接处没有宏观缺陷或裂纹,接头厚度约为 200 μm。当黏合剂中不含 C 粉时[图 2.15(a)],连接处的主要成分为白色的 Si,少量 SiC 分散在 Si 相中,随着 C 粉含量的增加,Si 含量减少,SiC 含量增加。

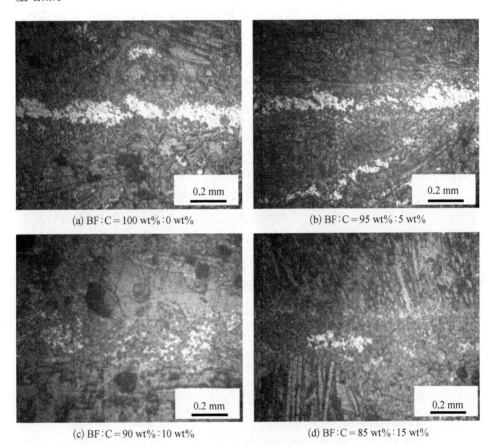

(a) BF : C = 100 wt% : 0 wt%　　　　　　　　(b) BF : C = 95 wt% : 5 wt%

(c) BF : C = 90 wt% : 10 wt%　　　　　　　　(d) BF : C = 85 wt% : 15 wt%

图 2.15　C/SiC 复合材料连接层形貌

当配方中不含 C 粉时,树脂在裂解过程中生成比较疏松的裂解 C,包含大量孔隙,渗 Si 后,裂解 C 与 Si 蒸气反应形成 SiC,由于 C 含量很低,SiC 形成后接头处仍有大量孔隙,这些孔隙在反应后期由气相 Si 毛细凝聚填充。随着 C 粉含量的增加,接头处 Si 含量减少,SiC 含量增加。然而,当 C 粉含量超过 20wt% 时,一方面,树脂的黏接性能大大降低,在固化过程中,被连接样品容易脱黏;另一方面,由于 C 粉含量过高,使得接头处在裂解后密度偏高,造成接头在反应渗透过

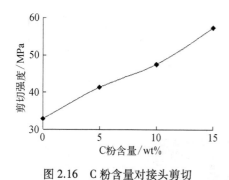

图 2.16　C 粉含量对接头剪切
强度的影响

程开裂。因此,应将树脂中的 C 粉含量控制在 20wt% 以下。

采用 ASTM D905－89 标准,在电子万能试样机上对 C/SiC 复合材料连接试样的剪切强度进行测试。图 2.16 为 C 粉含量对接头剪切强度的影响规律。可以看出,随着 C 粉含量的增加,接头的剪切强度增加,C 粉含量为 15wt% 时,接头的剪切强度达到 57.4MPa。树脂在裂解过程中释放出小分子气体,在接头处形成大量微孔,未添加 C 粉时,接头部分在裂解后密度较低,孔隙率较大,反应后形成大量残余 Si,SiC 相含量偏低,使得接头的剪切强度不高。在树脂中加入 C 粉后,提高了接头处在裂解后的密度,增加了可供反应的 C 源,使得接头中 SiC 含量增加,从而有效提高了接头的剪切强度。

通过转化连接,可以得到与被连接材料一致或基本一致的连接层,能有效地缓解由于 CTE 等参数差异而造成的热失配。不仅如此,该方法还有无须对接头施加机械压力等特点。因此,转化连接可有效地对结构复杂的构件进行连接。

与传统的 SiC 基复合材料连接工艺相比,转化连接最大优势在于:在素坯阶段对构件进行连接,气相渗硅烧结过程中,C/C 素坯致密化的同时可以同步实现 C/SiC 复合材料的转化连接,从而达到在制备构件的同时实现连接的目的,大大简化了制备工艺、缩短了制备周期、降低了复杂构件的制备成本。

3. 蜂窝夹芯结构反射镜坯体的制备

在解决了 C/SiC 复合材料的连接技术之后,可以实现蜂窝夹芯结构以及其他复杂结构的反射镜坯体的制备。

对于需要连接的坯体,如蜂窝夹芯结构 C/SiC 反射镜坯体(图 2.17),首先加工出反射面板、夹芯层和基板。根据前面连接层配方的优化结果,将酚醛树脂与碳粉按 BF：C＝85wt%：15wt% 的比例混合后于 90℃ 保温 3 h,调整树脂黏度后,涂敷于待连接处,对素坯进行连接。固化裂解后经气相硅反应渗透得到夹芯结构 C/SiC 反射镜坯体。

2.2.4　C/SiC 复合材料反射镜坯体的工艺设计

对于 C/SiC 复合材料的制备工艺,必须满足净尺寸成型的要求,同时还要满

(a) 加工好的素坯

(b) 连接后的素坯

(c) 反射镜坯体

(d) 蜂窝夹芯内部结构

图 2.17　ϕ80 mm 蜂窝夹芯结构 C/SiC 反射镜坯体

足制备工艺简单、成本低的要求。下面将对 C/SiC 复合材料反射镜坯的制备工艺进行分析和设计。

　　本书采用气相渗硅工艺来制备 C/SiC 反射镜坯体。该方法的优点是：① 坯体密度的可设计性，通过调整 C/C 素坯的密度和孔隙率控制复合材料的密度；② 可加工性，由于气相渗硅过程中，C/C 素坯不与液态 Si 直接接触，因此，反应后在 C/SiC 复合材料表面残留的 Si 较少，容易实现坯体的精加工；③ 通过转化连接实现夹芯结构。

　　如第 1 章所述，液相渗硅工艺的缺点主要是液相反应过程中 Si 与 C 反应很快且难以控制，在制备大尺寸反射镜坯体时，容易造成坯体的开裂。因此本书采用气相渗硅工艺制备 C/SiC 复合材料坯体，气相渗硅工艺首先必须保证有充足的 Si 蒸气与素坯反应，Si 的蒸发速度对气相渗硅工艺来说至关重要。Si 的蒸发速度不仅与反应温度有关，还与炉体的压力有关。所以，气相渗硅工艺设计的重点是分析温度与压力对 Si 的蒸发速度的影响，通过分析，确定反应温度和压力的选择范围。具体的反射镜坯体制备工艺研究见本书第 3 章内容。

2.3　C/SiC 复合材料反射镜的结构设计

通过前面两节的分析,确定了 CVD SiC 涂层作为反射镜的光学致密层、轻质 C/SiC 复合材料作为反射镜的坯体。在两者之间根据应力分析,考虑中间梯度过渡层,即 C/SiC 复合材料反射镜为三明治结构。

三明治结构的设计思想是反射镜坯体采用轻质 C/SiC 复合材料,C/SiC 复合材料作为多组分复合材料不能直接抛光出满足光学精度的反射镜表面,因此必须在其表面制备一层致密的 SiC 光学反射涂层。由于坯体密度降低,减轻了

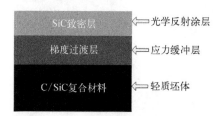

图 2.18　三明治结构 SiC 基复合材料反射镜示意图

反射镜的重量,同时又能获得很好的光学加工精度。在具体的制备工艺中,为了提高外层致密 SiC 涂层和 C/SiC 复合材料坯体的物理匹配性能,针对一定特性的坯体来说,有时候需要在二者中间制备一层梯度过渡层作为应力缓冲层,其结构示意图如图 2.18 所示。

对比单层结构、双层结构和三明治结构的反射镜设计可以看出,三明治结构的 C/SiC 复合材料反射镜具有很大的优势:

(1) 有效实现减重,单层 SiC 反射镜密度大于 $3.1\ \mathrm{g\cdot cm^{-3}}$,采用三明治结构的 SiC 基复合材料反射镜密度可小于 $2.2\ \mathrm{g\cdot cm^{-3}}$,对于同种尺寸的反射镜,减重至少达 29%。

(2) C/SiC 复合材料容易轻量化加工,可进一步实现减重。

(3) 材料制备相对来说易于实现,目前 C/SiC 复合材料的制备工艺非常成熟。

(4) CVD 工艺制备的表面 SiC 致密涂层厚度只需 $20\sim100\ \mu\mathrm{m}$ 就能满足加工及应用要求,大大节约了周期和成本。

(5) 光学性能优异。三明治结构的 C/SiC 复合材料反射镜表面是理论密度的致密 SiC 涂层,其光学加工性能非常优异,光学精度可达到 3 Å RMS 以下。

2.3.1　CVD SiC 涂层和 C/SiC 坯体界面应力分析

反射镜表面致密光学涂层除了要满足光学加工要求外,还必须满足和坯体之间的结合力强的要求,以保证能承受磨削及抛光过程中的应力;另外,涂层制

备过程要满足不会对坯体造成损伤的要求、涂层内应力不会导致涂层开裂失效等。由于 CVD SiC 涂层是高性能 C/SiC 复合材料反射镜表面致密层的唯一选择,且其热膨胀系数是一定的,因此,只能靠调整坯体的组分和制备梯度过渡层来解决坯体和光学涂层的适应性问题。

在制备 CVD SiC 涂层时,在 C/SiC 反射镜由涂层制备温度降低到室温的变温条件下,若 CVD SiC 涂层与 C/SiC 反射镜坯体之间膨胀系数差异较大的话,将会导致涂层存在较大的残余应力,从而导致表面 CVD SiC 涂层开裂甚至剥落,严重影响表面光学涂层的质量。因此如何缓解坯体与涂层之间的热匹配性能是 C/SiC 复合材料反射镜研制过程中的关键技术之一。

由于 C/SiC 复合材料与 CVD SiC 的热膨胀系数的差异,则在 CVD SiC 表面涂层制备过程中的温差变化而导致出现较大的表面内的平面残余热应力,当这个应力超过可使表面涂层出现裂纹的临界屈服应力 σ_0 时,表面涂层将开裂(CVD SiC 涂层的临界屈服应力为 700 MPa)。

以下将讨论热膨胀系数差异对表面 CVD 涂层内的残余热应力的影响。

与涂层相比,坯体是非常厚的,假定二者都比较平整,在涂层生长过程中产生的热应力穿透涂层是一致的,则坯体应该一直都保持应力松弛。涂层生长结束后,随着温度变化(从制备温度到室温),厚的坯体产生一个热应变,并且是一直保持应力释放状态,涂层同时也会产生一个热应变,而且涂层的应变是不同于坯体的:

$$\varepsilon_T = \int_{T_G}^{T} (\alpha_c - \alpha_s) \mathrm{d}T \qquad (2.19)$$

其中,ε_T 为涂层与坯体之间的热不匹配应变值;T_G、T 分别为室温与涂层制备温度;α_c 和 α_s 分别是 CVD SiC 涂层和 C/SiC 复合材料坯体的热膨胀系数。对于 C/SiC 复合材料来说,复合材料热膨胀系数满足如下经验公式[204]:

$$\alpha = \frac{\sum_i \alpha_i K_i V_i / \rho_i}{\sum_i \alpha_i V_i / \rho_i} \qquad (2.20)$$

其中,α_i、K_i、V_i、ρ_i 分别为各组分的热膨胀系数、体积模量、质量分数、体积密度。

由式(2.20)可知,在复合材料各组分的体积模量、热膨胀系数和体积密度一定的条件下,复合材料的热膨胀系数仅与复合材料中各组分的质量分数有关,故可以通过调整复合材料中组分比来调节复合材料的热膨胀系数。

当涂层和坯体结合得比较好时,涂层应变应该与坯体的热应变一致。因此,式(2.19)中的不匹配应变必须由涂层中的弹性和非弹性形变来适应。假设涂层在温度变化过程中保持弹性变形,这种不匹配的应变诱导产生涂层平面内的应力 σ_T:

$$\sigma_T = \frac{E_c \varepsilon_T}{1 - \nu_c} \qquad (2.21)$$

其中,E_c 为涂层的弹性模量;ν_c 为涂层的泊松比,则[205]

$$\sigma_T = \frac{E_c}{1 - \nu_c} \int_{T_G}^{T} (\alpha_c - \alpha_s) \mathrm{d}T \qquad (2.22)$$

从式(2.22)可知,在降温过程中产生的残余热应力 σ_T 取决于涂层与坯体之间热膨胀系数的差异和积分式前的系数(由涂层的弹性模量和泊松比决定)。假设式(2.22)中除坯体的热膨胀系数 α_s 外,其余的参数取固定值,选取 CVD SiC 涂层的热膨胀系数 $\alpha_c = 3.8 \times 10^{-6}$ K^{-1},涂层弹性模量 $E_c = 466$ GPa, $T_G = 20°C$, $T = 1\,100°C$,涂层的泊松比 $\nu_c = 0.21$,C/C 多孔预制件的热膨胀系数 α_s 一般为 $0.1 \sim 0.6 \times 10^{-6}$ K^{-1},根据式(2.20),C/SiC 复合材料的热膨胀系数介于 C/C 预制件及 SiC 基体之间。图 2.19 画出了不同 α_s 与其所对应的残余应力 σ_T 的关系曲线。

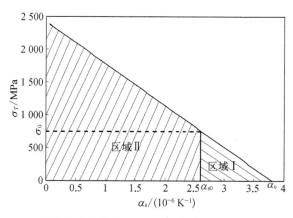

图 2.19　SiC 涂层的残余热应力与 C/SiC 复合材料热膨胀系数的关系

从图 2.19 可见,C/SiC 复合材料坯体的热膨胀系数越大,与 CVD SiC 涂层的热膨胀系数差异越小,在制备过程中产生的残余热应力越小。相反,C/SiC 坯体的热膨胀系数越小,残余热应力越大。当 C/SiC 复合材料坯体的热膨胀系数处在小于临界热膨胀系数 α_{s0} 的区域 II 范围,涂层内的残余热应力超过了涂层的临界平面应力,涂层表面将会出现裂纹。针对 CVD SiC 涂层来说,要想表面涂层不开裂,C/SiC 复合材料坯体的热膨胀系数必须处在大于 α_{s0} 的区域 I 范围内,且越接近 α_c,表面层内的残余热应力越小,反射镜的表面层的性能越好。

2.3.2 梯度过渡层的设计

设计梯度过渡层的主要目的是用来解决反射镜表面致密的 CVD SiC 涂层与坯体材料的热匹配问题,决定各层热匹配性能的关键是相互间的热膨胀系数差异要减小到特定的范围内,设计的关键是调配好各层的热膨胀系数,同时要考虑反射镜其他的性能要求。

1. 梯度过渡层设计原理

热匹配的实现是根据减小涂层平面内残余热应力的原理来进行的,根据以上讨论,解决 C/SiC 反射镜坯体与 CVD SiC 涂层的热物理匹配性能可从两方面着手:

(1) 对 C/SiC 复合材料组分进行设计,实现 C/SiC 复合材料坯体和 CVD SiC 涂层直接匹配。多孔碳纤维预制件中的 C 纤维体积分数小、孔隙率高,因此可以通过优化工艺,调整 C/SiC 复合材料中 SiC 基体(采用气相渗硅的坯体里面还有一定的 Si 组分)、C 基体以及 C 纤维的质量分数来调整 C/SiC 复合材料热膨胀系数。通过对组分进行设计,增加复合材料中 SiC 组分的质量分数,提高 C/SiC 复合材料坯体的热膨胀系数,使其处在图 2.21 的区域 I 区域内,降低 CVD SiC 涂层与坯体之间热膨胀系数的差异,从而减小 CVD 涂层内的残余热应力,实现坯体和表面致密层的热匹配。

(2) 制备中间相过渡层,从而实现热匹配。当 C/SiC 复合材料的热膨胀系数在区域 II 区域内时,C/SiC 与 CVD SiC 涂层复合时二者之间热膨胀系数相差太大,需要在二者之间制备梯度过渡层。梯度过渡层设计的原理是:在 C/SiC 反射镜坯体和表面 CVD SiC 致密层之间形成一个热膨胀系数处在区域 I 区域的过渡层,使得与表面 CVD SiC 致密层接触部分的复合材料的热膨胀系数与表面层的热膨胀系数的差异减小,降低 CVD SiC 表面涂层内的残余热应力,从而确保表面 CVD SiC 涂层不开裂。过渡层还必须同时满足与 C/SiC 复合材料坯体的热匹配性能。

2. 梯度过渡层成分设计

根据以上讨论的应力产生原理来设计梯度过渡层的组分。若在涂层与基底之间制备一层过渡层,基体与过渡层之间 SiC 组分是逐渐增加的,梯度涂层的热膨胀系数也是逐渐增加的,根据式(2.22),各层之间的残余应力是逐步降低的,有望制备出与坯体热匹配性好的 CVD SiC 涂层。

梯度涂层体系分为以下两种:连续的梯度涂层和中间相结构材料。前者是一个连续涂层,利用截面成分的变化使得热膨胀系数也随之得到一个梯度结构,从而缓解与基底热膨胀系数 CTE 不相匹配的局面,这种材料的显微结构存在不均匀性。而后者是在基体与 CVD SiC 涂层之间加一层平滑的梯度中间成分,本书选用后一种梯度涂层结构在 C/SiC 复合材料坯体与表面 CVD SiC 涂层之间制备一层过渡层。

由于 Si 的热膨胀系数是介于 C/SiC 复合材料及 CVD SiC 涂层之间,如表2.1所示。因此可以考虑在 C/SiC 复合材料及 CVD SiC 涂层之间"插入"一层 Si-SiC 涂层,作为二者之间的过渡层。通过调整涂层的组分比,制得与 C/SiC 复合材料坯体及 CVD SiC 涂层热匹配性都很好的 Si-SiC 过渡层,从而解决坯体和表面致密涂层的热匹配问题。据此,设计梯度过渡层的成分组成为 Si 和 SiC。

表 2.1　各组分常温热膨胀系数比较

组　　分	C/SiC	Si	SiC
热膨胀系数 /(10^{-6} K^{-1})	2.0	2.6	3.8~4.5

第3章 C/SiC复合材料反射镜坯体的制备

如前所述,C/SiC陶瓷基复合材料的制备工艺方法主要有三种:先驱体浸渍-裂解技术(precursor infiltration and pyrolysis, PIP)、化学气相沉积/渗透技术(chemical vapor deposition/chemical vapor infiltration, CVD/CVI)、渗硅烧结技术(silicon infiltration, SI)。与PIP和CVI工艺相比,SI工艺具有制备周期短、产品致密度高、热导率高的优点,是新近发展起来的一种SiC陶瓷基复合材料快速低成本制备方法。

SI制备C/SiC复合材料的工艺过程是:首先制备出一定密度和孔隙率的C/C素坯,然后利用Si和素坯中C基体反应生成SiC基体,从而得到C/SiC复合材料。根据反应过程中Si源的物理状态不同,SI工艺又可分为液相渗硅[(liquid silicon infiltration, LSI);也有的称为反应熔渗(reactive melt infiltration, RMI)]和气相渗硅(gaseous silicon infiltration, GSI)两种方法。

LSI过程是在高温真空环境中用熔融的液态Si对C/C素坯进行浸渗处理,液态Si与C基体反应生成SiC基体,LSI过程中Si与C反应剧烈,易在复合材料表面形成闭孔,影响渗透深度,造成复合材料组成不均匀。为了克服LSI的不足,研究人员发展了GSI工艺,以气相Si代替液相Si作为渗透和反应物质。GSI反应过程温和,气相Si容易渗透到预制件内部,制备的SiC陶瓷基复合材料具有组成均匀、残留Si少、后道加工简单等优点,是一种值得研究的碳陶复合材料制备新方法。

3.1 气相渗硅C/SiC复合材料制备技术

3.1.1 气相渗硅技术原理

气相渗硅中Si以气态形式与基体C或C纤维发生反应,本质上属于气固反应。反应过程示意图如图3.1所示,其主要步骤为:

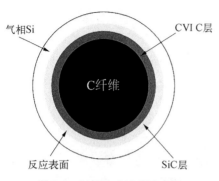

图 3.1　气相渗硅过程示意图

（1）高温下，液态 Si 蒸发成气态 Si 后，由气流主体传递至 C/C 素坯的外表面；

（2）气态 Si 通过 C/C 素坯孔隙网络进入素坯内部并与固体反应物 C 直接发生反应生成 SiC 颗粒；

（3）气态 Si 通过 SiC 反应产物层继续扩散至 Si/C 反应界面；

（4）在反应界面气态 Si 与 C 继续发生化学反应，C 层逐渐变小、SiC 反应产物层逐渐增厚；

（5）随着反应的进行，连续致密的 SiC 层形成后，气态 Si 渗透阻力增大，反应减缓，最终气态 Si 冷却凝聚填充于复合材料孔隙中。

3.1.2　工艺参数对 C/SiC 复合材料性能的影响

1. C/C 素坯的组成、密度设计和气相渗硅工艺设计

C/C 素坯具有良好的可加工性，可以方便地实现反射镜的轻量化结构，另外，分块 C/C 素坯采用反应连接法可以实现蜂窝夹芯结构。因此，采用 C/C 素坯为预制件制备 C/SiC 复合材料反射镜是目前最常用的方法[132]。

对于 C/C 素坯渗 Si 烧结来说，主要有两种工艺：液相浸渍工艺和气相反应工艺。相比于液相浸渍工艺，气相反应方法制备 C/SiC 复合材料的过程中，反应速度降低，渗透速度较高，因而将提高 Si 的渗透深度，可以解决液相浸渍工艺中由于反应太剧烈而造成的坯体开裂问题[57]。本书立足于大尺寸 C/SiC 复合材料反射镜镜坯的制备，因此选用气相反应工艺。

影响气相渗硅工艺制备 C/SiC 复合材料性能的因素主要分为两类：① C/C 素坯本身的组成和密度；② 气相渗硅工艺参数。为了改善 C/C 素坯经气相渗硅制备的 C/SiC 复合材料的性能，首先对 C/C 素坯的组成、密度及气相渗硅工艺进行系统的设计。

1）C/C 素坯的组成和密度设计

（1）C/C 素坯的组成

C/C 素坯由短切碳纤维（C_f）、化学气相浸渗碳（CVI C）以及裂解 C 组成。CVI C 为致密、光滑的结晶 C，其均匀包裹在 C 纤维表面；裂解 C 为疏松的无定

形 C。从与 Si 的反应活性来讲,在气相渗硅过程中,裂解 C 将优先与 Si 反应生成 SiC。作者团队前期的研究结果表明,当 C/C 素坯中的 C_f 和 CVI C 体积分数分别选在 2.50vol% 和 17.50vol% 时,气相渗硅制备的 C/SiC 复合材料的性能较佳,因而本书固定 C/C 素坯中的 C_f 和 CVI C 的体积分数分别为 2.50vol% 和 17.50vol%[206],即素坯中的 C_f 和 CVI C 的体积分数总量为 20vol%,只通过调节裂解 C 的含量来调节 C/C 素坯的孔隙率和密度。

C/C 素坯经气相渗硅制备的 C/SiC 复合材料含有 SiC、Si 和 C 三相,其中 SiC 由 C/C 素坯中的 C 与 Si 反应生成、C 为素坯中未参加反应的残余 C、Si 为冷却降温过程中填充在复合材料剩余孔隙中的自由 Si。因此,对于气相渗硅制备的 C/SiC 复合材料来说,通过调节 C/C 素坯的孔隙率,可以调节复合材料中的 SiC、残余 Si、残余 C 的含量,进而优化复合材料的性能[207]。

（2）C/C 素坯的临界孔隙率

由 C 与 Si 生成 SiC 的反应可知,1 mol 的 C 与 1 mol 的 Si 反应生成 1 mol 的 SiC,由表 3.1 所列出 C 和 SiC 的基本物理性质可以看到,C 的摩尔体积要小于 SiC 的摩尔体积,因此 C 转化为 SiC 时要产生体积膨胀。据此,定义 C/C 素坯的临界孔隙率:当 C/C 素坯的孔隙完全被气相渗硅生成的 SiC 填充时,C/SiC 中的 Si 含量为 0,此时对应的 C/SiC 复合材料仅含有 C 和 SiC 两相,将此时的 C/C 素坯对应的孔隙率定义为临界孔隙率。

表 3.1　C 和 SiC 的密度、摩尔质量和摩尔体积

性　　能	C 纤维和 CVI C	裂解 C	SiC
密度/(g·cm⁻³)	1.95*	1.52**	3.21
分子量/(g·mol⁻¹)	12.01	12.01	40.10
摩尔体积/(cm³·mol⁻¹)	6.16	7.90	12.49

*C 纤维(C_f)和化学气相渗透碳(CVI C)的密度是通过含 C_f 和 CVI C 的 C/C 素坯的实测密度和孔隙率经换算得到。

** 裂解 C(P_yC)的密度是由 C_f 和 CVI C 含量相同、P_yC 含量不同的 C/C 素坯的实测密度和孔隙率经换算得到。

结合表 3.1 可知,当裂解 C 与 Si 反应生成 SiC 时,对应的体积膨胀率 r_{e1} 为

$$r_{e1} = \frac{V_m^{SiC}}{V_m^{P_yC}} - 1 = \frac{12.49}{7.90} - 1 = 58.10\% \tag{3.1}$$

当 C_f 和 CVI C 与 Si 反应生成 SiC 时,对应的体积膨胀率 r_{e2} 为

$$r_{e2} = \frac{V_m^{SiC}}{V_m^{C_f+CVIC}} - 1 = \frac{12.49}{6.16} - 1 = 102.75\% \tag{3.2}$$

不同碳质材料不仅存在着气相渗硅转化时的体积膨胀率差异,还存在着反应活性的差异。裂解碳中含有大量微孔,这些微孔会为气相 Si 的渗入提供通道,因而与气相 Si 的反应活性较大,而 C_f 和 CVI C 的结构比较致密,与气相 Si 的反应活性较弱[208]。

当 C/C 素坯中只有 P_yC 与 Si 反应时,对应的 C/C 素坯的临界孔隙率 p^c 满足式(3.3):

$$p^c = \frac{r_{e1}}{1 + r_{e1}}(1 - V_{C_f+CVICT}) \tag{3.3}$$

式中,$V_{C_f+CVICT}$ 为 C/C 素坯中 C_f 和 CVI C 的总体积分数,如前所述,本书中将其值固定为 20vol%,结合式(3.1)和式(3.3)可算出只有 P_yC 反应时的临界孔隙率为 29.40vol%。

当 P_yC 全部反应、CVI C 和 C_f 部分反应时,由于 CVI C、C_f 与 P_yC 生成 SiC 对应的体积膨胀率不同,因而相应的临界体积的表达式也与仅有 P_yC 反应时不同。经推导,此种情况下的临界孔隙率 p^c 的表达式为

$$p^c = \frac{r_{e1}}{1 + r_{e1}}(1 - V_{C_f+CVICT} + V_{C_f+CVICR}) + (1 + r_{e2})\left(\frac{r_{e2}}{1 + r_{e2}} - \frac{r_{e1}}{1 + r_{e1}}\right)(V_{C_f+CVICR}) \tag{3.4}$$

式中,$V_{C_f+CVICR}$ 为 C/C 素坯中发生反应的 CVI C 和 C_f 的体积分数;体积膨胀率 r_{e1}、r_{e2} 和 $V_{C_f+CVICT}$ 的含义同式(3.1)~式(3.3)中的含义。

由式(3.4)可知,当 P_yC 全部与 Si 反应,而 CVI C 和 C_f 部分与 Si 发生反应时对应的临界孔隙率如图 3.2 所示。

由图 3.2 可知,10vol%的 C_f 和 CVI C 与 Si 发生气相渗硅时,对应的 C/C 素坯的临界孔隙率为 35.90vol%;当 20vol%的 C_f 和 CVI C 与 Si 发生气相渗硅时,相应的 C/C 素坯的临界孔隙

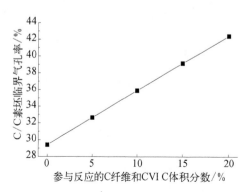

图 3.2　不同体积的 CVI C 和 C 纤维参与反应时 C/C 素坯的临界孔隙率

率为 42.40vol%。

（3）C/C 素坯的选取

由于实际 C/C 素坯中各类碳质材料的分布并非完全均匀,这将使得局部区域对应着较大的反应程度,不仅 P_yC 全部与 Si 发生反应转化成了 SiC,而且 CVI C 和 C_f 也发生了部分反应,而另一些区域的反应程度则较小,仅仅发生了部分裂解碳的转化,因而实际的转化过程就不能简单地认为仅有 P_yC 发生反应。

鉴于此,实验中选择了孔隙率为 38.50vol% 的 C/C 素坯作为原材料,以便更好地包容碳质材料的分布不均匀性。所选取的 C/C 素坯的密度、组成及孔隙率列于表 3.2。

表 3.2　C/C 素坯的组成

样　品	密度/$(g \cdot cm^{-3})$	C 纤维体积分数/vol%	CVI C 体积分数/vol%	裂解 C 体积分数/vol%	气孔率/vol%
C/C 素坯	1.02	2.50	17.50	41.50	38.50

（4）C/SiC 复合材料的组成

前面进行的 C/C 素坯的孔隙率设计决定了理想情况下（完全转化）可获得的 C/SiC 复合材料的组成和性能,而实际上,通过气相渗硅制备的 C/SiC 复合材料的性能往往与理想情况存在差异。实际情况下,在 C/C 素坯组成以及残余 C_f 和 CVI C 的量一定时,可通过气相渗硅工艺制备的 C/SiC 复合材料样品的密度和孔隙率,计算出复合材料的实际组成,计算公式如下:

$$V_C = V_{P_yC} + V_{C_f+CVIC} \tag{3.5}$$

$$V_{SiC} = (V_{P_yCT} - V_{P_yC}) \times (1 + r_{e1}) + (V_{C_f+CVICT} - V_{C_f+CVIC}) \times (1 + r_{e2}) \tag{3.6}$$

$$V_{Si} = 1 - V_C - V_{SiC} - p_{C/SiC} \tag{3.7}$$

$$\rho_{C/SiC} = \rho_{SiC} \times V_{SiC} + \rho_{Si} \times V_{Si} + \rho_{P_yC} \times V_{P_yC} + \rho_{C_f+CVIC} \times V_{C_f+CVIC} \tag{3.8}$$

式(3.5)~式(3.8)中,V_C、V_{P_yC}、V_{C_f+CVIC} 分为 C/SiC 复合材料中的残留 C 的总体积分数、残留裂解 C 的体积分数、残留 C_f 和 CVIC 的体积分数;V_{P_yCT} 为 C/C 素坯中的裂解 C 体积分数;V_{SiC} 和 V_{Si} 分别为 C/SiC 复合材料中 SiC 的体积分数、Si 的体积分数;$\rho_{C/SiC}$、ρ_{Si}、ρ_{P_yC} 和 ρ_{C_f+CVIC} 分别为 C/SiC 复合材料、Si、裂解 C、CVI C 和 C_f 的密度,其他参数的含义同式(3.1)~式(3.4)中的含义。$p_{C/SiC}$ 为 C/SiC 复合材料的孔隙率。

2) 气相渗硅工艺设计

通过气相渗硅制备的 C/SiC 复合材料的性能往往与理想情况存在差异,这主要是由于实际情况下的反应程度与理想情况下的差异所致。

实际情况下气相渗硅的反应程度主要与反应速率、气相硅量有关,因此气相渗硅工艺的设计应基于这两方面开展,下面便分别对其进行分析设计。

(1) 气相渗硅速率

气相 Si 与 C/C 素坯的反应在本质上是属于气(Si)/固(C)的反应,因此其反应速率可借鉴气/固反应动力学来研究。

由气/固反应动力学可知[209],气相 Si 与 C/C 素坯的气/固反应速率方程可表示为

$$v = \frac{C_{\circ}}{\dfrac{\delta_1}{D_1} + \dfrac{\delta_2}{D_2} + \dfrac{1}{k_1}} \tag{3.9}$$

式中,δ_1、δ_2 分别为外扩散层和反应产物(SiC)层的厚度;$C_{\circ}$ 为气相 Si 的浓度;D_1 为气相 Si 在 C/C 素坯中的扩散系数(外扩散系数);D_2 为 Si 在 SiC 层中的扩散系数(内扩散系数);k_1 为气相 Si 与 C 的界面化学反应速率常数。

在真空条件下,气(Si)/固(C)反应对应的气体分子平均自由程在几十至几百微米之间[210],而 C/C 素坯的孔径尺寸主要介于几微米到几十微米,即孔径要小于环境下分子的平均自由程,由扩散机制可知,气相 Si 在 C/C 素坯的扩散过程主要满足 Knudsen 扩散[211,212],即

$$D_1 = D_k = \frac{d_p}{3}\left(\frac{8RT}{M}\right)^{3/2} \tag{3.10}$$

式中,D_k 为 Knudsen 扩散系数(外扩散系数);d_p 为孔隙直径;M 为 Si 的摩尔质量(28.09 g·mol^{-1});R 为气体常数(8.3145 W·m^{-1}·K^{-1});T 为温度,单位为 K。

内扩散系数 D_2 可表示为[213]

$$D_2 = 2.0 \times 10^{-6}\exp\left(-\frac{132\,000}{RT}\right) \tag{3.11}$$

Si 与 C 的界面化学反应速率常数 k_1 可表示为

$$k_1 = A\exp\left(-\frac{E}{RT}\right) \tag{3.12}$$

式中,A 为频率(指前)因子,E 为气相 Si 与 C 反应的活化能。

由式(3.10)~(3.12)可知,外扩散系数 D_1、内扩散系数 D_2 和界面化学反应速率常数 k_1 主要受气相渗硅温度的影响,随着气相渗硅温度的增加,外扩散系数 D_1、内扩散系数 D_2 和界面化学反应速率常数 k_1 均增加,再由式(3.9)可知,气/固反应速率常数也增大。考虑到反应速率的增大会提高反应程度,因而应尽量提高气相渗硅温度。

(2) 气相 Si 量

气相 Si 量直接决定气相渗硅的反应程度,因此在反应过程中应提供足够多的气相 Si。本书介绍的气相渗硅研究中,气相 Si 是由 Si 粉熔融成液相 Si 后再蒸发产生的,因此气相 Si 量便与液 Si 的蒸发状态密切相关。按照蒸发状态的差异,液 Si 的蒸发可分为平面蒸发和沸腾蒸发。

对于平面蒸发。根据分子运动论的观点,Si 的平面蒸发速率 U_{Si} 可表示为[214]

$$U_{Si} = aP_s \left(\frac{M_{Si}}{2\pi RT} \right)^{\frac{1}{2}} \tag{3.13}$$

式中,P_s 为温度 T 时的 Si 的饱和蒸气压;a 为常数($0 \leqslant a \leqslant 1$),在 $a=1$ 时,可获得平面蒸发状态下液相 Si 的最大蒸发速率,其表达式为

$$U_{Si}^{max} = P_s \left(\frac{M_{Si}}{2\pi RT} \right)^{\frac{1}{2}} \tag{3.14}$$

式(3.14)中的饱和蒸气压 P_s 是温度的函数,可由式(3.15)表达:

$$\ln(P_s) = \frac{-42\,514}{T} + 26.77 \tag{3.15}$$

将式(3.15)代入式(3.14)可得到

$$U_{Si}^{max} = \exp\left(\frac{-42\,514}{T} + 26.77 \right) \times \left(\frac{M_{Si}}{2\pi RT} \right)^{\frac{1}{2}} \tag{3.16}$$

由式(3.16)可以看出,在平面蒸发状态下 Si 的最大蒸发速度 U_{Si}^{max} 仅与温度有关,由式(3.16)可算得不同温度下的最大平面蒸发速度,如图 3.3 所示。

由图 3.3 可知,Si 的最大平面蒸发速度随着温度的升高而增大,且增加的幅度也随着温度的增加而提高。由计算可知,致密一块 40 mm 厚的长轴 600 mm,短轴 480 mm 的椭圆 C/C 素坯(密度和孔隙率分别为 1.02 g·cm^{-3} 和 38.50vol%)时,需

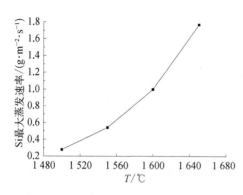

图3.3　硅在不同温度下的最大平面蒸发速率

要的 Si 量为 19.08 kg,根据 1 650℃下的 Si 的蒸发速率(1.77 g·m^{-2}·s^{-1})可知,需要保温 13 h 以上才能获得足够的 Si 量,而 1 500℃下需要的时间则长达 82 h 以上。过长的保温时间会使得 SiC 晶粒严重粗化,进而大大影响 C/SiC 复合材料的性能[215],同时过长的保温时间无论在经济上还是对设备的稳定性讲都是不合理的。这说明在平面蒸发状态下进行样品致密化不符合工艺要求,应采用其他措施增大 Si 的蒸发速率。

对于沸腾蒸发,其在环境压力小于 Si 的饱和蒸气压时发生。Si 处于沸腾蒸发时,蒸发速度会大大提高,因而可以在较短的时间内提供反应所需的气相 Si,使大尺寸样品的致密化速度大大增加,进而获得较好的材料性能。因此,实际气相渗硅工艺应在 Si 处于沸腾蒸发的状态下进行。

由沸腾蒸发的定义可知,使 Si 发生沸腾蒸发有两种方式:① 降低环境压力;② 提高 Si 的饱和蒸气压。虽然增加气相渗硅温度可以提高 Si 的饱和蒸气压,使得液 Si 发生沸腾,但此时所需的温度太高,不适于实际操作。而降低环境压力则可以使液 Si 在较低的反应温度下便可发生沸腾,有利于抑制材料晶粒的粗化;但是,降低压力的同时,温度也不能太低,因为温度过低一方面使得反应速率降低,进而降低气相渗硅的反应程度,另一方面也会由于相应温度下的饱和蒸气压低于气相渗硅炉设计的极限真空而不能达到沸腾蒸发状态,因此,需要综合考虑,下面将进行系统分析。

(3) 气相渗硅温度的选取和升、降温制度的确定

从前面的讨论可知,气相渗硅温度是气相渗硅速率和气相 Si 量的主要影响因素,因而气相渗硅工艺设计的核心便是确定气相渗硅温度。

在气相渗硅温度较高时,反应速率较大,而且 Si 更容易产生沸腾蒸发,因而会提高气相渗硅的反应程度;而反应温度较低时,反应速率较小,且 Si 不容易发生沸腾蒸发,因而会降低气相渗硅的反应程度,这说明应尽量提高气相渗硅温度以增大反应程度。

本书中的气相渗硅炉的极限真空度为 20 Pa,因此,在进行工艺设计时,考虑 Si 的饱和蒸气压要大于 20 Pa,这样才能发生沸腾蒸发。由饱和蒸气压的计算公

式可知,Si 的饱和蒸气压为 20 Pa 时对应的温度为 1 515℃,所以实验设计中将最低气相渗硅温度选择在 1 515℃以上。

同时,考虑到过高的温度会引起晶粒粗化而降低材料的性能,实验中将气相渗硅的最高温度选择在 1 650℃。

综上,实验中选取 1 550℃、1 600℃和 1 650℃三个温度点进行 C/C 素坯的气相渗硅工艺。选取的升、降温路线如图 3.4 所示。

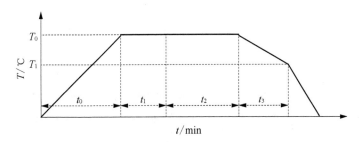

图 3.4　气相渗硅工艺的升、降温路线

T_0——设定的气相渗硅温度;T_1——程序控制降温时的终点温度;t_0——程序升温时间;
t_1——充气保温时间;t_2——真空保温时间;t_3——程序控制降温时间

在选用的气相渗硅工艺中,充气保温时间 t_1、真空保温时间 t_2 以及程序控制降温终点温度 T_1 取相同的数值,只改变气相渗硅温度 T_0、程序升温时间 t_0 以及程序控制降温时间 t_3。选用上述的气相渗硅工艺时,由于反应过程中反应温度保持恒定,本书称这种反应工艺为恒温气相渗硅工艺。

常规的气相渗硅工艺如下:升温到气相渗硅温度后,直接抽真空进行保温。在这种工艺的基础上,本文增加了充气保温过程,这主要是考虑坩埚中 Si 粉熔融需要较高的热量(熔融热为 50.40 kJ·mol^{-1}),因而在反应温度下充气保温一定时间可使坩埚内的 Si 粉充分熔融,保证气相渗硅的均匀性。

2. 恒温气相渗硅工艺对 C/SiC 复合材料性能的影响

1) 恒温气相渗硅工艺制备的 C/SiC 复合材料的物相和晶体结构

恒温气相渗硅工艺条件下不同温度制备的 C/SiC 复合材料的 X 射线衍射(X ray diffraction, XRD)图谱见图 3.5。

由图 3.5 可以看出,恒温气相渗硅工艺条件下不同温度制备的 C/SiC 复合材料均由 SiC、Si 和 C 组成。其中 SiC 和 Si 均属于面心立方晶格的金刚石结构,C 对应于无定形的乱层石墨结构,衍射峰较宽且强度较低[216]。

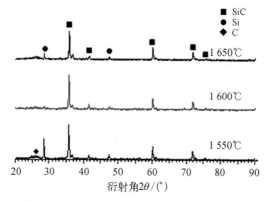

图 3.5　恒温气相渗硅工艺下不同温度制备的 C/SiC 复合材料的 XRD 图谱

2）恒温气相渗硅工艺对 C/SiC 复合材料密度和孔隙率的影响

图 3.6 为恒温气相渗硅工艺不同温度条件下制备的 C/SiC 复合材料的密度和孔隙率。

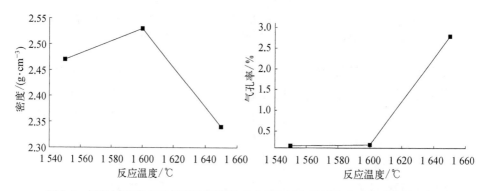

图 3.6　恒温气相渗硅工艺下反应温度对 C/SiC 复合材料密度和孔隙率的影响

由图 3.6 可以看出，随着气相渗硅温度的升高，制备的 C/SiC 复合材料样品的密度先增大后减小，由于密度与 C/C 素坯的反应程度密切相关，只有将温度选择在适中的数值时，才会获得较高的反应程度，过高或过低都会降低反应程度。在 1 650℃制备的 C/SiC 复合材料的密度最低，样品的孔隙率为 2.80vol%，呈现出一定的多孔性；但 1 550℃和 1 600℃下制得的 C/SiC 复合材料样品的孔隙率均较小（小于 0.20vol%），可认为是致密样品。

3）恒温气相渗硅工艺对 C/SiC 复合材料相含量的影响

由刻蚀法和热氧化法可测得恒温气相渗硅工艺条件下不同温度制备的 C/SiC 复合材料样品的相含量。而由 C/SiC 复合材料样品的密度和式(3.5) ~ (3.8)可以算得 10.00vol% 的 C_f 和 CVI C 反应时制备的 C/SiC 复合材料样品中各相含量的预测值, C/SiC 复合材料相含量结果的实测值和预测值见图 3.7。由图 3.7 可以看出, 随着反应温度的升高, SiC 含量先增加后降低, Si 和 C 含量均先降低后升高, 由于 SiC 含量与反应程度密切相关, 说明只有将温度选择在适中的数值时, 才会获得较高的反应程度, 过高或过低都会降低反应程度。结合前面的研究可知, 相含量随反应温度的变化规律与 C/SiC 密度随反应温度的变化规律一致, 这也说明选取适中的反应温度能够提高反应程度。

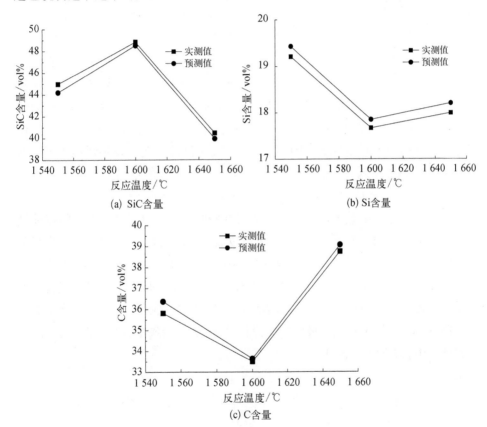

图 3.7　恒温气相渗硅工艺下反应温度对 C/SiC 复合材料相含量的影响

　　不同温度下制备的 C/SiC 复合材料的各相含量的实测值与预测值的差异均较小 (小于 0.80vol%), 实测值与预测值具有较好的一致性。这一方面说明不同温度下反应程度的差异主要是由于参与反应的裂解碳体积不同所致; 另一方面也说明不同温度下有同样体积的 CVI C 和 C_f 参与反应 (10.00vol%), 这主要与不同碳质材料的分布有关, C/SiC 复合材料的形貌如图 3.8 所示。

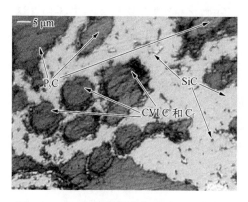

图 3.8　1 600℃的恒温气相渗硅工艺制备的
C/SiC 复合材料的形貌

由图 3.8 可以看出,P_yC 碳和 C_f(CVI C)的分布并不均匀,在某些区域内裂解碳与 CVI C 和 C_f之间存在着孔径较大的孔隙,这主要是由于 P_yC 的团聚所引起的。这些较大孔隙的存在使得此处在气相渗硅过程中会有较多的 CVI C 和 C_f参与反应生成 SiC 层,但如前所述,CVI C 和 C_f本身比较致密,因而生成的 SiC 层也非常致密,气相渗硅到一定程度后便基本趋于停止。由于裂解碳的团聚体与 CVI C 和 C_f之间存在的这种孔隙量一定,且 CVI C 和 C 纤维气相渗硅生成的 SiC 层量一定,这两种作用一起便导致在不同恒温气相渗硅工艺下的反应初期,CVI C 和 C_f转化成 SiC 的反应得以完成,因而不同恒温气相渗硅工艺下发生反应的 CVI C 和 C_f的体积基本相同,反应程度只体现为 P_yC 反应程度的不同。

4) 恒温气相渗硅工艺对 C/SiC 复合材料力学性能的影响

恒温气相渗硅工艺不同温度条件下所制备的 C/SiC 复合材料样品的弹性模量和弯曲强度如图 3.9 所示。由图 3.9 可以看出,随着反应温度的增加,所制备的 C/SiC 复合材料样品的弹性模量和弯曲强度均先增大后减小。1 650℃制备的 C/SiC 复合材料的弹性模量和弯曲强度最小,这主要是由于不同反应温度下的反应程度不同所引起的。1 600℃时对应着最高的反应程度,对应着最好的力学性能;而 1 650℃时对应着最低的反应程度,力学性能最差;1 550℃时对应的反应程度居中,力学性能居中。

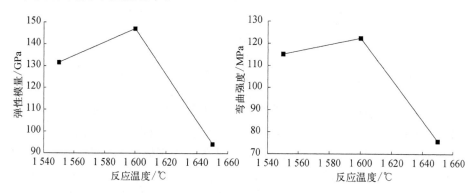

图 3.9　恒温气相渗硅工艺下反应温度对 C/SiC 复合材料力学性能的影响

5）恒温气相渗硅工艺的反应机制

由前面介绍的恒温气相渗硅工艺对制备的 C/SiC 复合材料的密度、相组成、力学性能等影响可知,气相渗硅温度低于 1 600℃时,反应程度随着反应温度的增加而增加,高于 1 600℃时,反应程度随着反应温度的增大而降低,这主要是由于恒温气相渗硅工艺条件下不同温度对应的反应机制不同所致。

在气相渗硅温度为 1 650℃时,因为反应温度较高,由式(3.10)~(3.12)可知,外扩散系数、内扩散系数和反应速率常数都较高,此时的气/固反应速率较高,这将使得在反应开始的很短的时间内,C/C 素坯的表层便达到很高的反应程度,孔隙尺寸迅速降低。根据式(3.10)可知,外扩散系数将大大降低,外扩散过程变为反应速率的决速步,Si 与 C 反应速率大大降低,从而导致复合材料内部的反应程度较低。

而在气相渗硅温度为 1 600℃和 1 550℃时,由于反应温度相对较低,由式(3.9)~(3.12)可知,此时的反应速率较小,这便使得反应程度随着反应的进行而逐渐增大,表面孔隙随着反应的进行而不断降低,因此表面和内部都获得了一定程度的转化,且表面和内部的反应程度差异较小,因而虽然此时表面的反应程度小于 1 650℃时,但内部的反应程度却要高于 1 650℃时,进而使得总反应程度要高于 1 650℃时,因而也就对应着更高的相含量、密度和力学性能。

1 650℃情况下表层较高的反应程度导致内部出现较多孔隙,这可由样品横断面的微观形貌得以证实,如图 3.10 所示。

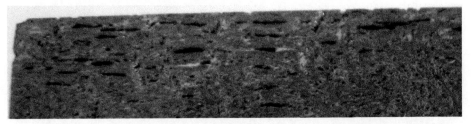

图 3.10　1 650℃时恒温气相渗硅工艺制备的 C/SiC 复合材料的横断面形貌

由图 3.10 可以看出,1 650℃时制备 C/SiC 复合材料样品表面一定深度以下分散着较多孔径较大的孔隙,这也证实了表层较高的致密化程度所引起的渗透深度降低是导致 1 650℃时制备的 C/SiC 复合材料孔隙较高的主要原因。

3. 变温气相渗硅工艺对 C/SiC 复合材料性能的影响

前述恒温气相渗硅工艺的研究结果表明,由于 1 600℃的气相渗硅兼顾了渗透深度和反应速度,使得表层和内部均对应着较高的反应程度,因而获得的 C/SiC 复合材料的性能要优于 1 550℃和 1 650℃制备的复合材料样品,但可以看出由于其仍含有较高的碳含量(≥33.50vol%)使得其性能还有待进一步改善。

另外,前面恒温气相渗硅工艺的研究结果也表明:较低的反应温度可以改善渗透深度,而较高的反应温度可以提高反应速率。因此可以考虑在气相渗硅的过程中,通过变化气相渗硅温度的方式来兼顾渗透深度和反应速率。即在反应的初始阶段,选用较低的气相渗硅温度以降低反应速度、提高渗透深度;而随着反应的进行,逐渐增加气相渗硅温度以提高反应速度,同时使渗透深度缓慢降低,最终提高气相渗硅的总反应程度、改善 C/SiC 复合材料的性能。本节对这种变温气相渗硅制备 C/SiC 复合材料的工艺进行介绍。

1) 变温气相渗硅工艺设计

根据不同恒温气相渗硅工艺的升降温路线,结合气相渗硅过程中温度发生变化的工艺(变温气相渗硅)特点,制定的变温气相渗硅工艺流程如图 3.8 所示。

相比于恒温气相渗硅,图 3.11 中变温气相渗硅增加了真空升温时间 t_2' 和气相渗硅保温温度 T_2 两个参数。充气保温温度 T_0 和真空保温温度 T_2 分别作为工艺的初始反应温度和终了反应温度。由于变温气相渗硅工艺过程中要求在 T_0 和 T_2 要进行缓慢升温,这便需要附加真空升温工艺,相应的时间便为 t_2'。

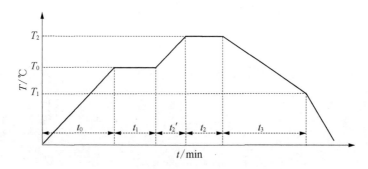

图 3.11　变温气相渗硅工艺的升降温路线

研究变温气相渗硅时,初始反应温度 T_0 的确定很重要。虽然较低的初始反应温度有利于提高渗透深度,但也不应选择过低的反应温度。如前所述,C/C 素坯的致密化需要有足够的气相 Si 参与反应,而这就需要 Si 要在气相渗硅工艺下处于沸腾蒸发状态。在所选用的气相渗硅炉的极限炉压下(20 Pa),需要饱和蒸气压高于 20 Pa 才能保证 Si 处于沸腾蒸发状态,这需要气相渗硅温度要大于 1 515℃。为了兼顾渗透深度和实现 C/C 素坯的致密化,实验中将初始反应温度均选择在 1 515℃,即充气保温温度 T_0 选择在 1 515℃,充气保温完毕后开始抽真空升温。参照不同气相渗硅温度的选取原则,反应的终了温度(真空保温温度) T_2 分别选取 1 550℃、1 600℃和 1 650℃,考察其对气相渗硅过程的影响。

2)变温气相渗硅工艺对 C/SiC 复合材料密度和孔隙率的影响

图 3.12 为变温气相渗硅工艺不同保温温度条件下制备的 C/SiC 复合材料的密度和开孔率。由图 3.12 可以看出,随着保温温度的升高,所制备的 C/SiC 复合材料样品的密度不断增加,由于密度与 C/C 素坯的反应程度密切相关,说明反应程度随着保温温度的升高而不断增大。

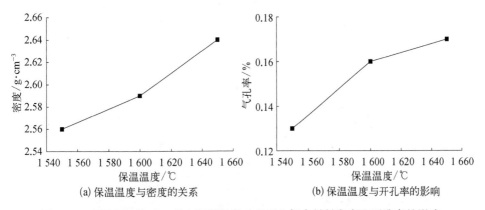

(a) 保温温度与密度的关系　　　　(b) 保温温度与开孔率的影响

图 3.12　变温气相渗硅工艺中保温温度对 C/SiC 复合材料密度和开孔率的影响

随着保温温度的升高,所制备的 C/SiC 复合材料样品的开孔率不断增加,但不同温度制得的样品的开孔率均较小(小于 0.20vol%),样品均呈现出较好的致密性。

3)变温气相渗硅工艺对 C/SiC 复合材料相含量的影响

由刻蚀法和热氧化法可测得变温气相渗硅工艺中不同保温温度制备的 C/SiC 复合材料样品的相含量。而由 C/SiC 复合材料样品的密度和式(3.5)~(3.8)可以算得 10vol%的 C_f 和 CVI C 残留时制备的 C/SiC 复合材料样品的相含量的预测值,C/SiC 复合材料相含量的实测值和预测值如图 3.13 所示。

由图 3.13 可以看出,随着保温温度的升高,SiC 含量不断增加,Si 和 C 含量逐渐降低,由于 SiC 含量与反应程度密切相关,说明反应程度随着保温温度的增加而不断增大。

结合图 3.12 可知,相含量随保温温度的变化规律与密度具有很好的一致性,这也说明提高保温温度能够起到提高反应程度的作用。

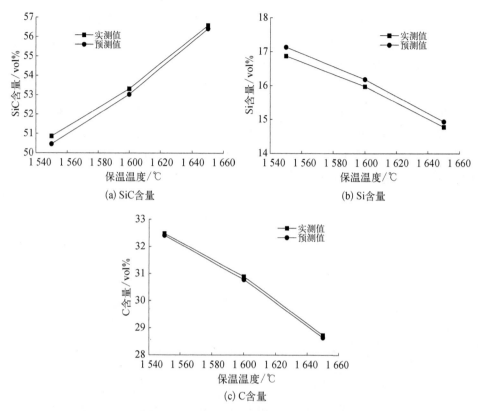

(a) SiC含量

(b) Si含量

(c) C含量

图 3.13　变温气相渗硅工艺中保温温度对 C/SiC 复合材料相含量的影响

不同保温温度下制备的 C/SiC 复合材料的各相含量的实测值与预计值的差异均较小(小于 0.40vol%),实测值与预计值显示出较好的一致性,说明在气相渗硅过程中有体积分数为 10vol% 的 CVI C 和 C_f 参与了反应,不同保温温度下反应程度的差异主要是由于裂解碳的反应程度不同所导致,这也与恒温气相渗硅工艺下的气相反应规律相一致。

4) 变温气相渗硅工艺对 C/SiC 复合材料力学性能的影响

变温气相渗硅工艺条件下不同保温温度制备的 C/SiC 复合材料的弹性模量和弯曲强度如图 3.14 所示。

由图 3.14 可以看出,随着保温温度的升高,所制备的 C/SiC 复合材料样品的弹性模量和弯曲强度不断增大,所表现出的规律与密度、相含量的测量结果显示出较好的一致性,这也是由于反应程度随着保温温度的升高而增大之故。

另外,从图 3.14 中还可以看出,随着保温温度的升高,弯曲强度的增加幅度逐渐变小,保温温度为 1 650℃时制备的 C/SiC 复合材料样品的强度与 1 600℃

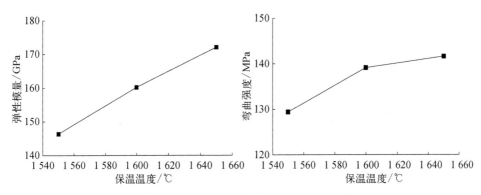

图 3.14　变温气相渗硅工艺中保温温度对 C/SiC 复合材料力学性能的影响

时差异很小,这主要应归结为反应温度的增加引起的晶粒粗化,这也说明不宜将反应温度选取得过高。

5) 变温气相渗硅工艺的反应机制

由变温气相渗硅工艺条件下不同保温温度对制备的 C/SiC 复合材料的密度、相组成、力学性能的影响可知,随着保温温度的升高,变温气相渗硅的反应程度不断增加,这可用下列反应机制来解释:由于变温气相渗硅工艺采用了初始反应温度较低,而后逐渐增加反应温度的方式,这便使得渗透深度对气相渗硅过程的影响较小,反应程度主要由不同温度下的反应速率决定。由式(3.10) ~ (3.12)可知,较高的温度对应着较高的外扩散系数、内扩散系数和界面反应速率常数,再由式(3.9)可知,此时也便对应着较高的气/固反应速率,因此随着保温温度的升高,C/C 素坯的反应速率增大,从而使得反应程度增加。

虽然,变温气相渗硅工艺条件下保温温度为 1 650℃时制备的 C/SiC 复合材料的力学性能比恒温气相渗硅工艺下制备的 C/SiC 复合材料得到较大的改善,但其 172.08 GPa 的模量仍然不足以满足反射镜的应用要求。由以上的变温气相渗硅工艺可知,提高保温温度还会进一步增加反应程度,从而使得制备的复合材料的性能提高,但由于高温下晶粒的长大速度会急剧增加,可能会大大降低材料的强度,因而使得复合材料的承载能力大大降低,进而无法满足反射镜在发射、加工和运输等过程中的承载能力。所以,通过进一步优化气相渗硅工艺来提高材料的性能的方式是不合适的。因此需要在目前优化出的变温气相渗硅工艺的基础上,通过其他的途径来进一步改善复合材料的性能,借鉴作者团队前期的研究成果,考虑通过调整 C/C 素坯的孔隙率来调节 C/SiC 复合材料的相组成,进而优化 C/SiC 复合材料的性能。

3.2　C/C 复合材料组成与结构对气相渗硅 C/SiC 复合材料性能的影响

3.2.1　C/C 孔隙率对 C/SiC 复合材料组成和密度的影响

表 3.3 列出了不同密度的 C/C 素坯以及气相渗 Si 反应烧结后制备的 C/SiC 复合材料的密度、组成。

表 3.3　C/C 素坯和 C/SiC 复合材料的组成

样品编号	C/C 素坯			C/SiC 复合材料		
	密度 /(g · cm^{-3})	孔隙率 /vol%	密度 /(g · cm^{-3})	Si /vol%	SiC /vol%	C /vol%
CC1	0.42	80	2.48	69	20	11
CC2	0.63	70	2.56	53	31	16
CC3	0.99	53	2.69	27	48	25
CC4	1.18	44	2.65	19	46	35

采用酸蚀法对材料中的残余 Si 含量进行测定,而 C 和 SiC 含量则采用理论计算的方法。其计算方法如下。

气相渗硅 C/SiC 材料非常致密,设定其孔隙率为 0,这样对于 C/SiC 材料,有

$$F_{SiR} + F_{SiCF} + F_{CR} = 1 \tag{3.17}$$

$$\rho_{C/SiC} = F_{SiR}\rho_{Si} + F_{SiCF}\rho_{SiC} + F_{CR}\rho_{C} \tag{3.18}$$

其中,F_{SiR} 为在 C/SiC 中残余 Si 的体积分数;F_{CR} 为在 C/SiC 中残余 C 的体积分数;F_{SiCF} 为在 C/SiC 中反应形成的 SiC 的体积分数。

由式(3.17)和(3.18)可以得到残余 C 和 SiC 含量与残余 Si 含量的关系:

$$F_{SiCF} = \frac{\rho_{C/SiC} - \rho_C - F_{SiR}(\rho_{Si} - \rho_C)}{(\rho_{SiC} - \rho_C)} \tag{3.19}$$

$$F_{CR} = 1 - F_{SiR} - \frac{\rho_{C/SiC} - \rho_C - F_{SiR}(\rho_{Si} - \rho_C)}{(\rho_{SiC} - \rho_C)} \tag{3.20}$$

根据式(3.19)~(3.20)和可分别计算出残余 C 含量和 SiC 含量。

由表 3.3 可知,当 C/C 素坯中素坯孔隙率由 80% 降低到 53% 时,制备的 C/SiC 复合材料密度不断增加,这是因为随着裂解 C 含量的增加,气相生成的

SiC 的含量也不断增加,因此,复合材料的整体密度是增加的。但是当 C/C 素坯中素坯孔隙率进一步降低到 44% 时,C/SiC 复合材料的密度有所降低,这是由于当裂解 C 含量过高时,裂解 C 没有完全反应成 SiC(表 3.3 C/SiC 复合材料中仍然含有 35% 的 C),因此,导致复合材料密度有所降低。

3.2.2　C/C 孔隙率对 C/SiC 复合材料力学性能的影响

图 3.15 为典型的气相渗 Si 反应烧结后制备的 C/SiC 材料腐蚀前后以及反应前 C/C 素坯的 XRD 图谱。XRD 图谱表明,C/SiC 复合材料的组成主要为 β-SiC 和少量的残余 C 和残余 Si。腐蚀后的 XRD 图谱中不含 Si 峰,说明利用氢氟酸和硝酸的混合溶液可以去掉材料中的残余 Si。

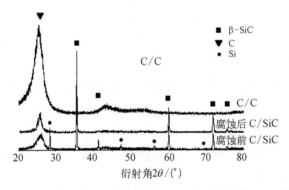

图 3.15　C/C 素坯和腐蚀前后 C/SiC 复合材料的 XRD 图谱

图 3.16 为素坯孔隙率 C/SiC 复合材料强度和模量的影响。从图中可以看出,随着素坯孔隙率的降低,C/SiC 复合材料的强度和模量先增加后降低。对照表 3.3 可知,SiC 含量对材料的力学性能有很大影响。由于 SiC 的力学性能优于 Si 和 C,因此,随着 SiC 含量的增加,C/SiC 复合材料的强度和模量提高。为了提高 C/SiC 复合材料的力学性能,必须让素坯中更多的 C 参与反应,从而提高材料中 SiC 的含量,因此,素坯应具有合适的孔隙率和 C 含量。素坯孔隙率为 53% 时,得到的 CC3 具有最佳的力学性能,其强度和模量分别为

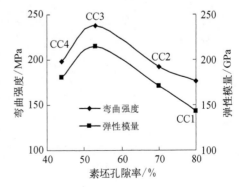

图 3.16　素坯孔隙率对 C/SiC 复合材料强度和模量的影响

238 MPa 和 215 GPa。

3.2.3　C/C 孔隙率对 C/SiC 复合材料热学性能的影响

1. C/SiC 复合材料的热膨胀系数

图 3.15 表明,C/SiC 复合材料由 C、Si 和 SiC 三相材料组成。C、Si 和 SiC 的硬度不同,在光学加工的过程中,这三相材料的去除速率存在差异,导致无法获得理想的面形和表面光洁度。为了满足空间相机对反射镜面形和表面光洁度的要求,这里采用 CVD SiC 涂层作为表面加工的致密层。

CVD SiC 的制备温度约为 1 100℃,在降温的过程中,如果 C/SiC 复合材料反射镜坯体与 CVD SiC 的热膨胀系数相差太大的话,将导致涂层与坯体的收缩量存在差异,从而使得涂层与坯体的结合面内存在热应力,热应力的存在不仅影响反射镜的面形精度,严重时甚至导致涂层开裂,因此,必须对坯体与涂层的热匹配性进行深入考察。

从前述研究结果可知,C/SiC 复合材料反射镜坯体的热膨胀系数越大,与 CVD SiC 涂层的热膨胀系数差异越小,在制备过程中产生的残余热应力越小。对于 CVD SiC 涂层,要想表面涂层不开裂,C/SiC 复合材料反射镜坯体在室温到 1 100℃的平均热膨胀系数必须大于临界热膨胀系数 α_{s0},且越接近 CVD SiC 涂层的热膨胀系数,表面层内的残余热应力越小,反射镜表面层的性能越好。

图 3.17 为素坯组成对 C/SiC 复合材料热膨胀系数的影响。可以看出,随着素坯孔隙率的降低,C/SiC 复合材料的热膨胀系数不断降低,这是因为随着素坯中裂解 C 含量的增加,C/SiC 材料中残余 C 含量增加,从而导致 C/SiC 复合材料的热膨胀系数降低。研究表明,CC3 的热膨胀系数为 $3.44 \times 10^{-6}\ \mathrm{K}^{-1}$,高于坯体最低临界热膨胀系数,在坯体表面制备 CVD SiC 涂层时不会开裂,而 CC4 的热膨胀系数为 $3.07 \times 10^{-6}\ \mathrm{K}^{-1}$,低于坯体最低临界热膨胀系数,在 CVD SiC 涂层制备过程中出现开裂。因此,从坯体与涂层的

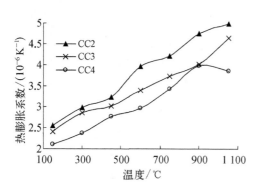

图 3.17　素坯组成对 C/SiC 复合
材料热膨胀系数的影响

热匹配角度来说,应尽量减少残余 C 含量。

2. C/SiC 复合材料的热导率

依据固体导热理论,材料的导热与微观结构有关:理论密度越小的物质,其热导率越大;原子量越小的物质,其热导率越大;杨氏模量越大的物质,其热导率越大,热膨胀系数越大的物质其热导率越小等[204]。通常,复合材料的热导率主要决定于其连续相及分散相的热导率,满足式(3.21)[217]:

$$\lambda = \lambda_c \times \frac{1 + 2V_d\left(1 - \dfrac{\lambda_c}{\lambda_d}\right)\Big/\left(\dfrac{2\lambda_c}{\lambda_d} + 1\right)}{1 - V_d\left(1 - \dfrac{\lambda_c}{\lambda_d}\right)\Big/\left(\dfrac{2\lambda_c}{\lambda_d} + 1\right)} \tag{3.21}$$

其中,λ_c、λ_d 分别为连续相和分散相的热导率;V_c、V_d 分别为连续相和分散相的体积分数。

通过对 CC3 的热扩散率和比热进行测量,结合 C/SiC 复合材料的密度,经计算,C/SiC 复合材料的热导率为 43.8 W/m·K。C/SiC 复合材料中 C 与 SiC 之间热膨胀系数的差异,以及在制备过程中,温度变化条件下产生的热应力等均会引起材料内微裂纹的产生。微裂纹的存在将使声子严重散射,大大影响热量传递,同时将大大减小热扩散率,这是 C/SiC 复合材料的导热性能较低的主要原因。

通过以上研究可知,素坯组成和孔隙率对 C/SiC 复合材料力学和热学性能有很大影响,当素坯中裂解 C 含量为 27vol%、孔隙率为 53%时,C/SiC 复合材料中 SiC 含量最高,力学性能较佳,强度和模量分别为 238 MPa 和 215 GPa。随着素坯孔隙率的降低,C/SiC 复合材料中残余 C 含量增加,热膨胀系数不断降低。

第 4 章　C/SiC 复合材料反射镜
表面致密光学涂层制备

4.1　CVD SiC 涂层原理与制备工艺

C/SiC 复合材料反射镜应用的关键技术之一是要求镜坯表面具有优异的电学加工精度。2.1 节的研究表明,CVD SiC 涂层具有理论致密度,能够满足反射镜光学抛光精度的要求。本章通过对 CVD SiC 涂层沉积原理和制备工艺的研究,获得 SiC 涂层沉积速率和沉积温度、稀释气体种类及流量、沉积压力、沉积时间等参数的关系,为 CVD SiC 光学涂层制备提供参考。

4.1.1　CVD SiC 涂层原理

同液相和固相反应相比,化学气相沉积具有更强的工艺性。由于化学气相沉积过程中的化学反应极为复杂,影响因素众多,因此沉积条件的细微变化都会对沉积产物的组成及结构产生显著的影响。化学气相沉积本质上是一种气-固多相化学反应,传统的化学气相沉积理论用图 4.1 所示的模型来描绘整个过程[190]。它可以分为以下几个步骤:① 参加化学反应的气体混合物向沉积区输运;② 反应物分子由沉积区主气流向晶体生长表面转移;③ 反应物分子被表面吸附;④ 吸附物之间或吸附物与气态物种之间在基体表面或表面附近发生反应,形成成晶粒子和反应副产物,成晶粒子经过表面扩散排入晶格点阵;⑤ 反应副产物分子从基体表面解吸附;⑥ 副产物气体分子由表面区向主气流空间扩散;⑦ 副产物和未反应的反应物分子离开沉积区,从系统中排出。

传统的化学气相沉积模型给出了气相沉积的一般过程及规律,它已经被广泛应用于解释沉积过程中的速率控制步及其影响因素,进而解释涂层的析出形态和沉积工艺参数的关系。目前对于化学气相沉积 SiC 析出形貌、晶体结构及化学组成的研究,都是基于传统的沉积理论及其动力学。但是,对于 MTS 体系沉积 SiC 过程来说,它除了具有化学气相沉积一般性的规律外,还具有其体系自

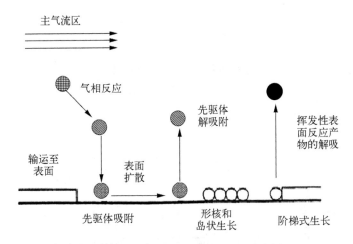

图 4.1　传统的化学气相沉积过程示意图

身的特性,主要表现在以下几个方面:

(1) MTS 的热分解过程非常复杂,包括很多的中间过程,SiC 是通过中间态活性络合物的反应形成的。

(2) 成晶粒子并入晶格的过程要具体分析,SiC 最开始沉积属于异质外延生长,沉积到一定程度后将变成同质外延生长,从异质外延生长到同质外延生长存在一个调整的过程。

(3) 在 SiC 涂层沉积进行的同时,涂层内部还存在原子扩散及迁移的过程。

采用传统的化学气相沉积模型无法解释这些具体的实验现象,为此,必须针对具体的实验体系,提出一种合理的解释。由于化学气相沉积过程中的化学反应,质量传输以及晶体形核、长大过程都非常复杂,很难进行热力学计算及计算机模拟,这里则从唯象理论的观点出发,直观地模拟出 MTS/H_2 体系沉积 SiC 的全过程,从而很好地解释实验现象,改进沉积条件。

综合前期的研究结果,笔者提出了化学气相沉积 SiC 涂层过程的模型,如图 4.2 所示。沉积过程分为四部分,以下将详细介绍这四部分的进行及其影响因素。

1) MTS 热分解过程

当 MTS/H_2 和稀释气体 Ar 或 H_2 被通入到沉积炉后,MTS 将马上发生化学反应,生成含 Si 和含 C 的中间态小分子或者自由基(此处统称为中间态活性物)以及反应副产物。在这一过程中,影响因数有温度、系统压力、稀释气体比例等。

2) 扩散及表面反应过程

主气流和衬底(基体)之间存在一个滞留边界层,中间态活性物要扩散通过

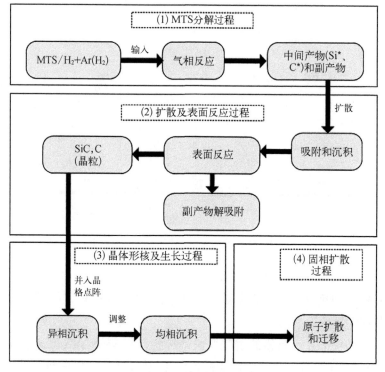

图 4.2　SiC 涂层沉积过程示意图

滞留边界层,才能吸附到衬底表面;吸附到衬底表面的含 Si 中间态活性物和含 C 中间态活性物通过表面化学反应生成 SiC 成晶粒子;当含 C 中间态活性物比例过高时,还会有游离 C 生成(本书中的实验条件下,没有游离 Si 存在,所以在成晶粒子中对其不予考虑)。在扩散及表面反应过程中,沉积温度对其影响最大,沉积过程的控制类型在 1 200℃左右发生了变化,在 1 200℃以前,气相沉积由化学动力学控制,而 1 200℃以后则转变为质量转移控制。

3)晶体形核及生长过程

成晶粒子并入晶格点阵分为异质外延生长和同质外延生长两部分。在最开始沉积时,属于异质外延生长,此时 SiC 粒子在按照衬底的取向开始形核及生长;经过一段时间的沉积后,沉积表面已经存在一层 SiC 涂层了,这时 SiC 的沉积将转变为同质外延生长,在同质外延生长过程中,SiC 粒子将调整至低能晶面进行形核与生长。

4)固相扩散过程

SiC 晶粒堆垛到涂层中后,沉积原子获得的表面扩散时间可能不够长,不足以使其在能量最低的晶格位置上安顿下来,因此在 SiC 涂层生长的同时涂层表面以下还存在着固相扩散的过程。

4.1.2　工艺参数对 SiC 涂层沉积过程的影响

研究工艺参数对 SiC 涂层沉积过程影响时,所用的沉积炉为热壁竖式真空反应炉,其结构如图 4.3 所示。反应气从真空炉下部通入,经过反应之后,尾气从炉体顶部抽走。真空炉采用石墨发热体加热,沉积区(石墨坩埚)位于石墨发热体的中间,这样能保证整个反应区均匀受热。沉积区的直径为 $\varphi240$ mm,高度为 600 mm,试样可在沉积区内分层放置,这样一次可沉积多块样品,从而提高沉积效率,降低工艺成本。实验中分 4 层放置样品,每层之间的垂直间距为 120 mm。

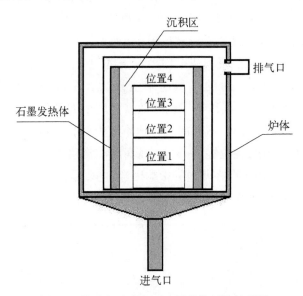

图 4.3　热壁竖式真空反应炉炉体结构示意图

1. 沉积温度对 SiC 涂层沉积速率及损耗效应的影响

沉积温度是 CVD SiC 过程中最主要的影响因素。实验中使用的是热壁立式气相沉积炉,其优点是可以获得大面积的均温区,提高了沉积层的均匀性,并且可以一次大批量沉积[218]。但同时应该看到,反应先驱体从刚进入沉积区就开始反应,因此,沿着沉积区高度方向反应先驱体的浓度分布是不同的,即存在损耗效应[219](depletion effects),这样,在不同的放样位置,涂层的沉积速率会存在差异。所以,研究不同放样位置的沉积特性是非常必要的。这里,将温度和放样位置联合在一起进行研究,综合考虑它们对 CVD SiC 沉积过程的影响。

1) 沉积温度与 SiC 涂层沉积速率的关系

研究 SiC 涂层沉积速率和温度关系时的实验条件如下：载气 H_2 流量为 300 ml · min^{-1};H_2 和 MTS 摩尔比 n_{H_2}/n_{MTS} = 6 : 1;稀释气体 Ar 流量为 200 ml · min^{-1}; 沉积压力控制在 5 kPa 以下;沉积温度点为 1 000、1 100、1 150、1 200 和 1 300℃; 沉积基体为 SiCp/SiC 复合材料。

SiC 涂层沉积速率的计算方法为

$$v = \frac{\Delta W}{t \cdot s} \tag{4.1}$$

其中,v(单位：g · cm^{-2} · h^{-1})为沉积速率;ΔW(单位：g)为在基体上沉积的 SiC 的质量;s(单位：cm^2)为基体原始表面积;t(单位：h)为沉积时间。

温度对 SiC 涂层沉积速率的影响如图 4.4 所示。从图中可以看出,在放样位置 1~3 上,CVD SiC 涂层的沉积速率均随着温度的升高而逐渐增大,1 000℃ 时沉积速率值最小,1 300℃ 时的沉积速率值最大。在放样位置 4 上,1 000 ~ 1 200℃ 时 CVD SiC 涂层的沉积速率也是随着温度的升高而逐渐增大的,但是, 当沉积温度为 1 300℃ 时,SiC 涂层的沉积速率有所降低。这说明沉积温度对沉积速率有着重要的影响,在位置 1~3 上,提高沉积温度都能够大幅度提高沉积速率;在位置 4 上时,由于存在其他的影响因素,主要是损耗效应,与放样位置有着很大的关系,沉积温度太高时,沉积速率反而会有所降低。

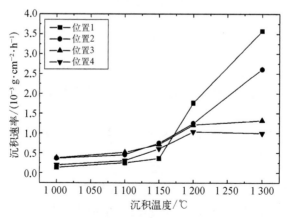

图 4.4　SiC 涂层沉积速率与温度的关系

图 4.5 为 SiC 涂层沉积速率在不同放样位置上的 Arrhenius 曲线,即沉积动力学曲线,图中纵坐标为沉积速率的自然对数值,横坐标为绝对温度的倒数值。

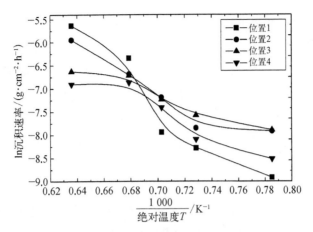

图 4.5　CVD SiC 涂层的 Arrhenius 曲线

　　从动力学曲线中可以知道,在 1 200℃附近动力学曲线存在一个拐点,1 000~ 1 200℃区间 SiC 涂层的沉积速率随着温度的升高而增大的趋势大于 1 200~ 1 300℃沉积温度区间。在动力学控制的过程中,化学吸附、解吸附、表面反应等步骤限制着沉积速率,这些步骤都需要有一定的活化能,即反应通过一定的能垒才能进行,因而这些过程也称为活化过程。温度对活化过程影响很大,随着温度升高这些过程的速率按指数级上升,这可由 Arrhenius 公式表示:

$$\ln V = \ln A - \frac{\Delta E_a}{RT} \tag{4.2}$$

其中,V 是活化过程速率;A 为频率因子;R 为理想气体常数;T 为绝对温度;ΔE_a 是过程的活化能。由式(4.2)可知,沉积速率和沉积温度的倒数存在线性关系,动力学曲线的斜率正比于沉积过程的活化能。在 1 000~1 200℃沉积区间的动力学曲线斜率大于 1 200~1 300℃沉积区间,这说明 1 000~1 200℃沉积区间的过程活化能大于 1 200~1 300℃沉积区间,由此可以断定:SiC 涂层沉积动力学控制机制在 1 200℃附近发生了变化。

　　通常来说,化学气相沉积包括以下几个步骤[190]:① 参加化学反应的气体混合物向沉积区输运;② 反应物分子由沉积区主气流向晶体生长表面转移;③ 反应物分子被表面吸附;④ 吸附物之间或吸附物与气态物种之间在基体表面或附近发生反应,形成成晶粒子和反应副产物,成晶粒子经过表面扩散排入晶格点阵;⑤ 反应副产物分子从基体表面解吸附;⑥ 副产物气体分子由表面区向主气流空间扩散;⑦ 副产物和未反应的反应物分子离开沉积区,从系统中排出。如果沉积是由②、⑥、⑦ 步骤控制过程的速率,则可称化学气相沉积是由质量转移或扩散控制;而与基体表面上发生化学反应有关的吸附表面反应和解吸附控制着过程的速率,就称化学动力学控制或表面反应控制。由图4.4可知,CVD SiC涂层在1 000~1 200℃为化学动力学控制,而1 200~1 300℃为质量转移控制过程。

根据式(4.2)和图4.5,可以计算出CVD SiC在化学动力学控制时的表观活化能,位置1~4的表观活化能值分别为177 kJ·mol⁻¹、110 kJ·mol⁻¹、108 kJ·mol⁻¹、126 kJ·mol⁻¹。位置1的表观活化能最大,位置2和3的表观活化能值相对最小,这种趋势和沉积速率随位置的变化是相对应的。文献[220]对热壁CVD沉积SiC过程进行了动力学研究,沉积温度区间为1 000~1 400℃,他们也将沉积区分为4个放样位置,研究结果得出1 200℃是化学动力学控制和质量转移控制的转变温度点,其中位置2在化学动力学控制区的表观活化能为120 kJ·mol⁻¹,这和本书中的实验值基本接近,但是对于其他的放样位置的表观活化能,该文献中没有报道。

从以上研究还可以看出,对于热壁CVD来说,放样位置对SiC涂层的沉积速率有着很大的影响,从而影响涂层的均匀性,这主要是因为损耗效应的缘故。下面将从放样位置的角度出发,研究沉积温度与损耗效应的关系。

2) 沉积温度与损耗效应研究

测量每一个沉积温度点下不同放样位置上SiC涂层的沉积速率,其结果绘于图4.6。从图中可以看出,当沉积温度低于1 200℃时,CVD SiC涂层的沉积速率随着放样位置的增高(从位置1到位置4)先增大,然后再减小。沉积温度点为1 000、1 100、1 150℃时均表现出了这个规律。而当沉积温度为1 200℃以上时(包括1 200℃),SiC涂层的沉积速率随着放样位置的增高而逐渐减小,呈现出递减的趋势。1 300℃沉积时CVD SiC涂层的沉积速率随着放样位置的增高递

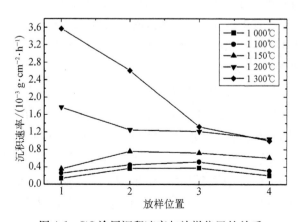

图4.6　SiC涂层沉积速率与放样位置的关系

减的趋势非常快,到位置 4 时,该温度点的沉积速率值已降至小于 1 200℃时的沉积速率值了。因此,当沉积温度到 1 200℃以上时,SiC 涂层的沉积速率开始出现了较明显的损耗现象。

SiC 涂层的沉积速率随放样位置变化的趋势在 1 200℃以前和 1 200℃以后存在较大差异是因为 CVD SiC 沉积控制机制在 1 200℃左右发生了变化。1 000、1 100 和 1 150℃沉积时,位置 2 和位置 3 的沉积速率大于位置 1 和位置 4,这是因为 CVD SiC 涂层在 1 000~1 200℃为化学动力学控制过程,由于 MTS 分解需要吸热,所以在最接近气体入口处的位置 1,由于 MTS 分解大量吸热的缘故,使得该区域温度场略低于恒温区,因而沉积速率也相对较低;随着位置的增加,沉积区内温度场趋于恒定,沉积速率逐渐增大(如 1 000℃、1 100℃及 1 150℃时,位置 2、3 所示);但是到位置 4 时,虽然此处温度和位置 3 相同,但是由于反应物的损耗即反应物浓度的下降,此处的沉积速率又有所降低。1 200 和 1 300℃沉积时,位置 1 的沉积速率最大;随着放样位置的增高,沉积速率逐渐减小,到位置 4 时,沉积速率值降为最小。这是因为:1 200~1 300℃为质量转移控制过程,此时 MTS 分解很快,化学反应和表面反应已经不是最主要的影响因素了,所以 1 200、1 300℃沉积时位置 1 沉积速率是最大的;随着沉积位置的增高,反应物逐步被损耗,相应地,CVD SiC 涂层的沉积速率也随之降低。

损耗效应对沉积过程的最大影响就是导致 SiC 涂层的均匀性沿沉积区高度方向变差。图 4.7 为 1 200℃负压条件下在位置 1~2 之间沉积的 SiC 涂层的外观照片,其中 A 区靠近位置 1,B 区靠近位置 2。可以看到,SiC 涂层的颜色明显分为两个区:A 区 SiC 涂层颜色较深,呈灰黑色;B 区 SiC 涂层呈银灰色。涂层颜色的分区就是由于沉积速率的差异即损耗现象引起的。

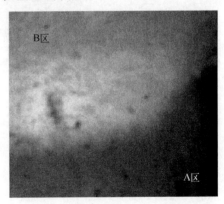

图 4.7　损耗效应对涂层外观的影响

图 4.8 和 4.9 分别为 A 区和 B 区 SiC 涂层的微观形貌扫描电镜(SEM)照片,可以明显看出,A 区 SiC 颗粒的尺寸要大于 B 区。这是因为 A 区 SiC 涂层的沉积速率高,SiC 晶粒长大迅速,SiC 颗粒尺寸也大;由于损耗效应,B 区 SiC 涂层的沉积速率有所降低,相应地 SiC 晶粒的长大速度减缓,导致 SiC 颗粒尺寸变小。图 4.10 为 A 区和 B 区交界处的 SiC 涂层微观形貌照片。可以看到,在分界线的

两边,SiC 颗粒的大小存在明显的差别。因此,为了获得均匀的 SiC 涂层,对沉积温度和放样位置需要仔细地研究与选择。

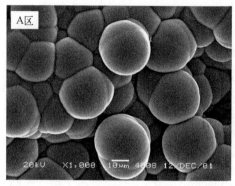

图 4.8　A 区涂层 SEM 照片

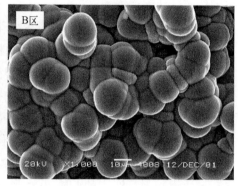

图 4.9　B 区涂层 SEM 照片

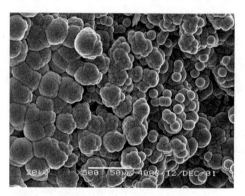

图 4.10　A、B 区交界处 SiC 涂层 SEM 照片

通过对比图 4.6 中不沉积同温度下 SiC 涂层沉积速率和放样位置关系的曲线还可以发现,当沉积温度不超过 1 200℃时,位置 2、3 之间涂层厚度均匀性比较好,因为在该温度范围时这两个位置 SiC 涂层的沉积速率值相差不大;而 1 300℃由于损耗现象非常明显,SiC 涂层的沉积速率随放样位置的增高而直线下降,导致涂层的均匀性很差。该结果与 Honjo 等[221]的研究结论相符,

他们认为,对热壁 CVD 来说,1 200℃是获得厚度均匀 SiC 涂层的最高温度。在制备大面积的 SiC 反射镜表面涂层时,涂层厚度的均匀性非常重要,涂层如果存在厚度起伏的话,则在光学加工的过程中很容易出现露底的现象。因此通过以上讨论可以知道,在放样位置 2、3 之间,沉积温度小于 1 200℃时可以获得表面均匀的 SiC 涂层。

综合以上分析可以看出,沉积温度在化学动力学控制区时,SiC 涂层的均匀性较好,而在质量转移控制区时,由于损耗现象非常明显,涂层的均匀性较差。因此,要获得厚度均匀的涂层,沉积温度要低于 1 200℃,放样位置选取 2、3 层比较合适。结合作者团队前期的研究结果[222,223],在 1 100℃时,涂层的沉积速率适中,而且涂层的晶体结构和化学组成都比较理想。在以后讨论其他工艺因素的影响实验时,选取的沉积温度点均为 1 100℃。

2. 稀释气体种类及流量对 SiC 涂层沉积速率与损耗效应的影响

1）稀释气体与 SiC 涂层沉积速率的关系

研究稀释气体对 CVD SiC 涂层沉积过程的影响时,制备工艺条件如下:沉积温度为 1 100℃;载气流量为 300 ml/min;分别以 Ar 或 H$_2$作为稀释气体,实验中变化其流量。以 Ar 为稀释气体时,其流量分别为 120 ml·min^{-1}、200 ml·min^{-1}、400 ml·min^{-1}、600 ml·min^{-1}。以 H$_2$为稀释气体时,其流量分别为 200 ml·min^{-1}、400 ml·min^{-1}。所有沉积均在负压条件下进行,沉积时炉压控制在 3~5 kPa。

图 4.11 为 CVD SiC 涂层的沉积速率和稀释气体 Ar 流量的关系。可以看到,当以 Ar 为稀释气体时,在每一个放样位置,随着稀释气体流量的增加 SiC 涂层的沉积速率迅速减小,这是因为:① Ar 是惰性气体,不参与沉积反应,只是起到调节反应气体各组分分压的作用,稀释气体 Ar 流速小,而载气流速一定,那么反应混合气的浓度比较大,所以反应速率快;反之,当 Ar 流量很大时,反应混合气各组分的分压相对降低,1 100℃时气相沉积为化学动力学控制过程,因而沉积速率将随着反应物混合浓度的下降而降低。② Ar 流量对 SiC 晶核的形成有一定的影响,因而其浓度不同将导致沉积速率也不同。具体原因如下:由 MTS 沉积 SiC 时,MTS 首先分解成 Si-Cl 和 C-H 中间态物质;文献[224]认为 Si-Cl 是极性物质,容易吸附在沉积基体表面,而 C-H 是非极性物质,吸附系数较低,因此,Si-Cl 中间态物质先吸附在沉积基体表面形成 Si 层,SiC 的形核过程由 Si 层的形成速率控制[225];当 Ar 加入体系中时,降低了 Si-Cl 的生成速率,从而降低了含 Si 层的形成速率,最后使得 SiC 的形核和生长速率降低,并且,Ar

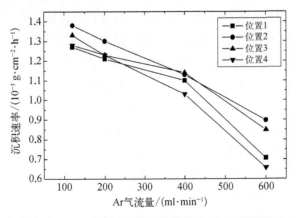

图 4.11　CVD SiC 涂层沉积速率与稀释气体 Ar 流量的关系

流量越大,SiC 涂层沉积速率降低得越快。③ 过高的 Ar 流速会降低基体表面的气体温度[226],造成沉积速率的下降。

图 4.12 为 SiC 涂层的沉积速率和稀释 H_2 流量的关系。用 H_2 作稀释气体时,SiC 涂层的沉积速率和沉积位置的关系是:CVD SiC 沉积速率随着放样位置的增高而逐渐减小。而且,在每一个放样位置,稀释气体 H_2 流量为 400 ml·min^{-1} 时 SiC 涂层的沉积速率大于 H_2 流量为 200 ml·min^{-1}。

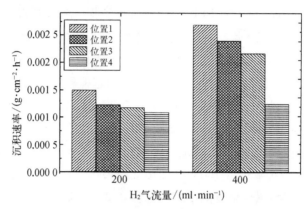

图 4.12　CVD SiC 涂层沉积速率与稀释 H_2 的关系

造成上面现象的原因是:MTS/H_2 系统沉积 SiC 是一个非常复杂的过程,涉及许多中间化学反应,H_2 在里面起到了催化剂的作用,加速了 MTS 分解成含 C 中间态物质和含 Si 中间态物质反应的进行[227]。所以,当稀释 H_2 流量由 200 ml·min^{-1} 增加到 400 ml·min^{-1} 时,虽然反应混合物的浓度降低了,但沉积速率仍然增大。但是,这并不意味着能通过无限制地增加 H_2 流量来提高 SiC 涂层的沉积速率。由于采用 H_2 作稀释气体,在实验过程中比较危险,所以,对于更大流量的稀释 H_2,这里没有进行研究。但是可以肯定的是,随着 H_2 流量的进一步增大,SiC 沉积速率会出现下降的趋势。因为 H_2 流量太大时,由于稀释效应,反应体系的浓度也会大幅度下降;当 H_2 的催化效应赶不上稀释效应时,SiC 涂层的沉积速率将降低。文献[228]的研究结果证明了这一点。

因为稀释 Ar 和 H_2 在 SiC 沉积过程中所起的作用不同,因此它们对于沉积过程中的损耗效应也会不同。关于稀释 Ar 和稀释 H_2 对不同放样位置上 SiC 涂层沉积速率的影响将在下节进行详细讨论。

2) 稀释气体与损耗效应研究

图 4.13 为 CVD SiC 涂层沉积速率与稀释气体和放样位置的关系。首先可

以看出,以 Ar 为稀释气体时,流量为 120~600 ml·min^{-1},放样位置 2 和位置 3 的沉积速率值相差不大,即以 Ar 为稀释气体时,放样位置 2 和位置 3 能获得厚度均匀的涂层;而以 H$_2$ 为稀释气体时,流量为 200~400 ml·min^{-1},位置 2 和位置 3 的沉积速率值相差较大,导致 SiC 涂层的厚度均匀性较差。

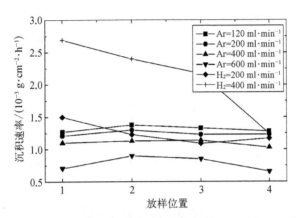

图 4.13　CVD SiC 涂层沉积速率与稀释气体和放样位置的关系

稀释气体 Ar 流量为 120~600 ml·min^{-1}时,SiC 涂层的沉积速率与放样位置的关系是: CVD SiC 沉积速率随着放样位置的增高先增大,放样位置 2 的沉积速率最大,随后,沉积速率随着放样位置的增高逐渐减小。

当稀释气体 H$_2$ 流量为 200 ml·min^{-1}时,放样位置 1 上 SiC 涂层的沉积速率大于以等量 Ar 为稀释气体时的沉积速率,但放样位置 2、3 和 4 上 SiC 涂层的沉积速率均小于以等量 Ar 为稀释气体时的沉积速率。当稀释气体 H$_2$ 流量为 400 ml·min^{-1}时,放样位置 1、2 和 3 上 SiC 涂层的沉积速率远大于稀释气体 Ar 流量为 200 ml·min^{-1}时的沉积速率,但到了放样位置 4,Ar 流量为 200 ml·min^{-1}时的 SiC 涂层的沉积速率大于稀释气体 H$_2$ 流量为 400 ml·min^{-1}时的沉积速率。这些现象的产生是由于损耗效应造成的。

以 H$_2$ 为稀释气体时,SiC 涂层的沉积速率随沉积位置的增高而降低是因为损耗效应的作用。Besmann 等[229]曾提出损耗效应能使涂层的沉积速率降低 0~40%。当 H$_2$ 作稀释气体时,CVD SiC 的沉积速度很快,因此位置 1 的沉积速率最大;然而,随着反应的进行与沉积位置的增高,原料损耗效应将越来越明显,最终导致 SiC 涂层的沉积速率随位置的增高而降低。文献[230]认为,用 Ar 作稀释气体可以降低原料损耗效应,而 H$_2$ 作稀释气体时,损耗效应将比较明显。所以,虽然以 H$_2$ 为稀释气体时 SiC 涂层在某些位置的沉积速率很快,但是由于损耗效应,涂层厚度的均匀性要低于以 Ar 作为稀释气体时的均匀性。以 H_2 为稀释气体时损耗效应对 SiC 涂层显微结构的影响将在第 4 章中进行介绍。

另外,对比于沉积温度与损耗效应的研究结果可以看出,以 H_2 为稀释气体时,沉积速率和放样位置的关系曲线和 1 200℃、1 300℃沉积时相类似,SiC 的沉积速率都是随着放样位置的增高而减小的。从动力学角度来考虑,1 200℃和 1 300℃沉积过程受质量转移过程控制,这是由于沉积温度高时滞留边界层的厚度增加的缘故。同样,也可以从滞留边界层厚度的变化来揭示不同稀释气体对 SiC 涂层沉积动力学的影响。从理论上讲,滞留边界层厚度 δ 与气体的性质有如下关系[231]:

$$\delta = a\left[\frac{\eta x}{\rho v}\right]^{1/2} \tag{4.3}$$

其中,a、x 分别为比例常数和距离;ρ、η 分别为气体的密度和黏度;v 为气体的流速。气体的黏度和温度之间有如下经验公式[232]:

$$\eta = \left(\frac{5}{16\sigma^2}\right) \cdot \left[\frac{mkT}{\pi}\right]^{1/2} \tag{4.4}$$

其中,k 为玻尔兹曼常量;m 为气体分子的质量;σ 为分子直径;T 为绝对温度。对于理想气体来说,其密度满足如下关系式:

$$\rho = \frac{PM}{RT} \tag{4.5}$$

其中,P 为气压;M 为气体的分子量;R 为理想气体常数。分子量 M 和分子的质量 m 满足下面的关系式:

$$m = \frac{M \cdot m_c}{12} \tag{4.6}$$

其中,m_c 为 C^{12} 的原子质量。联立式(4.3)~(4.6),求得

$$\delta = a\left[\frac{25kR^2 m_c x^2 T^3}{3\,072\pi P^2 v^2}\right]^{1/4} \cdot \left[\frac{1}{\sigma \cdot M^{1/4}}\right] \tag{4.7}$$

由式(4.7)可知,当沉积温度 T、稀释气体流速 v、沉积压力 P 一定时,滞留边界层厚度与气体分子的直径 σ 和分子量 $M^{1/4}$ 成反比。H_2 的分子直径和分子量均小于 Ar,相同条件下,以 H_2 为稀释气体时的滞留边界层厚度要远大于以 Ar 为稀释气体。因此,以 H_2 为稀释气体时,由于滞留边界层较厚,质量转移过程成为

整个沉积过程的决速步,SiC 的沉积速率表现出了质量转移控制的典型特征。

Lee 等[233]通过实验对比了稀释 H_2 和 N_2 对 CVD SiC 沉积过程的影响,得出结论是:在负压条件下,900~1 400℃沉积 SiC 时,以 H_2 为稀释气体时滞留边界层的厚度要大于以 N_2 为稀释气体时的值。这与式(4.7)所预测的结论是完全一致的。

总的来说,由稀释气体本身性质的不同以及其对沉积过程的影响不同,采用 H_2 和 Ar 作稀释气体沉积 SiC 涂层时表现出了不同的动力学特征。

3. 系统压力对沉积速率的影响

化学气相沉积反应通常分为常压和负压两种情况。一般来说,系统压力大,分子平均自由程短,碰撞概率加剧,SiC 涂层的沉积速率较快;反之,系统压力小,SiC 涂层的沉积速率也较低。

本实验均在负压条件进行,由于实验使用的反应炉尺寸较大,要非常精确地将反应压力控制在某一指定值是不可能的,只能将炉压控制在一定的范围内。尽管如此,研究系统压力对沉积过程的影响还是必要的。研究系统总压对 SiC 沉积速率影响的实验工艺条件列于表 4.1。

表 4.1　实验中所用的沉积压力

实验序号	沉积温度 /℃	H_2 流量 /(ml·min^{-1})	Ar 流量 /(ml·min^{-1})	沉积压力 /kPa
1	1 100	300	200	<1.5
2	1 100	300	200	2.0~3.0
3	1 100	300	200	3.0~5.0
4	1 100	300	200	10.0~40.0
5	1 100	300	200	50.0~100.0

图 4.14 为不同沉积压力条件下 SiC 涂层的沉积速率,实验序号 1~5 ——对应于表 4.1 中的实验条件 1~5。从图 4.14 中可以看出,在其他实验条件相同的情况下,CVD SiC 涂层的沉积速率随着沉积压力的增大而增大,沉积压力为 2~3 kPa 和 3~5 kPa 时沉积速率相差不大,在此条件下可获得相对均匀的涂层。实验中发现,当沉积压力很大时(>50 kPa),

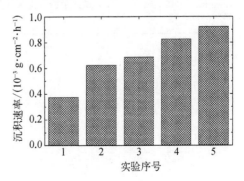

图 4.14　不同沉积压力下 SiC 涂层的沉积速率

在反应室内会有大量白色的粉状物产生,这是因为实验使用的是热壁气相渗硅炉,整个反应室处在均热状态下,当沉积压力大时,参加反应的原料浓度也很大,反应非常激烈,反应物还没到达沉积基体表面就发生了形核过程,这对沉积过程是非常不利的。所以,为了获得质量好的 CVD SiC 涂层,沉积压力一般控制在<5 kPa。

4. 沉积时间对沉积速率的影响

化学气相沉积过程涉及化学反应和晶体生长两大过程。对于 MTS 来说,一旦其进入到高温沉积区后马上被分解成各类中间产物,并进一步生成含 Si 原子团和含 C 原子团。相对于 MTS 化学反应过程,气相物种的质量传输与涂层表面的生长过程(包括表面反应、形核、长大)进行得较慢,成为影响沉积全过程的决速步。西北工业大学徐志淮等[234,235]通过对 CVD SiC 涂层工艺过程的正交实验研究表明,沉积时间对涂层的均匀性、涂层的厚度以及沉积速率有着显著的影响,因为随着沉积过程的不断进行,沉积基体表面的状况和特性逐渐变化,沉积机制也相应变化。所以,研究沉积时间与沉积速率和涂层厚度的关系,分析其影响机制是很重要的。

研究沉积时间对 SiC 涂层沉积过程的影响时,制备工艺条件如下:沉积温度 1 100℃;载气(H$_2$)300 ml·min^{-1};稀释气体(Ar)200 ml·min^{-1};放样位置为位置3;沉积时间分别为 5 h、10 h、18 h、30 h、48 h 和 55 h;所有沉积均在负压条件下进行,炉压控制在 3~5 kPa。

图 4.15 为 CVD SiC 涂层厚度与沉积时间的关系。从图中可知,随着沉积时间的增加,涂层厚度是不断增加的;沉积时间为 5~30 h 时,涂层厚度的增加幅度很快,但是超过 30 h 时,涂层厚度增加的速度减缓。

图 4.16 为 CVD SiC 涂层沉积速率和沉积时间的关系,不同时间点下沉积速

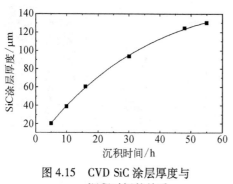

图 4.15　CVD SiC 涂层厚度与
沉积时间的关系

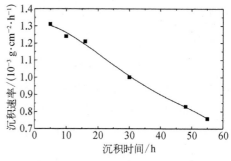

图 4.16　CVD SiC 涂层沉积速率和
时间关系

率值按式(4.1)的方法计算,由于实验条件的限制,不可能做到对 SiC 涂层沉积速率的实时检测,所以,本书中计算的沉积速率是在给定时间段内的平均值。从图 4.16 中可看出,随着沉积时间的延长,SiC 涂层的沉积速率逐渐降低。沉积时间为 5 h 时涂层的沉积速率达 $1.31×10^{-3}$ g · cm^{-2} · h^{-1},而沉积时间到 55 h 时涂层的沉积速率下降为 $7.58×10^{-4}$ g · cm^{-2} · h^{-1}。

　　这里没有研究沉积时间小于 5 h 时的沉积实验结果,这是因为实验中使用的是相对大型尺寸的沉积炉,所以对于很短时间制备的 SiC 涂层来说,对其厚度及沉积速率进行表征很困难,而且会引起很大的误差。徐志淮等[234]在 1 100 ~ 1 200℃利用 CVD 制备了 SiC 涂层,研究了沉积时间为 60 ~ 200 min 时 SiC 涂层的沉积速率和时间的关系,结果表明,在其研究的时间范围内,CVD SiC 涂层的沉积速率随着沉积时间的延长先增加,达到一最大值后再逐渐减小。这是因为实验中采用的基体为石墨,无论是热物理相容性还是晶格常数方面均与 SiC 涂层具有较大差异,因而沉积初期的 SiC 晶体的生长必须克服两种不同材料在性能和结构常数方面的差距,沉积过程进行得较为缓慢。随着 SiC 覆盖程度的增加,后续的 SiC 粒子无须克服点阵常数的差异,直接并入已有的 SiC 晶格点阵,因而沉积速率随着时间的延长将会增加。但随着沉积时间的进一步延长,沉积速率的值又会下降。另外,焦桓等[236]也研究了沉积时间对 SiC 沉积速率的影响,得出的结果是沉积速率在沉积反应开始阶段呈上升趋势,在 2.5 h 左右出现峰值后开始下降。

　　这里研究的沉积时间最小值为 5 h,此时 SiC 涂层的沉积早已完成了最初在异质基体上的调整过程,所以只得出了沉积速率随着沉积时间的延长而逐渐下降的结果。

　　沉积速率随着沉积时间的延长而逐渐下降的现象由以下因素引起:MTS 热分解反应进行到一定程度后,反应的附产物不断增加,实验中发现,随着沉积时间的延长,反应附产物聚集的量也逐渐增多,这些附产物呈白色粉末状聚集在炉壁上。图 4.17 为炉壁沉积附产物红外光谱图。其中,3 416.21 cm^{-1} 是 H_2O 峰;1 640 cm^{-1} 处是 H — O 吸收峰;1 058.1 cm^{-1} 是 Si — O — C 特征吸收峰。由此可见,随着沉积时间的延长,附产物的不断增加将降低 SiC 的沉积速率。也有研究者认为[234],MTS 的热解反应进行到一定时间后,反应室内的反应产物(HCl、SiH_2Cl_2、SiH_3Cl)的浓度积累到一定的程度,在实验温度条件下,热解反应由单向进行转为正逆反应双向进行,从而使得部分沉积到基体表面的 SiC 又重新从涂层表面解吸附,导致了涂层沉积速率的下降。

　　另外,HCl 是 MTS 沉积 SiC 主要的气相产物,它对 CVD SiC 的沉积速率、化学

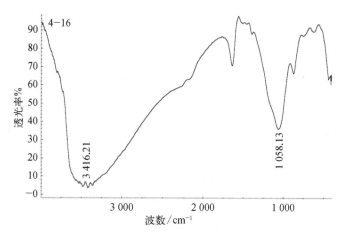

图 4.17　炉壁沉积产物红外光谱图

组成及表面形貌均有着重要的影响[224,237]。Besmann 等[229]认为,附产物 HCl 的产生将极大降低 SiC 涂层的沉积速率,为此他们提出了一个简单的刻蚀模型公式:

$$\mu = k_R C_R - k_P C_P \tag{4.8}$$

其中,μ 为 SiC 的沉积速率;k_R、k_P 分别为沉积反应和刻蚀反应的速率常数;C_R、C_P 分别是 MTS 和 HCl 的浓度,从式(4.8)可以看出,随着 HCl 浓度的增加,SiC 涂层的沉积速率将逐渐降低。Papasouliotis 等[238]将 HCl 和 MTS/H_2 同时通入沉积室内,结果发现,当 HCl 流量超过一定值时,可以完全阻止 SiC 涂层的沉积。此外,HCl 在 SiC 表面具有很强的吸附系数,其解析附活化能达 268.8 kJ/mol[239];SiC 的沉积是通过吸附在基体表面的含 Si 和含 C 中间态活性物发生表面反应而沉积的;HCl 的存在占据了 SiC 表面的反应活性点,因此也会导致 SiC 涂层沉积速率的降低。

总之,反应附产物随着沉积时间的延长,其浓度不断增加是导致 SiC 涂层沉积速率下降的主要原因。

4.2　CVD SiC 涂层组成及结构

4.2.1　沉积温度对 CVD SiC 涂层组成及结构的影响

1. 沉积温度对 CVD SiC 涂层晶体结构的影响

图 4.18 为 1 000~1 300℃沉积的 SiC 涂层 XRD 图谱。首先可以看出,沉积

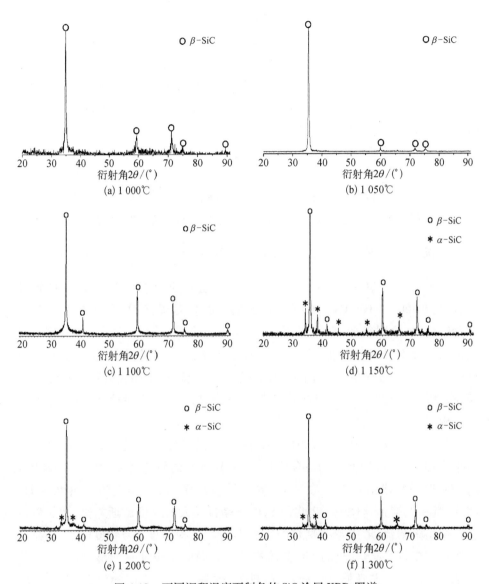

图 4.18　不同沉积温度下制备的 SiC 涂层 XRD 图谱

温度在 1 150℃以下时,CVD SiC 涂层全部由多晶结构的 β-SiC 组成;当沉积温度 $T\geqslant1$ 150℃时,CVD SiC 涂层的 XRD 谱图中除了 β-SiC 外还出现了少量的 α-SiC。α-SiC 的出现是由于涂层中含有少量的游离 C[240]。因为由 MTS 分解成 SiC 存在许多中间过程,即 MTS 并不是直接分解成 SiC 的,而是先形成含 Si 和含 C 的中间产物,中间产物吸附在基体表面反应生成 SiC。SiC 涂层晶体结构的变化和沉积机制的变化是密切相关的, CVD SiC 沉积过程在 1 200℃ 以上时由质量转移控制即扩散控制。在扩散控制区, 能够促进 MTS 分解成含 C 中间产物的反应, 多余的含 C 中间产物将裂解生成 C, 所以涂层中有少量剩余的游离态 C。游离态 C 一方面以石墨 C 的形式存在, 另一方面通过结合到 Si-C 层的节点上去, 打破了原有的 β-SiC 晶体堆垛次序, 使得涂层中会出现少量的 α-SiC。Kim[241] 等的研究结果也证实了这一点, 他们认为, Ar 作为稀释气体时, 在负压条件下, 沉积温度高于 1 150℃ 后, 促进了含 C 中间产物的形成, 从而导致 SiC 涂层中含有游离态 C。

其次, 由图 4.17 还可以看出, 在以上所有的 XRD 图谱中, 都没有出现游离态 Si 的衍射峰。故而在本实验条件范围下沉积的 SiC 涂层中没有游离态 Si。

2. 沉积温度对 CVD SiC 涂层表面形貌的影响

图 4.19 为 1 000~1 300℃ 沉积的 SiC 涂层表面形貌 SEM 照片。首先可以看出, 1 000~1 100℃ 时, CVD SiC 涂层表面相对很光滑, 几乎看不到单个的 SiC 晶粒, 涂层很致密。SiC 涂层颗粒呈六边形等轴结构的表面形貌, 这是因为在相对低的沉积温度下, 由于表面扩散的活化能很高, 晶粒长大的速度较慢, 沉积过程中的 SiC 小晶核很难熔合到一起, 粒子团聚体将维持球形貌, 根据凝固理论, 从小晶核析出的晶体最稳定, 并且典型的形貌为六边形等轴结构[242]。

其次, 1 150~1 300℃ 沉积的 SiC 涂层呈现出球状或瘤状结构且表面显得很粗糙。1 150℃ 沉积的 SiC 涂层由许多细小的颗粒堆积而成。1 200℃ 时, SiC 微晶粒成团地结合在一起, 局部结合致密, 但整体上的致密性减弱。因此, 沉积温度到 1 150~1 200℃ 时, 由于晶粒长大的速度逐渐加快, 微晶粒很快发生团聚结合, 形成球状颗粒的表面形貌。沉积温度到 1 300℃ 时, 晶粒长大的速度变得非常快, 这时 SiC 晶体按某一方向的生长非常明显, 以某些晶粒为基础向某一方向延伸, 形成条状的排列, 这种情况下涂层的致密性差, 有较多的孔隙。

3. CVD SiC 涂层化学组成分析

通过前面对 SiC 涂层的晶体结构及显微结构研究可以发现, 1 050℃、1 100℃ 沉积的 SiC 涂层晶体结构完整, 涂层全部由多晶 β-SiC 组成, 下面对这两个温度点下制备的涂层的化学组成采用俄歇电子能谱(AES)仪进行分析。

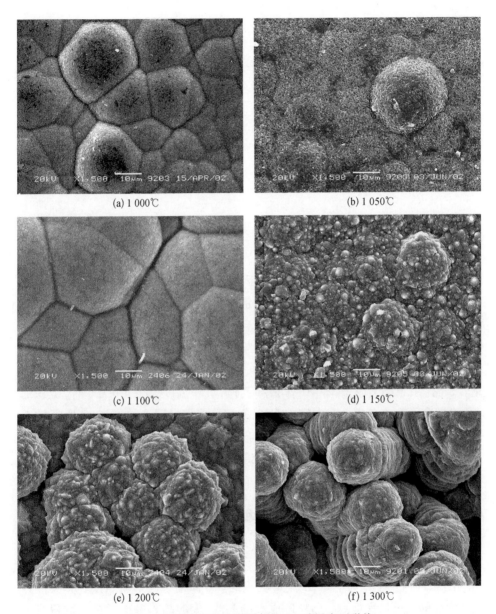

(a) 1 000℃　　　　　　　　　　(b) 1 050℃

(c) 1 100℃　　　　　　　　　　(d) 1 150℃

(e) 1 200℃　　　　　　　　　　(f) 1 300℃

图 4.19　不同沉积温度制备的 SiC 涂层表面形貌

　　图 4.20 为 1 050℃、1 100℃沉积的 SiC 涂层 AES 深度分布曲线。从图 4.20 (a)可以看出,沉积温度为 1 050℃时,CVD SiC 涂层表面 O 原子含量特别高,这是因为涂层暴露在空气中,表面特别容易吸附氧的缘故;随着溅射深度的增加,O 含量逐渐减少并趋于稳定;溅射深度到 40 nm 以后,O 原子的含量降低到 3%

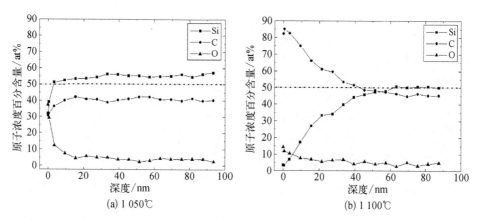

图 4.20　1 050℃、1 100℃时沉积的 SiC 涂层中 Si、C 和 O 的原子浓度与涂层深度的关系

以下,涂层中 Si∶C(原子比)基本接近于 1∶1,Si 的原子百分含量要稍高于 C 原子,但这并不意味着涂层中含有游离态的 Si,因为从前面的 XRD 分析中,并没有发现游离态 Si 的存在,Si 原子百分含量偏高是因为 O 原子的存在,占据了一定数目的原本属于 C 原子的点阵位置,从而使得 C 的百分含量要相对低些。O 有可能是从载气、稀释气体以及先驱体原料中引入的。

沉积温度为 1 100℃时[图 4.20(b)],CVD SiC 涂层表面富 C 现象比较严重。通常,用 MTS 作先驱体,Ar 作稀释气体,沉积温度大于 1 050℃时,沉积的 SiC 涂层表面都或多或少存在富 C 的现象。随着溅射深度的增加,C 原子的百分含量逐渐降低,Si 原子的百分含量逐渐升高;溅射深度到 50 nm 左右时,SiC 涂层接近于化学计量比。溅射到一定的深度后,涂层中 Si 原子的百分含量稍高于 C 原子,这是因为涂层中仍存在 1%~3% 的 O 原子。

4.2.2　稀释气体对 CVD SiC 涂层组成及结构的影响

1. 稀释气体对 SiC 涂层表面形貌的影响

图 4.21(a)~(d)为不同 Ar 流量沉积的 SiC 涂层表面形貌照片。其共同点是:涂层的生长过程是由小晶粒形成大的晶簇,大的晶簇呈球形相互堆积成为致密的 SiC 涂层。当 Ar 流量小时,反应速率大,表面吸附反应进行充分,晶核迅速形成并长大,形成较大的团簇;当 Ar 流量逐步增大时,反应速率降低,晶核的形成速率变慢,晶簇也相应地变小;从图中可以看到,当 Ar 流量达到 600 ml/min 时,SiC 涂层已经变得很疏松了,存在很多孔隙。稀释气体 Ar 在晶核形成和长大过程中均发挥了重要作用,对反应的控制方式以及晶体的类型和取向都有影

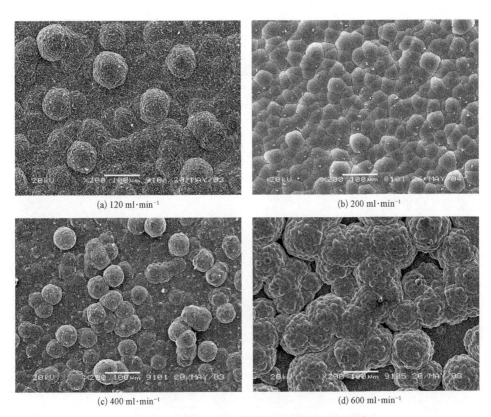

(a) 120 ml·min⁻¹　　　　　　　　(b) 200 ml·min⁻¹

(c) 400 ml·min⁻¹　　　　　　　　(d) 600 ml·min⁻¹

图 4.21　不同 Ar 流量沉积的 SiC 涂层表面形貌

响,这一点可由 XRD 结果进一步分析。

　　图 4.22 为以 H_2 为稀释气体制备的 SiC 涂层表面形貌, H_2 流量分别为 200 ml·min⁻¹、400 ml·min⁻¹。从图中可以看出,以 H_2 为稀释气体制备的 SiC 涂层晶簇

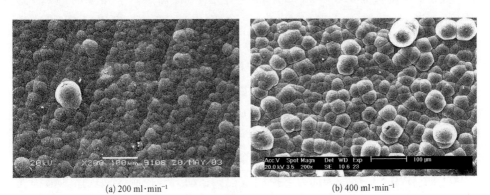

(a) 200 ml·min⁻¹　　　　　　　　(b) 400 ml·min⁻¹

图 4.22　不同 H_2 流量沉积的 SiC 涂层表面形貌

堆积非常致密、均匀,晶簇的平均直径约为 20~30 μm。另外,对比这两张电镜照片可以看出,H_2 流量大时 SiC 晶簇的尺寸要大些,这是因为 H_2 流量大时,SiC 涂层的生长速率快,相应地其晶簇的尺寸变大。

2. 稀释气体对 CVD SiC 涂层晶体结构及组成的影响

图 4.23 为不同 Ar 气流量沉积的 SiC 涂层的 XRD 图谱。可以看到,Ar 流量为 120~200 ml·min^{-1} 时,β-SiC 是沉积产物的主要物相;Ar 流量超过 200 ml·min^{-1} 时,涂层中除了 β-SiC 外逐渐出现了 α-SiC,且 α-SiC 衍射峰的强度随着 Ar 流量增大而增大。

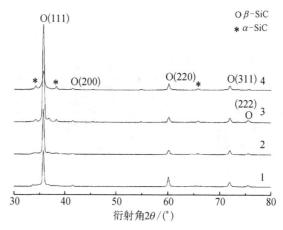

1——120 ml·min^{-1};2——200 ml·min^{-1};3——400 ml·min^{-1};4——600 ml·min^{-1}

图 4.23　不同稀释 Ar 流量制备的 SiC 涂层 XRD 图谱

其次,Ar 流量为 120~400 ml·min^{-1} 时,β-SiC 涂层具有很强的(111)晶面取向。而且,随着 Ar 流量的增加,β-SiC(111)晶面的强度逐渐增大,这是因为,Ar 流量增大时,SiC 沉积速率将减小;对于面心立方结构的晶体,低的沉积速率有利于表面能低的晶面生长,即(111)面[243]。但是,当 Ar 流量增大到 600 ml·min^{-1} 时,β-SiC(111)晶面的强度迅速减小,如图中曲线 4 所示,这是因为 Ar 流量太大时,α-SiC 的含量增大,β-SiC 的含量相对降低,从而导致 β-SiC(111)晶面取向降低。

Ar 作稀释气体时,其流量增大导致涂层中出现 α-SiC 的原因如下[244]:在 1 100℃时,CVD SiC 涂层为动力学控制过程。在动力学控制区,以 Ar 为稀释气体,H_2 分压低时,沉积层中有富余 C 存在,这是由于在 H_2 分压低时,抑制了 MTS

反应的中间活性络合物 SiCl * 的生成,促进了 CH * 的生成,所以沉积层里有多余的 C,而多余的 C 将导致 α - SiC 的出现。所以采用 Ar 作稀释气体时,随着稀释气体流量的增加,α - SiC 的含量也逐渐增大。

　　图 4.24 为以 H_2 为稀释气体制备的 SiC 涂层的 XRD 图谱,曲线 1 中 H_2 流量为 200 ml · min^{-1},曲线 2 中 H_2 流量为 400 ml · min^{-1}。可以看到,以 H_2 为稀释气体沉积的 SiC 涂层全部是 β - SiC,且具有非常强的(111)晶面取向,涂层中无 α 相 SiC 出现。这是因为以 H_2 为稀释气体时,相应地抑制了 CH * 的生成,促进了 SiCl * 的生成,所以涂层中无多余的 C,涂层全为 β - SiC,无 α - SiC 相存在。

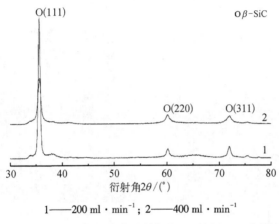

1——200 ml · min^{-1}; 2——400 ml · min^{-1}

图 4.24　不同稀释 H_2 流量制备的 SiC 涂层 XRD 图谱

　　对比图 4.24 中曲线 1 和 2 可以看到,SiC(111)晶面的衍射峰存在明显差异,曲线 1 中 SiC(111)晶面的衍射峰强度要远远大于曲线 2。这种差异同样可利用沉积速率来解释:H_2 流量为 200 ml · min^{-1} 时,CVD SiC 涂层沉积速率小,有利于 SiC(111)晶面的生长;H_2 流量为 400 ml · min^{-1} 时,SiC 涂层的沉积速率增大,相应地 SiC(111)晶面的衍射峰强度将下降。

　　根据 Scherrer 公式,可以计算出不同稀释气体条件下 CVD SiC 涂层的微晶尺寸:以 Ar 为稀释气体制备的 SiC 涂层微晶尺寸在 30~40 nm 之间;以 H_2 为稀释气体制备的 SiC 涂层微晶尺寸在 20 nm 左右。这说明以 H_2 为稀释气体制备的 SiC 涂层晶粒要较以 Ar 为稀释气体时的细化。

　　上述情况说明,在 CVD 制备 SiC 的反应中,H_2 和 Ar 起着不同的作用。H_2 作为反应气体之一,直接参与了沉积反应,采用 H_2 作为稀释气体也就是增加了某一反应物的浓度,可加快化学反应,从而提高结晶的成核速率,因此,微晶粒尺寸很小,X 射线衍射峰宽化。Ar 属于惰性气体,不参与化学反应,但 Ar 的存在对晶核形成和长大产生了影响,能适当抑制反应速率,促进晶粒长大的过程。

4.2.3　系统压力对 CVD SiC 涂层组成及结构的影响

图 4.25 为在 1 100℃不同沉积压力下制备的 SiC 涂层表面形貌对比。图 4.25(a)的沉积压力为 2~3 kPa,图 4.25(b)的沉积压力为 40~50 kPa。可以看出,图 4.25(a)中 SiC 颗粒比较光滑、致密,涂层由六边形的 SiC 大颗粒堆积而成,颗粒之间的界限很明显;图 4.25(b)中 SiC 颗粒相对来说比较粗糙,涂层是由球形的 SiC 颗粒堆积成的,颗粒之间的界限比较模糊。

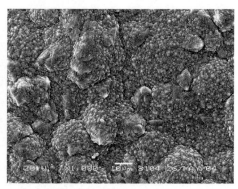

(a) $P = 2\sim3$ kPa　　　　　　　　　　(b) $P = 40\sim50$ kPa

图 4.25　1 100℃时不同沉积压力下 SiC 涂层形貌

图 4.26 为在这两种压力下制备的 CVD SiC 涂层的 XRD 图谱。其共同点是两者均全部由 β - SiC 组成。对比这两张衍射图可以发现,图 4.26(a)中 SiC 衍

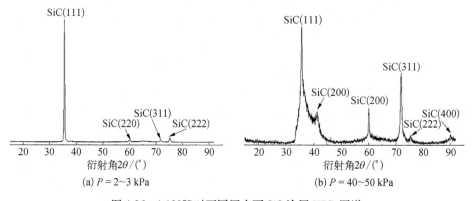

(a) $P = 2\sim3$ kPa　　　　　　　　　　(b) $P = 40\sim50$ kPa

图 4.26　1 100℃时不同压力下 SiC 涂层 XRD 图谱

射峰非常尖锐,这说明在该条件下制备的 SiC 涂层结晶非常完整;而图 4.26(b)
中 SiC 衍射峰呈宽化的驼峰;另外,图 4.26(a)中 β - SiC(111)晶面的衍射峰强
度非常大,远远高于其他的晶面;而图 4.26(b)中 β - SiC(200)、(220)、(311)晶
面的衍射峰强度均大大增强。利用织构系数的计算公式[245]可以求出在这两种
沉积压力下 SiC 涂层的织构系数,其结果列于表 4.2。

表 4.2　1 100℃时不同压力下沉积的 SiC 涂层织构系数

压　力	织　构　系　数			
	(111)	(200)	(220)	(311)
2~3 kPa	3.49	0	0.21	0.30
40~50 kPa	0.70	0.97	0.61	1.73

从表 4.2 可以看到,沉积压力低时 CVD SiC 涂层(111)晶面的织构系数为
3.49,其他晶面的织构系数均小于 1.0,因此,(111)为 SiC 涂层的择优取向面;沉
积压力较高时,SiC(311)的织构系数为 1.73,其余晶面的织构系数小于 1.0,此
时,(311)面为涂层的择优取向面。(111)面为择优取向面的 SiC 涂层,其表面
形貌光滑、SiC 颗粒的尺寸较小,而(311)面为择优取向面的 SiC 涂层,其表面比
较粗糙、SiC 颗粒尺寸也较大。

综合涂层制备工艺研究和涂层组成及结构分析,可以看出,较好的制备
CVD SiC 涂层的工艺条件为:沉积温度在 1 100℃左右,沉积压力低于 5 kPa,稀
释气体 Ar 不超过 200 ml · min⁻¹。在该条件下能制备出均匀、颗粒细小、表面光
滑、结晶完整、化学计量比为 1 : 1 的 β - SiC 涂层。

4.3　CVD SiC 涂层的性能

CVD SiC 为科研人员提供了一种光学加工性能优异、热稳定性好、模量高、
密度适中、无毒和经久耐用的理想反射镜镜面材料。前面两节着重探讨了 CVD
SiC 的制备工艺、涂层组成和结构,在这些分析的基础上优化了 CVD SiC 工艺参
数。CVD SiC 制备的最终目的是用于 SiC 及其复合材料反射镜表面致密涂层,
以获得优异的光学加工性能,因而对与 CVD SiC 涂层应用相关的性能研究是很
必要的。

本节将介绍对 CVD SiC 涂层的基本性能如密度、显微硬度及弹性模量以及
涂层的光学加工性能等的测试表征。

4.3.1　CVD SiC 涂层的密度

从理论上讲,CVD SiC 光学加工后能获得优于 0.3 nm 的表面粗糙度。在第 2 章中介绍了材料气孔率和气孔大小与表面粗糙度的关系为: $Ra = 2d\rho(1-\rho)$, 即表面粗糙度与材料中的气孔率、气孔大小近似成正比,当材料中气孔率、气孔尺寸越小时,材料表面抛光可达到的粗糙度就越小。因此测量实验中制备的 CVD SiC 涂层的密度,与理论密度比较,计算出涂层的孔隙率,从而能大致推算出光学加工时可以达到的表面粗糙度。

CVD SiC 涂层的密度的测试方法是:取多块从基体上剥离的 SiC 涂层片,采用排液法进行测试。剥离涂层片的制备工艺参数如表 4.3 所示,涂层厚度为 220 μm。

表 4.3　剥离涂层片制备工艺参数

沉积温度 /℃	沉积压力 /kPa	H₂ 流量 /(ml·min⁻¹)	Ar 流量 /(ml·min⁻¹)	沉积时间 /h
1 100	3~5	300	200	55

测密度时,注意要将液体完全浸润涂层片,使涂层片的表面开孔内均充满液体。计算得到涂层的密度: $\rho = 3.204$ g·cm⁻³。根据 β-SiC 的理论密度 $\rho_0 = 3.21$ g·cm⁻³,可得出涂层的闭孔气孔率: $(\rho_0-\rho)/\rho_0 = 0.187\%$。由此可见,CVD 工艺制备的 SiC 涂层与理论密度非常接近,可以认为是致密的涂层,因此,通过光学加工可获得很高的加工精度。

4.3.2　CVD SiC 涂层的弹性模量及显微硬度

用作反射镜表面光学涂层的 CVD SiC 应具有较高的硬度及弹性模量,这样才能保证光学加工后反射镜具有较小的表面粗糙度以及良好的面形精度。由于涂层材料具有不同于块状材料的晶体结构和特性,而且存在涂层、界面和基体材料三者之间的相互作用,这给它们的力学性能表征带来了很大的困难,传统测量块状材料硬度及模量的方法如拉伸、冲击等试验由于载荷较大,因而不适用于涂层材料。本书介绍一种新型的测试方法——纳米压入技术对 CVD SiC 涂层的显微硬度及弹性模量进行表征。纳米压入技术的特点是其精度和分辨率很高(载荷分辨率可达 10 nN,位移分辨率达 0.1 nm),其加载方式是磁感应线圈或压电系统,所以可以采用很小的载荷,这样不会因为涂层和基体的相互作用而影响到涂层硬度表征上的很大偏差,测量值能反映出涂层自身的真实力学性能。

用来进行弹性模量及显微硬度表征的 CVD SiC 涂层厚度为 60 μm。涂层在测试之前经过光学抛光,以保证整个测试面的平整度。

测试所用的最大载荷分别为 50 mN 和 100 mN,图 4.27 为在这两种载荷下 CVD SiC 涂层的载荷-位移曲线。

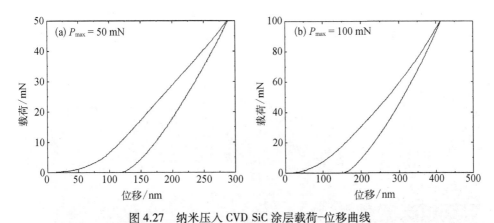

图 4.27　纳米压入 CVD SiC 涂层载荷-位移曲线

应用纳米压入法测硬度时,对环境要求很高,任何扰动都会给测量结果带来很大的影响,并且在材料表面不同位置状况时测量结果也会不同,测试结果为某一小范围的硬度,因此,要获得涂层的整体硬度及弹性模量的信息必须多点测试,并保持测试条件的稳定。

表 4.4 为 4 次测量得到的 CVD SiC 涂层弹性模量及显微硬度值。从测试结果来看,CVD SiC 涂层的弹性模量在 470 GPa 左右,实验中测得的最大弹性模量为 490.16 GPa,达到了 CVD SiC 的理论弹性模量,涂层的显微硬度(维氏硬度)在 4 000~5 000 之间。

表 4.4　CVD SiC 涂层弹性模量及显微硬度值

序　号	载荷/mN	弹性模量/Gpa	显微硬度/MPa
1	50	471.25	4 459.2
2	50	490.76	4 754.2
3	100	416.0	3 950.4
4	100	468.12	5 314.3

4.3.3　CVD SiC 涂层的光学加工性能

采用古典抛光法对 CVD SiC 涂层进行光学加工,结果表明,CVD SiC 涂层具有优异的光学加工性能,能获得很低的表面粗糙度。图 4.28 为采用 ZYGO 光学干涉仪对直径 ϕ96 mm 具有 CVD SiC 涂层的 SiC 复合材料反射镜光学加工后的表面检测结果,从图中可以看出,反射镜的表面粗糙度 Ra 达到了 0.429 nm,峰谷值小于 40 nm,整个表面非常平整,只有个别微孔存在。目前,作者团队制备的反射镜经过光学加工后表面粗糙度可以达到 0.372 nm。该结果说明 CVD SiC 涂层能满足光学加工及应用要求。因此,CVD SiC 涂层是 SiC 基复合材料反射镜必不可少的一部分。

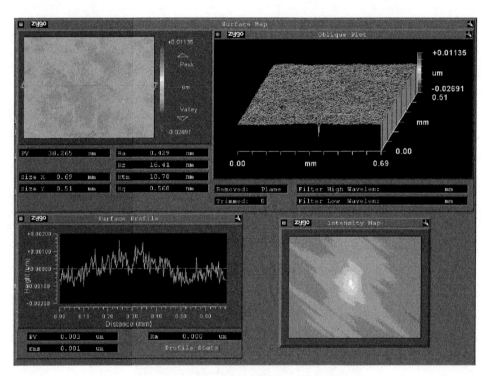

图 4.28　CVD SiC 涂层光学加工结果检测

第 5 章　C/SiC 复合材料反射镜
梯度过渡层制备

C/SiC 复合材料作为镜坯具有轻量化优势,但由于 C 纤维的存在仅使用 C/SiC 材料很难抛光出所需表面光洁度的镜面,因此,C/SiC 反射镜通常采用基体+涂层的结构。镜坯起着支撑定位的作用,选材过程中考虑其力学及热学稳定性、轻量化加工性;涂层则主要起着光学镜面的作用,选材过程中考虑其光学抛光性能和与镜坯的匹配性。而梯度过渡层的作用则是缓解 C/SiC 坯体和表面光学涂层之间的热应力,提高坯体和光学涂层的热匹配性和可靠性。

5.1　梯度过渡层预涂层成型方法

反射镜表面光学涂层一般采用 CVD SiC 涂层,因此梯度过渡层的作用是用来调节 CVD SiC 涂层和 C/SiC 坯体的热匹配性。第 2 章表明,Si 的热膨胀系数介于 C/SiC 复合材料及 CVD SiC 涂层之间,因此可以采用 Si‒SiC 涂层作为二者之间的过渡层。Si‒SiC 梯度过渡层制备包括两个主要工艺过程:预涂层成型和气相渗硅烧结。预涂层成型方法主要有三种:浆料涂刷法、注浆成型法和凝胶注模法。相对来说,浆料涂刷法和注浆成型法工艺简单,但预涂层强度不高;凝胶注模成型的预涂层具有近净成型、素坯强度高等突出优势,是一种比较理想的 SiC 材料成型工艺,本书将予以重点介绍。

5.1.1　浆料涂刷法

浆料涂刷法的工艺流程如下:将待涂层材料表面研磨平整、粗化、超声清洗、干燥后待用;按一定比例称取陶瓷粉料及有机黏合剂,利用湿法球磨(球磨介质根据不同的有机黏合剂分别选择)一定时间后形成泥浆;将泥浆均匀地涂刷或喷涂在待涂层材料表面,干燥后放入裂解炉中,在 N_2 气或其他惰性气体保护、1 000℃以上高温下使泥浆涂层中有机黏合剂缓慢裂解得到预涂层。

5.1.2 注浆成型法

注浆成型法是基于多孔石膏模具能够吸收水分的物理特性,将陶瓷粉料配成具有流动性的泥浆,然后注入多孔模具内,水分在被模具吸收后形成了具有一定厚度的均匀泥层,脱水干燥过程中同时形成具有一定强度的预涂层坯体。其完成过程可分为三个阶段:

(1)泥浆注入模具后,在石膏模具毛细管力的作用下吸收泥浆中的水,靠近模壁的泥浆中的水分首先被吸收,泥浆中的颗粒开始靠近,形成最初的薄泥层;

(2)水分进一步被吸收,其扩散动力为水分的压力差和浓度差,薄泥层逐渐变厚,泥层内部水分向外部扩散,当泥层厚度达到注件厚度时,就形成雏坯;

(3)石膏模继续吸收水分,雏坯开始收缩,表面的水分开始蒸发,待雏坯干燥形成具有一定强度的生坯后,脱模即完成注浆成型。

5.1.3 凝胶注模法

凝胶注模的工艺流程为:① 将单体和交联剂溶解配成溶液;② 加入陶瓷粉和相应分散剂配成一定固含量的浆料,混料方式一般为球磨,混料时间视陶瓷粉的分散情况而定;③ 浆料配制成功后,加入引发剂并混合均匀,有些情况下还要加入特定的催化剂以促进凝胶反应;④ 将浆料均匀注入已经设计好形状的模具中;⑤ 在特定温度下发生凝胶反应,此时引发剂引发单体和交联剂的聚合反应,形成三维大分子凝胶,陶瓷粉均匀填充在凝胶形成的网络中;⑥ 凝胶反应完成后,进行脱模操作,此时得到的是溶剂含量较高的湿坯;⑦ 将湿坯在一定条件下进行干燥,得到干燥的具有一定强度的预涂层;⑧ 为了防止预涂层中的聚合物对材料性能产生影响,烧结之前还将对预涂层进行排胶处理,处理温度一般为400℃[246-248]。

5.2　凝胶注模 Si－SiC 预涂层成型工艺研究

针对含炭黑浆料的凝胶反应进行了研究和优化,得到了凝胶注模浆料的优化配比并实现了对凝胶反应的有效控制。研究了单体/交联剂含量、SiC 颗粒级配、炭黑含量、固相含量等因素对浆料黏度、干燥收缩行为及素坯密度及力学性能的影响。

5.2.1　高固含量高流动性浆料的配制

浆料配制是凝胶注模成型的第一步也是关键步骤之一,能否得到高固含量、高流动性的浆料将直接影响到素坯的干燥收缩及素坯的强度、密度等各项性能。影响浆料黏度的因素有很多,本书主要介绍了单体含量、分散剂用量、炭黑含量、颗粒级配、固含量等因素对浆料黏度的影响。

1. 单体含量对浆料黏度的影响

图 5.1 示出了丙烯酰胺(AM)占水的质量百分比的变化对浆料黏度的影响,测试浆料固含量为60vol%(下同)。图 5.1(a)为黏度计转子在不同转速条件下的浆料黏度,为了更直观表现出浆料黏度与 AM 用量的关系,图 5.1(b)示出了转子转速在 60 r·min⁻¹ 条件下浆料黏度随 AM 用量变化的关系。当 AM 用量增加时,其溶解在水中会导致溶液体积增加,实验过程中发现,1 g AM 溶于水时会造成溶液 0.92 ml 的体积增加。为了保证该变量研究过程中其他变量保持不变,在浆料固相含量一定的前提下,随着 AM 用量增加,用水量将会相应减少,导致浆料黏度明显增加。

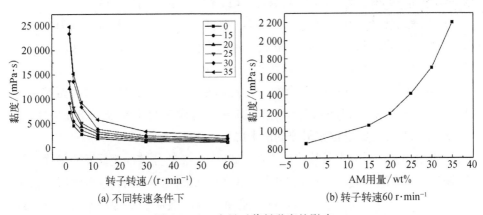

(a) 不同转速条件下　　　　(b) 转子转速60 r·min⁻¹

图 5.1　AM 含量对浆料黏度的影响

为了使注模工艺能够顺利实施,通常认为[249],在 60 r·min⁻¹ 条件下,浆料黏度不宜超过 1 600 mPa·s,过高的浆料黏度会带来颗粒分布不均、难以除气、浆料不能均匀铺展等问题。因此在浆料配制环节认为 AM 用量不应超过 30wt%。

2. 炭黑含量及其分散剂用量对浆料黏度的影响

1）炭黑分散剂对浆料黏度的影响

在含炭黑的水基浆料中,聚乙烯吡咯烷酮(PVP)是一种常用的炭黑分散剂。

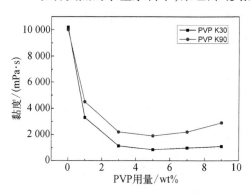

图 5.2　炭黑分散剂 PVP 用量对
浆料黏度的影响

PVP 是一种水溶性高分子聚合物,是由 N-乙烯基吡咯烷酮(NVP)聚合而成,通常用 $K^{[250]}$ 值法来表示其分子量及聚合程度。为了选择更理想的炭黑用分散剂,这里选用两种常见的不同 K 值的 PVP 进行实验,分别为 $K30$(数均分子量 10 000)和 $K90$(数均分子量 360 000),配制成 25wt% 的水溶液。图 5.2 示出了不同 PVP 用量对浆料黏度的影响,测试黏度计转子转速 $60\ r \cdot min^{-1}$。

从图中可以看出,当 PVP 用量为 0 时,浆料黏度很高,表明此时炭黑很难分散到水中,仍为颗粒或者团聚状态;而随着分散剂用量的增加,浆料黏度随之明显下降,当 PVP 用量为 5wt% 的炭黑含量时,浆料黏度达到最低值。

PVP 表现出对炭黑很好的分散性能,这是因为 PVP 是一种具有表面活性的高分子,其亲油端吸附在 C 表面,形成一定程度的屏蔽效应,使炭黑颗粒分散开来,有效地避免了团聚;而 PVP 的亲水端则保证 PVP－C 体系稳定的分散在水中。此外,继续增加 PVP 用量,浆料黏度反而有一种上升的趋势,这主要是由于 PVP 用量已经饱和,过量的 PVP 溶解在水中会导致浆料中高分子相互碰撞,产生缠绕、交织等现象,造成浆料流动性下降。

值得注意的是,分子量较小的 PVP $K30$ 对炭黑的分散性能反而明显优于分子量较大的 PVP $K90$。一方面 $K90$ 与 $K30$ 相比更难溶于水中,且溶解后浆料黏度更高;另一方面其高分子链在浆料中蜷曲缠绕的效应会更加严重,从 PVP 过量时的现象可以证明,即含 $K90$ 的浆料黏度上升趋势要比 $K30$ 的情况更明显。因此综合以上两种因素,本实验选用 PVP $K30$ 作为炭黑的分散剂,用量为炭黑含量的 5wt%。

2）炭黑含量对浆料黏度的影响

图 5.3 示出了炭黑占陶瓷粉的质量分数变化对浆料黏度的影响。随着炭黑含量的提高,浆料黏度急剧上升,这主要是由以下几个原因造成:首先,炭黑含量的

增加导致浆料中颗粒团聚趋势增加,导致相互碰撞次数增多;其次,炭黑作为一种比表面积较高的聚结体,对水有一定的吸附作用,浆料中溶剂水分为吸附水和自由水两部分,吸附水附着在炭黑表面,形成一定的吸附层,炭黑含量的增加导致其对水的吸附作用更加明显,浆料中自由水含量随之减少,影响浆料流动性;第三,随着炭黑用量增加,分散剂 PVP 的用量随之增加,高分子

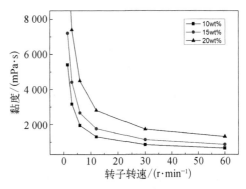

图 5.3　炭黑含量对浆料黏度的影响

链相互作用效应更明显,同样在一定程度上影响了浆料的流动性。在 60 r/min 条件下,炭黑含量为 10wt%、15wt% 和 20wt% 的浆料黏度分别为 860 mPa·s、1 010 mPa·s 和 1 620 mPa·s,在浆料配制环节认为炭黑量不应超过 20wt%。

3. SiC 颗粒级配及其分散剂用量对浆料黏度的影响

1) SiC 分散剂对颗粒分散性能的影响

在水基凝胶注模体系中,陶瓷粉体表面通常吸附一些带电粒子,从而显现出不同的带电特性。带电的陶瓷颗粒之间表现出一定的静电斥力以防止颗粒之间相互团聚,因此这种特性对颗粒在水中的稳定存在有着重要的影响。这种颗粒表面的静电荷势用 Zeta 电位来表征。根据胶体化学理论[251],颗粒之间的排斥势能为

$$U = \frac{1}{4}\zeta\alpha\psi^2\ln(1 + e^{-\frac{h}{k^{-1}}}) \tag{5.1}$$

其中,U 为颗粒间的排斥势能;ζ 为 Zeta 电位;α 为颗粒直径;ψ 为颗粒表面电势;h 为颗粒之间最短距离;k 为玻尔兹曼常数。可以看出,颗粒间的静电势 U 与 ζ 电位成正比。Zeta 电位与体系稳定性之间的关系如表 5.1 所示。

表 5.1　Zeta 电位与颗粒之间的稳定性关系

Zeta 电位/mV	粉体稳定性
0~±10	快速凝结或凝聚
±10~±30	开始变得不稳定
±30~±40	稳定性一般
±40~±60	较好的稳定性
>±60	稳定性极好

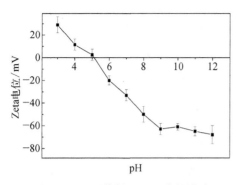

图 5.4　pH 对浆料 Zeta 电位的影响

为了获得稳定性好的浆料,Zeta 电位的绝对值需大于 60 mV。在水基凝胶体系中,陶瓷粉的分散剂有很多种,其中最常用的为四甲基氢氧化铵(TMAH)。该分散剂是一种有机碱,通过改变颗粒表面的带电特性来实现对颗粒的稳定分散。分散剂 TMAH 的用量可以通过表征浆料 pH 与 Zeta 电位的关系来确定,图 5.4 示出了不同 pH(2~12)条件下 Zeta 电位变化图。

随着 pH 增加,浆料的 Zeta 电位值呈明显下降趋势,从 +28.8 mV 下降至 −65 mV 左右。根据表 5.1 中的规律,在 pH 为 9~12 的条件下可以获得稳定性很好的浆料。

工业化生产的陶瓷粉体表面通常会附着一层氧化膜,本实验所用的 SiC 陶瓷粉表面即有一层二氧化硅膜。SiO_2 在水溶液中更倾向于与 OH^- 发生反应生成 SiO_3^{2-},这样颗粒表面就带了负电。浆料中 OH^- 浓度越高,反应趋势越明显,Zeta 电位逐渐变为负值且越来越大,则颗粒间静电排斥作用越明显。pH 达到 9~12 时,Zeta 电位绝对值继续增大的趋势放缓,维持在 −65 mV 左右,这表明陶瓷粉表面对 OH^- 的吸附已经达到饱和,继续增加 pH 则不会产生更明显的变化。且随着 TMAH 用量的增加浆料中 $(CH_3)_4N^+$ 数量增加,$(CH_3)_4N^+$ 受热会产生 NH_3,导致凝胶素坯内部出现气孔。因此本实验浆料 pH 选择在 9~11 这一范围内,对应的 TMAH 用量为 0.6wt%~0.7wt%。

2)颗粒级配对浆料黏度的影响

在浆料配制过程中,通常选用同种材质不同粒径大小的陶瓷粉来实现颗粒的紧密堆积,提高浆料流动性、降低素坯的孔隙率。本实验选用了两种不同粒径的 SiC 颗粒,分别为 43 μm(用牌号 F240 表示)和 3.8 μm(用牌号 F1200 表示),对颗粒级配对浆料黏度的影响进行了研究,如图 5.5 所示。

结果显示,浆料黏度并不随颗粒级配的变化而呈单一方向变化的趋势。实验中发现,F1200 由于粒径较小可以很快地分散到水中,而 F240 由于粒径较大则很难分散,一部分颗粒悬浮在水中。因此当 F1200 用量增加时,分散到水中的陶瓷粉含量增加,浆料黏度增大;当 F240 用量增加时,颗粒在球磨过程中相互碰撞同样会导致浆料黏度增大。这两种效应同时作用导致浆料黏度随着 F240/

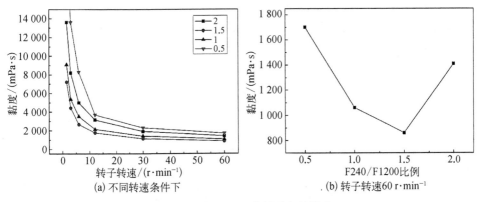

(a) 不同转速条件下　　　　　　　　(b) 转子转速60 r·min⁻¹

图 5.5　颗粒级配对浆料黏度的影响

F1200 比值的增加而呈现先减小后增加的趋势,而在 F240/F1200 = 1.5 时浆料黏度达到最低值。

4. 固相含量对浆料黏度的影响

固相含量是指陶瓷粉体积占浆料总体积的百分比。固相含量对浆料的流动性、干燥收缩过程、素坯的机械性能等有着重要的影响,浆料中陶瓷粉的固相含量越高,素坯的干燥收缩就越小,干燥后的机械强度越大。但高固相含量势必会造成浆料黏度增大。本实验中,固相含量由式(5.2)计算得出。

$$S = \frac{\dfrac{m_{\mathrm{C}}}{\rho_{\mathrm{C}} } + \dfrac{m_{\mathrm{SiC}}}{\rho_{\mathrm{SiC}} }}{c \cdot m_{\mathrm{AM}} + V_{\mathrm{PVP}} + V_{\mathrm{TMAH}} + \dfrac{m_{\mathrm{C}}}{\rho_{\mathrm{C}} } + \dfrac{m_{\mathrm{SiC}}}{\rho_{\mathrm{SiC}} } + V_{\mathrm{H_2O}}} \tag{5.2}$$

式中, S 为粉体的固相含量(vol%); m 为相应组分的质量; V 为相应组分的体积; ρ 为相应组分的密度; c 为每克单体加入所引起的体积变化,经实验得出为 0.92 ml · g⁻¹。

图 5.6 示出了固相含量对浆料黏度的影响。随着固相含量增加,陶瓷粉颗粒间距减小,相互碰撞的概率增加,浆料黏度增加。此外,从图 5.6(b)中可以看出,在转子转速一定的条件下,当固相含量<60vol%时,浆料黏度呈增加缓慢,呈类线性增长趋势;而当固相含量>60vol%时,浆料黏度随固相含量的增加而急剧增加,呈近指数增长趋势,这是由于浆料中颗粒间距进一步减小,导致了颗粒团聚的趋势增大,球磨过程中不能很好地分散。颗粒团聚不仅会

影响浆料的流动性,而且还会导致陶瓷粉体分布不均凝胶后在素坯内部留下缺陷,影响陶瓷的性能。根据图 5.6(b)的规律,在浆料配制环节认为浆料固含量不应超过 62vol%。

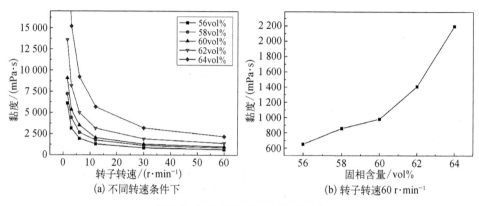

图 5.6　固含量对浆料黏度的影响

5.2.2　凝胶反应工艺优化

将配制好的浆料进行脱气处理后注入模具中,在一定温度条件下,单体与交联剂在引发剂的催化下发生交联反应形成大分子网络,陶瓷颗粒填充在这样一个网络中,形成具有一定形状一定强度的素坯。凝胶反应决定了得到的素坯品质的好坏。然而在实验过程中发现,炭黑的存在对丙烯酰胺聚合产生了重要影响[252]。这里研究了炭黑对凝胶反应的影响,并针对含炭黑浆料的凝胶反应进行工艺优化。

1. 炭黑对丙烯酰胺体系凝胶反应过程的影响

在渗硅烧结过程中,炭黑作为碳源与气相 Si 反应生成 SiC,是必不可少的原料组成之一。但是在实验过程中发现,在使用传统引发剂过硫酸铵(APS)引发含炭黑浆料的聚合反应时,通常需要使用与无炭黑浆料相比几倍用量的 APS 才会引发反应发生,而且反应一旦发生便十分迅速,在室温条件下 5 min 以内即已经完全固化,这种情况下是无法满足除气及注模工艺实施的。造成这一现象的主要原因是由于炭黑的特殊结构,决定了其在凝胶反应过程中产生了不可忽略的影响。炭黑的结构如图 5.7 所示。

从图 5.7 可以看出,炭黑是由大量聚结体(aggregate)组成的颗粒,这种聚结

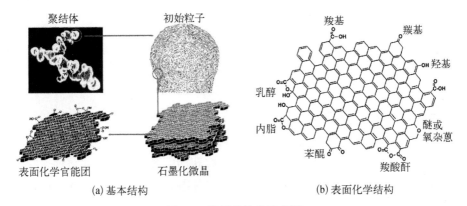

(a) 基本结构　　　　　　　　　　　(b) 表面化学结构

图 5.7　炭黑的结构示意图

体是由许多初始粒子(primary particle)融合而成,初始粒子则是由石墨化微晶
(graphitized crystallite)构成。这种石墨化微晶的表面结构与石墨的表面结构类
似,是由共轭的平面六边结构组成,在该结构中碳原子杂化方式为 sp^2 杂化,每一
个碳原子都有一个垂直于平面的 p 轨道,这些 p 轨道部分重叠在一起形成一个
大的共轭 π 键。共轭 π 键极易捕获空间位阻较小而又非常活泼的自由电子;同
时该平面结构表面还有许多化学官能团(surface functional groups),主要有酮基、
酯基、羧基、羟基等。这样一种结构导致炭黑在凝胶反应的过程中产生了两种作
用,即捕获作用和加速作用,主要体现在反应式(5.3)~(5.5)中。

$$S_2O_8^{2-} \Longleftrightarrow 2 \cdot OSO_3^- \tag{5.3}$$

$$R\cdot + \text{（结构式）} \cdots \longrightarrow \text{（结构式）} \cdots \tag{5.4}$$

　　反应式(5.3)为引发剂 APS 的自由基分解反应, $S_2O_8^{2-}$ 分解生成具有引发能
力的自由基 $\cdot OSO_3^-$,而 $\cdot OSO_3^-$ 首先会被炭黑的共轭 π 键所捕获而不是引发聚
合反应,如式(5.4)所示。故当 APS 用量少时产生的 $\cdot OSO_3^-$ 将全部被炭黑的共
轭结构所捕获,不会引发凝胶反应的发生,即捕获作用。而炭黑的加速作用则体
现在当其捕获自由基之后,会促使引发剂分解反应的化学平衡不断正向移动,导
致分解反应速率不断增大。当引发剂足量时,体系内 $\cdot OSO_3^-$ 的浓度将远远大于
平缓引发聚合反应所需浓度,因此聚合反应迅速发生并完全反应,此过程在很短
的时间内完成并且不可控。与此同时,炭黑表面结构中包含的含氧官能团同样
会加速引发剂中过氧键的断裂,如反应式(5.5)所示。

$$\text{S}_2\text{O}_8^{2-} + \overset{O}{\underset{O}{\bigcirc}} \Longleftrightarrow \overset{O\text{—OSO}_3^-}{\underset{O\cdot}{\bigcirc}} + \cdot\text{OSO}_3^- \tag{5.5}$$

考虑到除气及注模等工艺步骤,一般认为在室温下凝胶反应的发生时间不应少于 20 min,因此使用传统的引发剂已经不能满足含炭黑浆料的凝胶注模工艺的正常实施,需要更换引发剂以解决现在存在的问题。经过反复筛选比较,本实验选用了一种新型引发剂 2,2′-偶氮(2-甲基丙基脒)二盐酸盐(AIBA),其结构式如下:

$$\underset{\text{H}_2\text{N}}{\overset{\text{HN}}{\diagdown}}\text{C}-\overset{\text{CH}_3}{\underset{\text{CH}_3}{\text{C}}}-\text{N}=\text{N}-\overset{\text{CH}_3}{\underset{\text{CH}_3}{\text{C}}}-\text{C}\underset{\text{NH}_2}{\overset{\text{NH}}{\diagup}} \quad 2\text{HCl}$$

这种偶氮类引发剂与过氧类引发剂的不同之处在于:① 炭黑的共轭结构对偶氮类自由基捕获能力较弱,且 AIBA 分解产生的自由基空间位阻相对 $\cdot\text{OSO}_3^-$ 更大,这进一步降低了其被炭黑捕获的可能性。② 过硫酸铵中的过氧键键能(138 kJ/mol)较小,很容易受环境中的因素诱导而断裂;偶氮类引发剂碳氮键键能(305 kJ/mol)较大,不会被诱导分解,其破坏仅与温度有关且分解反应为一级反应[253]。③ 偶氮类引发剂聚合以恒速进行,聚合几乎 100%完成,易形成高分子量的聚合物;而过氧类引发剂则易导致"死端"聚合,需要大量引发剂来提高转化率,无法产生更高分子量的聚合物。AIBA 的引发反应如式(5.6)所示。

$$\underset{\text{H}_2\text{N}}{\overset{\text{Cl}^-\ \text{H}_2\text{N}^+}{\diagdown}}\text{C}-\overset{\text{CH}_3}{\underset{\text{CH}_3}{\text{C}}}-\text{N}=\text{N}-\overset{\text{CH}_3}{\underset{\text{CH}_3}{\text{C}}}-\underset{\text{NH}_2}{\overset{\text{N}^+\ \text{H}_2\text{Cl}^-}{\diagdown}}\text{C} \longrightarrow 2\ \underset{\text{H}_2\text{N}}{\overset{\text{Cl}^-\ \text{H}_2\text{N}^+}{\diagdown}}\text{C}\overset{\text{CH}_3}{\underset{\text{CH}_3}{\cdot}} + +\text{N}_2\uparrow \tag{5.6}$$

2. AIBA 的用量及反应温度对凝胶反应的影响

将 AIBA 配制成 15wt%的水溶液,在真空除气步骤前将一定量的 AIBA 溶液加入浆料中并混合均匀。为了研究能够使凝胶反应完全的引发剂用量及反应温度,在本实验中,通过跟踪不同变量条件下体系差热分析值的变化来表征凝胶反应的反应程度。

1）AIBA 用量对凝胶反应的影响

图 5.8 示出了不同引发剂用量对体系差热分析值变化的影响,反应温度为 70℃,测试时间 60 min,前 10 min 为升温过程。从图中可以看出,不同 AIBA 用量条件下体系差热分析值变化有较大的区别。当引发凝胶反应热变化及转化率可以由式(5.7)算出。

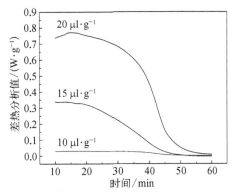

图 5.8　AIBA 用量对体系差热分析值的影响

$$\alpha = \frac{m_t}{m_0} = \frac{\Delta H_t}{\Delta H_0} = \frac{1}{1\,000} \cdot \frac{\dfrac{M}{c} \cdot A}{\Delta H_0} \tag{5.7}$$

式中,α 为聚合反应的转化率,定义为时间 t 时已经聚合的 AM 质量(m_t)与浆料中 AM 总质量(m_0)之比;此时聚合反应所放出的热量为 ΔH_t(kJ·mol^{-1}),为实验所得的实际热效应,从差热分析的变化中可以得出;ΔH_0(kJ·mol^{-1})为理论丙烯酰胺的聚合热,为已知数值 82.8 kJ·mol^{-1};A(J·g^{-1})为 DSC 曲线与坐标轴围成的面积,该面积代表了体系的热量变化;c 为浆料中 AM 含量的质量百分比,经过计算,当 AM 含量为 25wt% 时,$c = 19.61$wt%;M 为 AM 的相对分子量,为已知数值 71.08 g·mol^{-1}。

当 AIBA 用量为 20 μl·g^{-1} 时,差热分析曲线与坐标轴围成的面积为 $A = 22.56$ J·g^{-1},通过计算可得此时单体的转化率 $\alpha = 98.77\%$,忽略体系的热量损失,可以认为单体丙烯酰胺几乎已经完全参与反应生成了高分子凝胶;而当 AIBA 用量为 15 μl·g^{-1} 时,根据计算得 $\alpha = 34.66\%$,此时引发剂给体系提供的自由基浓度不足以使聚合反应完全,大部分单体未参与反应,体系聚合度不够;当 AIBA 用量为 10 μl·g^{-1} 时,计算得 $\alpha = 3.94\%$,说明此时仅有局部的极少量的单体参与了反应,可以认为 AIBA 提供的自由基浓度不足以引发聚合反应的发生。

此外,从图 5.8 中可以得出,在反应时间约 50 min 后,体系的差热分析值几乎不再发生变化,说明此时凝胶反应基本进行完成,由此确定了凝胶反应时间。

2）反应温度对凝胶反应的影响

图 5.9 示出了不同温度对体系差热分析值变化的影响,AIBA 用量为 20 μl·g^{-1}。从图中可以看出,温度对凝胶反应的影响十分明显。当温度为 70℃ 时,差热分

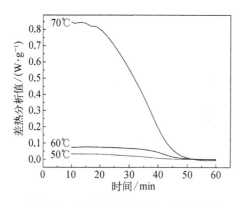

图 5.9　反应温度对体系 DSC 值的影响

析曲线变化明显,体系的差热分析值变化在 $0.85\ W \cdot g^{-1}$ 左右;而当温度为 60℃或 50℃时,曲线变化不明显,说明此时几乎没有反应发生。温度与反应速率的关系可以通过 Arrhenius 公式[式(5.8)和(5.9)]来体现。

$$k = A \cdot \exp\left(-\frac{E}{RT}\right) \qquad (5.8)$$

$$\frac{k_1}{k_2} = \exp\left(-\frac{E}{R}\left(\frac{1}{T_1} - \frac{1}{T_2}\right)\right) \qquad (5.9)$$

式中,k 为反应速率常数;E($kJ \cdot mol^{-1}$)为活化能;R($8.314\ J \cdot mol^{-1} \cdot K^{-1}$)为摩尔气体常数;$T_1$ 为反应温度点一;T_2 为反应温度点二;T 为绝对温度。从式中可以看出,反应速率与温度呈指数关系。AIBA 的反应活化能[254]为 $124\ kJ \cdot mol^{-1}$,带入到式(5.8)中计算可以得出,温度为 70℃时反应速率常数为温度为 60℃时的 3.69 倍,为温度为 50℃时的 14.77 倍。AIBA 的分解反应受温度影响较大,当体系温度较高时(约 70℃),AIBA 分解速率快,浆料中自由基浓度高,链引发反应能够顺利进行,由于链引发是聚合反应的决速步骤,因此凝胶化程度高;当温度较低时(约 60℃),AIBA 分解速率慢,不能形成足够浓度的自由基,聚合反应转化率非常低;当温度更低时(约 50℃),引发剂分解速率更慢,浆料自由基浓度甚至不能够引发聚合反应。

AIBA 引发 AM 的聚合反应受温度影响较大的特性对凝胶注模工艺的实施十分有利。与 APS 相比,由于室温条件下 AIBA 不分解,完全可以满足浆料除气及注模等工艺的实施;当注模工艺完成后,将模具加热到 70℃并保温 50 min,凝胶反应顺利完成。

5.2.3　凝胶素坯的干燥行为

凝胶素坯的干燥过程在凝胶注模成型阶段非常关键,干燥过程主要是排除高分子网格中被束缚的自由水及网格和陶瓷颗粒表面上的吸附水,而随着干燥过程的不断进行,陶瓷粉体间的水分子不断流失,造成陶瓷颗粒不断相互靠拢来降低体系的表面能,这主要表现在干燥收缩行为中。在凝胶素坯的制备过程中,为了保证能够获得目标形状的素坯,尽可能减少收缩是其有效途径之一。本书研究了凝胶素坯的干燥机制以及单体含量、SiC 颗粒级配、炭黑含量及固相含量等对素坯干燥过程的影响。

1. 素坯的干燥机制

凝胶素坯在自然条件下的干燥过程分为三个阶段,这三个阶段被命名为等速阶段(Ⅰ)、降速阶段(Ⅱ)和扩散阶段(Ⅲ),如图 5.10 所示。等速阶段为素坯干燥的 0~24 h,试样表面水分干燥蒸发,同时凝胶内部的自由水受毛细力的作用扩散至表面,这样一个动态的平衡以恒定的速率进行,试样的收缩主要体现在该阶段,因此在第一阶段应该严格控制干燥条件,避免因干燥过快或者干燥不均造成素坯变形或者开裂的现象。24~82 h 为降速阶段,此时材料的内部水分大部分已经散失,陶瓷颗粒已接近紧密堆积,水迁移的通道随之变小,内部迁移速率因小于表面挥发速率而成为决定因素,该过程是迁移速率逐渐降低也是干燥速率逐渐降低的过程。82~120 h 为扩散阶段,主要是来自高分子网格和陶瓷粉体表面的吸附水失水,由于水扩散通道已经十分狭窄,阻碍水分的扩散,此过程也进行得更加缓慢,此时陶瓷粉体排列已基本成型,可适当控制条件以提高干燥效率。

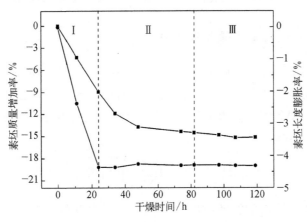

图 5.10　凝胶素坯的干燥过程

2. 单体含量对素坯干燥收缩的影响

本实验在固相含量等其他变量不变的条件下研究单一变量对干燥线收缩的影响,图 5.11 示出了不同 AM 含量素坯干燥线收缩的规律。单体含量增加,线收缩呈先下降后上升趋势,在单体含量为 25wt% 时线收缩达到最低值。这主要是由下述原因造成:单体含量过低时,并不能形成完全有效的高分子网络,且此时的网格刚度不够,水分扩散后骨架坍缩明显,此时素坯的收缩较大;而随着单体含量增加,高分子网络架构更加完全,骨架的刚度也有明显提高,可以有效抵抗水分子扩散产生的毛细力,素坯的线收缩随之减小;而另一方面,单体含量过量则会导致无用框架的产生,陶瓷颗粒在水分流失的情况下出现了一定程度的受力重排,这个过程反而不利于素坯稳定有效地完成收缩过程。因此单体用量的合理性对素坯的干燥过程有重要影响。

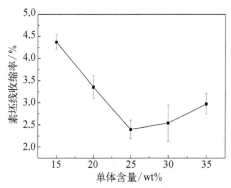 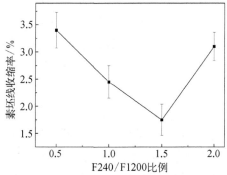

图 5.11　AM 含量对素坯线收缩的影响　　图 5.12　颗粒级配对素坯干燥线收缩的影响

3. SiC 颗粒级配对干燥收缩的影响

图 5.12 示出了颗粒级配对干燥线收缩的影响。随着 F240/F1200 比例的增加,素坯的线收缩呈现先减小后又增加的趋势,这一现象可以通过 Andreason 经典堆积理论[255]得到解释。根据其连续堆积理论,同种材质不同粒径颗粒紧密堆积有如下关系式:

$$U(D) = \left(\frac{D}{D_{max}}\right)^m \tag{5.10}$$

式中,D_{max} 为最大颗粒的粒径;$U(D)$ 为某一粒径为 D 的颗粒所占的质量分数;m 为模型参数,经计算机模拟实验,当 $m = 0.37$ 时,堆积模型有最小的空隙率[256]。将本实验中使用的两种 SiC 陶瓷粉的粒径大小带入式(5.10)中,即 $D_{max} = 43$,$D = 3.8$,$m = 0.37$,得到 $U(D) = 0.4075$,当小粒径颗粒所占质量分数为 40.75% 时,即 F240/F1200 = 1.5 时能获得最大填充率。

根据紧密堆积理论,当 F240/F1200 = 1.5 时可以认为大颗粒紧密堆积,小颗粒均匀填充在大颗粒所形成的间隙中,大小颗粒相互填充,形成一种均匀稳定的紧密堆积结构,堆积的孔隙率也最小。此时浆料配制过程中浆料黏度也最小,不会造成某一粒径颗粒因无法均匀分散而团聚在一起的情况,干燥失水过程中收缩也最小。而当 F240 与 F1200 比值较高时,大颗粒堆积形成较多孔隙,小颗粒并不能完全填充进去;当 F240 与 F1200 比值较低时,又会出现过多的小颗粒堆积的情况,这两种情况均不能有效地减少干燥收缩。当 F240 与 F1200 比值较高或者较低时,在浆料配制过程中均呈现出较低的流动性,而低流动性浆料则容易出现浆料中颗粒分布不均、除气过程中气孔较难除去等现象,同样不利于减小干燥收缩。

4. 炭黑含量对干燥收缩的影响

图 5.13 示出了炭黑含量对干燥线收缩的影响,随着炭黑含量增加,素坯线收缩呈现出逐渐减小的趋势。这主要是由于随着水中炭黑含量增加,浆料黏度增加,颗粒间距变小,干燥过程中失水通道相对较窄,收缩减小。此外浆料中吸附水量随炭黑含量的增加而增加,浆料中自由水量减小,而通过 5.2.3 节的分析可知,素坯的收缩过程主要体现在第一阶段,即自由水散失的阶段,而炭黑含量较高时的素坯在第一阶段的失水相对较少,因此素坯线收缩率较小,且后续阶段吸附水的散失对干燥收缩影响较小。而浆料中炭黑对水的吸附有限,因此随着炭黑含量的增加,素坯线收缩减小趋势并不明显。

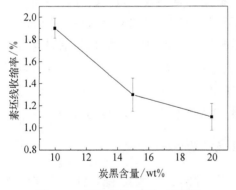

图 5.13　炭黑含量对素坯干燥线收缩的影响

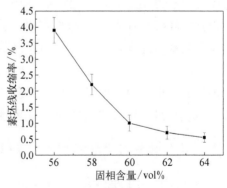

图 5.14　固相含量对素坯干燥线收缩的影响

5. 固相含量对干燥收缩的影响

图 5.14 示出了固相含量对素坯线收缩的影响,素坯干燥线收缩随固相含量增加而减小的趋势十分明显。当浆料的固相含量较低时(<60vol%),颗粒堆积不够紧密,颗粒间距被自由水填充,此时浆料的黏度也较低,干燥过程中失水造

成素坯收缩也更明显。甚至当固相含量过低时,颗粒间距过大,在经过干燥收缩以后可能仍会留有空隙,不会达到相对紧密堆积状态。随着浆料中陶瓷粉的固含量增加,相对应的用水量减小,陶瓷颗粒间堆积孔隙更小,干燥失水后可以达到相对紧密堆积的状态,且干燥收缩更小。

在 SiC 涂层等复杂形状构件的制备过程中,收缩量越小则越有利于获得接近目标形状的试样,在浆料配制时应尽可能提高固相含量来减小收缩。但在实际操作过程中,考虑到整个凝胶注模工艺过程,固相含量不可能无限制的提高。过高的固相含量会导致浆料流动性变差,不利于浆料中陶瓷颗粒的均匀分散,造成局部颗粒团聚而黏度过高的情况;不利于引发剂的混合而易造成局部引发剂浓度过高而凝胶不均匀的情况;不利于脱气过程中气泡的有效去除;不利于注模工艺的实施,浆料不能均匀铺展在基体表面等。且从图 5.14 中可以看出,当浆料固相含量大于等于 60vol% 以后,线收缩减小趋势逐渐放缓,说明此时干燥后素坯中颗粒堆积已达到相对紧密的状态,干燥线收缩率小于 1%,继续增加固相含量对减小收缩的贡献已经不明显。因此,凝胶注模工艺制备涂层时浆料固含量为 60vol%。

5.2.4　凝胶素坯的密度及力学性能

为了获得高品质的 SiC 涂层,要求渗硅前的素坯具有很好的综合性能。主要包括素坯要具有较高的密度及较低的孔隙率,以保证渗硅后材料具有较高的密度和较低的硅含量;素坯要具有很高的致密度及均匀的结构,以保证渗硅后材料具有均一的致密结构及较低的残余硅含量;素坯要具有较高的机械强度,以保证能够通过机械加工得到复杂形状等。本书研究了单体含量、交联剂含量、固相含量、炭黑含量等因素对干燥后素坯密度、力学性能及微观结构的影响。

1. 单体含量对素坯密度及力学性能的影响

图 5.15 示出了单体含量对素坯密度及孔隙率的影响。随着体系内单体含量的提高,素坯密度呈升高又略有降低的趋势,素坯孔隙率的变化规律与密度大致相似,呈先降低后增加的趋势。当单体含量较低时,所形成的高分子结构不足以使全部的陶瓷颗粒填充进来,造成素坯中无交联网络的部分出现很多缺陷,素坯的密度低、孔隙率高。随着单体含量的增加,所形成的高分子网络则更加完整,素坯的结构也更加完整,内部缺陷逐渐减少直至消失,素坯密度增加,素坯孔隙率也随之降低。而当单体含量过高时,在陶瓷粉已完全排列在交联网络中的前提下,继续增加单体含量反而会导致过多无用骨架的产生,则不利于素坯密度

的增加及孔隙率的降低,且浆料黏度随之而明显增加,易造成混料不均的情况,这也是素坯密度下降的原因。这一解释可以通过不同单体含量条件下素坯微观结构图得到证实(图 5.16)。

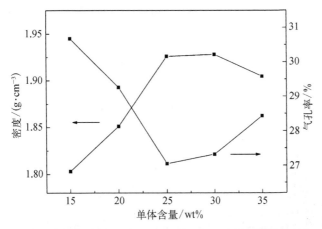

图 5.15　单体含量对素坯密度及孔隙率的影响

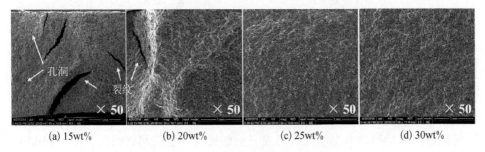

(a) 15wt%　　　　(b) 20wt%　　　　(c) 25wt%　　　　(d) 30wt%

图 5.16　单体含量对素坯微观结构的影响

从图中可以看出,当单体含量为 15wt%时,素坯中缺陷如孔洞、裂纹等较多,这主要是由于高分子网络不足以使全部的陶瓷颗粒填充而引起;当单体含量为 20wt%时,素坯中同样出现了裂纹、起伏等缺陷,但与单体含量为 15wt%时的情况相比,缺陷明显减少,说明此时高分子网络的构筑情况同样不足,但与前者相比有了明显的改善;当单体含量为 25wt%时,素坯的结构完整致密,看不到明显的缺陷,此时可以认为通过凝胶反应获得了品质较高的素坯;而当单体含量更高时(>25wt%),素坯的结构形貌上并没有更明显的变化。素坯的密度、结构与其力学性能具有密切的联系。

图 5.17 示出了单体含量对凝胶素坯弯曲强度的影响。当单体含量较少时,素坯密度低、缺陷多,相应的,力学强度也低,这种情况下的素坯无法满足高致密

度高强度的需求;随着单体含量的增加,素坯的密度增加,缺陷减小,此时凝胶网络的构筑更加完整,高分子骨架同样具有一定强度来承担载荷,弯曲强度也随之提高;当单体含量过高时,多余的凝胶网络并没有对素坯的机械性能产生更多的贡献。当单体含量为25wt%时,凝胶素坯的抗弯强度达到了52.3 MPa,已经完全满足机械加工的需求。

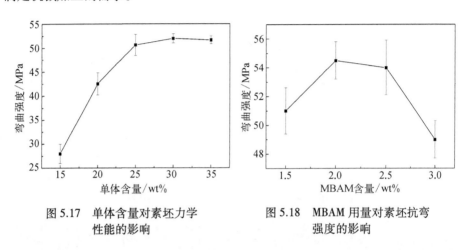

图 5.17　单体含量对素坯力学　　图 5.18　MBAM 用量对素坯抗弯
　　　　　性能的影响　　　　　　　　　　　强度的影响

2. 交联剂含量对素坯力学性能的影响

在凝胶素坯承受载荷的过程中,高分子骨架由于具有一定的强度在其中扮演了十分重要的角色。在单体的聚合反应中,有两个交联度的 N,N′-亚甲基双丙烯酰胺(MBAM)参与交联反应形成三维的聚丙烯酰胺网状结构。由于 MBAM 在整个浆料中所占比例很小,仅占溶剂水的 1.5wt%～3wt%左右,对浆料黏度、素坯干燥收缩等过程影响较小,但交联剂的用量对聚丙烯酰胺的交联程度有着重要的影响,进而直接影响到素坯的抗弯强度。图 5.18 示出了 MBAM 用量对凝胶素坯抗弯强度的影响。

从图 5.18 中可以看出,随着 MBAM 用量的增加,素坯的抗弯强度呈先增加后减小的趋势。当 MBAM 用量为 1.5wt%时,聚丙烯酰胺的交联度不够,不能有效的承担载荷;当交联剂用量为 2.0wt%～2.5wt%时,聚丙烯酰胺凝胶达到了合适的交联度,素坯呈现出很好的抗弯性能;当交联剂用量大于 2.5wt%时,素坯弯曲强度又很快下降,此时出现了局部交联度过高的情况,过高的交联度导致素坯脆性增大,不利于素坯的机械加工。这一特性从图 5.19 中可以直观地反映出来。

为了更清楚地反映出实验现象,MBAM 含量为 1.5wt%及 3.0wt%的凝胶实验中不加入陶瓷粉。当 MBAM 含量为 1.5wt%时,虽然通过聚合反应生成了聚丙烯酰胺,但交联度明显不够,反应产物只能称为黏度较大的水溶性高分子,而不是呈胶冻状;当 MBAM 含量为 3.0wt%时,则出现了局部交联过高的情况,凝胶的脆性很大,十分易碎,这样的凝胶无法进行机械加工;当 MBAM 含量为 2.0wt%时,可以看出从离心管中分离出均匀稳定的凝胶。同时基于

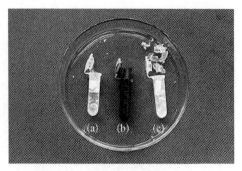

图 5.19　不同 MBAM 含量的凝胶试样
(a) 1.5wt%(b) 2.0wt%(c) 3.0wt%

MBAM 在水中的溶解度有限,综合考虑,实验中合适的 MBAM 用量为 2.0wt%。

3. 固相含量对素坯密度及力学性能的影响

图 5.20 示出了固相含量对素坯密度及孔隙率的影响。当浆料的固相含量较低时(<60vol%),粉体的堆积不够紧密,颗粒的间距较大,在干燥过程中素坯收缩后颗粒仍无法达到完全紧密堆积的情况,此时密度相对较低,孔隙率相对较高;随着浆料中陶瓷粉的固相含量增加,干燥后陶瓷粉体间的堆积更加紧密,颗粒的间距将会变小,孔隙相对减少,密度随之增加,当固相含量为 62vol%时,素坯密度达到最大值 1.988 g·cm^{-3};而当固相含量过高时,则会造成浆料黏度过大,局部颗粒分布不均匀,反而会造成素坯整体密度的降低。

图 5.21 和图 5.22 分别示出了固含量对素坯微观结构及弯曲强度的影响。

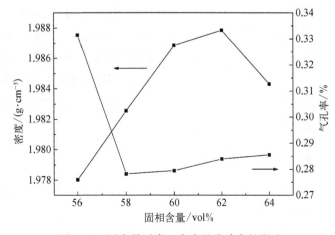

图 5.20　固含量对素坯密度及孔隙率的影响

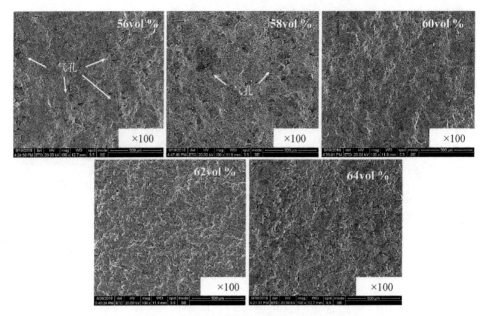

图 5.21　不同固相含量的素坯断口微观形貌图

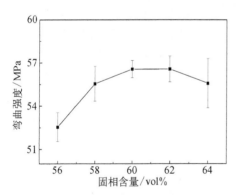

图 5.22　固相含量对素坯抗弯强度的影响

随着固含量的提高,干燥后素坯陶瓷颗粒的堆积从疏松逐渐达到相对致密的状态,孔隙也逐渐减少直至观察不到大的孔隙,这一结构上的变化也影响到了素坯的力学性能。素坯的弯曲强度随着固含量的增加而增加,当固相含量为60vol%~62vol%时,素坯的弯曲强度达到最大值,约57MPa。值得注意的是,当浆料固含量为64vol%时,从 SEM 照片中发现在局部区域呈现出颗粒堆积不均匀的情况,同时还发现了一些微小裂纹,这是由于过高固含量导致浆料中局部颗粒分布不均,素坯的机械性能有所下降。

4. 炭黑含量对素坯密度的影响

图 5.23 示出了炭黑含量对素坯密度及孔隙率的影响。SiC 和炭黑为固相颗粒,炭黑的密度与 SiC 相比较小。在保证固相含量不变的条件下,随着炭黑含量的增加,配置浆料时,用水的增量并不明显,近似相同比例的凝胶网络内部填充了更

多的颗粒。另一方面,随着炭黑含量增加,对水的吸附进一步增强,导致体系中自由水减少,颗粒团聚趋势增强,间距减小,密度随之增加,并伴随孔隙率降低。

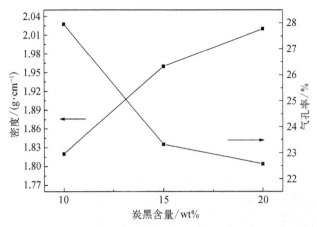

图 5.23　炭黑含量对素坯密度及孔隙率的影响

从图 5.23 中看出,随着炭黑含量增加,素坯的密度并非线性增加,而是趋势放缓。这是由于颗粒间团聚趋势增强所致,如图 5.24 所示。此时团聚体并非理论紧密堆积,存在颗粒间隙和团聚体间隙,导致一些闭孔的出现,对素坯的致密性产生一定影响,因此炭黑含量同样不能过高。

根据炭黑对素坯密度的影响规律,可以通过改变组分含量来控制素坯的密度及孔隙率。素坯的密度及孔隙率对渗硅后材料的组成及结构将产生重要影响,将在第 4 章详细讨论。

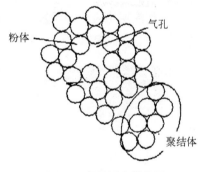

图 5.24　炭黑团聚示意图

5.3　气相渗硅烧结的 Si - SiC 涂层组成、结构及性能研究

不同变量如单体含量、炭黑含量、颗粒级配、固相含量等因素对预涂层的性能有不同程度的影响,且预涂层的性能将影响到渗硅后材料的性能。在以上因素中,炭黑含量决定着预涂层的成分组成;单体含量、颗粒级配、固相含量等则更多的影响着预涂层的结构如紧密堆积、孔隙率等。

5.3.1　Si‐SiC 涂层的组成与结构研究

1. 预涂层成分对 Si‐SiC 材料组成与结构的影响

1) 预涂层成分的设计与计算

GSI 过程中,预涂层中的孔隙一部分被 Si‐C 反应的体积膨胀占据,剩余部分则被参与硅填充。预涂层的成分组成决定着 Si‐C 反应的体积膨胀的大小,预涂层的孔隙率则决定着残余硅的多少。因此有必要对预涂层的成分进行设计与计算。

实验过程中,为了更直观地对预涂层的组成进行设计,作如下假设:① 预涂层的成分主要为炭黑及 SiC,忽略凝胶及分散剂在预涂层中的比重;② 渗硅前后试样体积相同;③ 渗硅后试样完全致密无孔隙;④ 渗硅过程中气相硅优先于炭黑产生反应,且炭黑完全参与反应,反应完成后过量的硅才会残留在试样中。

设预涂层中炭黑的质量分数为 m_C,预涂层中的 SiC 为 α‐SiC,其质量分数为 m_α,预涂层的密度为 ρ,体积为 V,其中孔隙的体积为 V_P,则有

$$m_C + m_\alpha = 1 \tag{5.11}$$

$$V = V_\alpha + V_C + V_P \tag{5.12}$$

其中,

$$V_\alpha = \frac{m_\alpha}{\rho_{SiC}} \tag{5.13}$$

$$V_C = \frac{m_C}{\rho_C} \tag{5.14}$$

由于炭黑完全参与了反应,则渗硅完成后试样仅由 SiC 和 Si 组成,其中 SiC 的组成为原位 α‐SiC 和反应生成的 β‐SiC,体积分别设为 V_α 和 V_β,残余 Si 的体积分数为 v_{Si},则有

$$V = V_\alpha + V_\beta + v_{Si} \cdot V \tag{5.15}$$

$$V_\beta = \frac{m_C \cdot \dfrac{M_{SiC}}{M_C}}{\rho_{SiC}} \tag{5.16}$$

联立式(5.11)~(5.16),则预涂层的密度和孔隙率可分别表示为

$$\rho = \frac{\rho_{SiC} \cdot (1 - v_{Si})}{1 + \dfrac{M_{SiC} - M_C}{M_C} \cdot m_C}$$　　　　　　(5.17)

$$P = \frac{V_P}{V} = 1 - \frac{(1 - v_{Si}) \cdot \left(1 + \dfrac{\rho_{SiC} - \rho_C}{\rho_C} \cdot m_C\right)}{1 + \dfrac{M_{SiC} - M_{Si}}{M_C} \cdot m_C}$$　　　　　　(5.18)

在本实验中,所用的 Si 粉、SiC 粉及炭黑的密度 ρ、摩尔质量 M 及摩尔体积 V_m 如表 5.2 所示。

表 5.2　Si 粉、SiC 粉及炭黑性能

	$\rho/(g \cdot cm^{-3})$	$M/(g \cdot mol^{-1})$	$V_m/(cm^3 \cdot mol^{-1})$
Si 粉	2.33	28.09	12.06
SiC 粉	3.21	40.10	12.49
炭黑	1.86	12.01	5.72

将以上数据代入式(5.17)和式(5.18)中,可得

$$\rho = \frac{1 - V_{Si}}{0.311\,5 + 0.728\,6 \cdot m_C}$$　　　　　　(5.19)

$$P = 1 - \frac{(1 - V_{Si}) \cdot (1 + 0.725\,8 \cdot m_C)}{1 + 2.339 \cdot m_C}$$　　　　　　(5.20)

假设渗硅后材料的组成全部为 SiC 而没有残余 Si,即 $v_{Si} = 0$,可以获得预涂层的理论密度 ρ_0 和理论孔隙率 P_0。理论预涂层密度及孔隙率对渗硅有很大的指导意义。

在预涂层成型过程中,预涂层的密度并不一定是越高越好,预涂层还要保证一定的孔隙率以应对 Si – C 反应体积膨胀。

$$\frac{V_m(SiC) - V_m(C)}{V_m(C)} = 1.184$$　　　　　　(5.21)

从式(5.21)中可以看出,炭黑与 Si 反应生成 SiC 将引起 1.184 倍的体积膨胀。如果预涂层密度大于理论密度,会导致预涂层中的炭黑不会完全参与反应

且会因为体积膨胀而造成试样开裂;当预涂层密度小于理论密度时,炭黑将完全参与反应,孔隙将被残余硅填充;而若预涂层密度远小于理论密度,则会有大量的硅残留在试样中并且还可能存在未被完全填充的孔隙,将严重影响渗硅后材料的性能。因此,预涂层密度的设计应当是在小于理论密度的前提下尽可能提高预涂层的密度,以保证获得 SiC 含量更高的产品。不同炭黑含量的理论及实际密度和孔隙率列于表 5.3 中。

表 5.3　　不同炭黑含量预涂层的密度及孔隙率

炭黑含量	理论密度/$(\mathrm{g \cdot cm^{-3}})$	实际密度/$(\mathrm{g \cdot cm^{-3}})$	理论气孔率/%	实际气孔率/%
10wt%	2.602	1.929	13.07	27.95
15wt%	2.376	1.997	17.97	23.32
20wt%	2.187	2.043	21.98	22.57

随着炭黑含量的增加,预涂层的实际密度逐渐升高、实际孔隙率逐渐降低,而预涂层需求的理论密度则逐渐降低、理论孔隙率逐渐升高。当炭黑含量为20wt%时,预涂层的实际密度及孔隙率已十分接近理论值,渗硅后材料将具有很高的 SiC 含量。可以认为,在凝胶注模成型工艺制备预涂层的过程中,通过调整预涂层的成分组成能够实现对渗硅后材料成分组成的合理设计。

2) 炭黑含量对 Si - SiC 材料组成及结构的影响

图 5.25(a)为 C/SiC 复合材料试样的 X 射线衍射图谱分析,表面组成主要为 β - SiC 和 Si。图 5.25(b)~(d)分别为炭黑含量为 10wt%、15wt% 和 20wt% 涂层试样表面的 X 射线衍射图谱分析,试样的组成主要为 α - SiC、β - SiC 和 Si,且随着炭黑含量的提高,试样中 β - SiC 含量逐渐增加,Si 含量逐渐降低。试样中 α - SiC/β - SiC 的比例可以采用 K 值法进行半定量测定[256]。

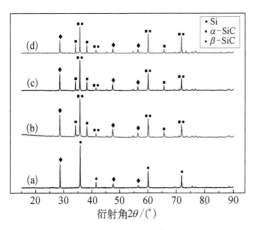

图 5.25　不同炭黑含量下 Si/SiC 材料
表面 X 射线衍射图谱

$$\frac{X_\alpha}{X_\beta} = \frac{I_\alpha \cdot K_\beta}{I_\beta \cdot K_\alpha} \qquad (5.22)$$

其中,X_α,X_β 为 α - SiC 和 β - SiC 的质量分数;I_α,I_β 为 α - SiC 和 β - SiC 的峰强;K_α 和 K_β 为 α - SiC 和 β - SiC 对参比物质的参比强度;通过查表得出,相对于同一参比物 $\mathrm{Al_2O_3}$,

α - SiC 和 β - SiC 的 K 值分别为 1.600 和 1.811。在计算 X_α/X_β 的过程中,α - SiC
和 β - SiC 的第一强峰(α - SiC: 35.60°;β - SiC: 35.64°)和第二强峰(α - SiC: 59.96°;
β - SiC: 60.00°)均存在部分重叠的情况,用重叠峰进行计算将会产生偏差,本计
算中通过第三强峰(α - SiC: 34.08°,β - SiC: 71.78°)的衍射强度来计算。结合
硅腐蚀法测定的残余硅含量,不同炭黑含量试样的密度及成分列在表 5.4 中。

表 5.4 不同炭黑含量下的 Si/SiC 材料的密度及成分

炭黑含量	密度/($g \cdot cm^{-3}$)	体 积 分 数		
		α - SiC	β - SiC	Si
10wt%	3.021	57.52%	21.30%	21.18%
15wt%	3.078	56.19%	33.05%	10.75%
20wt%	3.092	51.98%	43.32%	4.71%

材料的成分与结构有着紧密的联系。对渗硅后试样进行初步的磨抛处理,
在金相显微镜下的光学照片如图 5.26 所示,由于仅为了观察试样的相组成结
构,因此仅对试样进行了初步的打磨,未进行精度抛光,显微镜下的黑色区域是
因机械加工留下的缺陷,并非试样本身的缺陷。

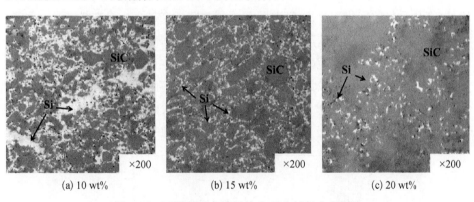

(a) 10 wt%　　　　　(b) 15 wt%　　　　　(c) 20 wt%

图 5.26 不同炭黑含量下的 Si/SiC 材料金相照片

当预涂层中炭黑含量为 10wt%时,预涂层的孔隙率远高于理论值,渗硅后 Si
将大量填充在孔隙中,此时材料的密度也最低,试样中存在较多的大量硅富集的
相区,将严重影响材料的力学及热物理性能。当预涂层中炭黑含量为 15wt%时,
预涂层的密度增加,孔隙率减少,渗硅后材料中 β - SiC 比例提高,残余硅含量降
低,密度随之增加,硅相较为均匀地分布在 SiC 颗粒间隙中,未出现大面积硅相
集中的区域。当预涂层中炭黑含量为 20wt%时,预涂层密度与孔隙率与理论值
最接近,渗硅后材料的密度也达到了最高值 3.092 $g \cdot cm^{-3}$,残余硅含量仅为

4.71vol%。从金相照片中来看,残余硅仅是弥散地分布在 SiC 所形成的间隙中,对材料性能的影响很小。

2. 预涂层结构对 Si–SiC 材料组成及结构的影响

预涂层的结构主要包括颗粒分布、孔隙分布等。预涂层的完整均匀性、孔隙率等因素将一定程度上影响着渗硅后材料的残余硅含量;但这些因素并不会改变渗硅后 α–SiC/β–SiC 的比例,即对 Si–C 反应的体积膨胀过程不会产生影响。故本书主要研究单体含量、颗粒级配、固相含量等因素对渗硅后材料密度及残余硅含量的影响。

1) 单体含量对 Si–SiC 材料组成及结构的影响

有机单体的作用是通过凝胶反应形成高分子网络来束缚陶瓷颗粒以形成具有一定强度的预涂层,预涂层品质的高低则决定了渗硅后材料的性能,因此单体含量同样会对渗硅后材料的性能产生影响。

图 5.27 示出了单体含量对渗硅后材料密度及孔隙率的影响,材料密度随着单体含量的增加逐渐增加到较高水平,孔隙率则逐渐降低为 0。随着单体含量增加,高分子凝胶网络逐渐构筑完成,预涂层缺陷越来越少。渗硅烧结是一种原位烧结工艺,预涂层中的缺陷并不能通过渗硅反应来弥补。单体含量较低时,渗硅后的材料密度较低、孔隙率较高,这是由于预涂层本身的缺陷造成的。单体含量较高时,得到的预涂层较为致密,结构较为完整,不存在明显的缺陷,空隙主要为颗粒间的孔隙,这类空隙可以被残余硅填充变为致密结构,材料的密度较高。此时材料表面完全致密,通过排水法测得的材料孔隙率为 0。当单体含量过高

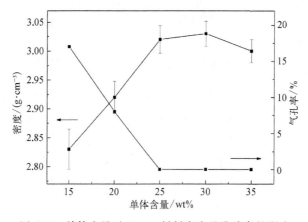

图 5.27   单体含量对 Si/SiC 材料密度及孔隙率的影响

时,材料的密度并没有进一步上升的趋势,此时材料已经相对致密。

图 5.28 示出了单体含量分别为 15wt%时和 25wt%时渗硅后试样的断口形貌。当单体含量为 15wt%时,扫描电镜成像图呈明暗交替的现象,说明试样的断口并不平整,且从图中发现了较多的缺陷如孔洞、裂纹等。渗硅后,预涂层时存在的较大的孔洞不会再产生变化,仍会保留在渗硅后的试样中,而较小的裂纹则会被残余硅填充,造成大量硅的集中分布,即图 5.28(a)中亮白色区域。当单体含量为 25wt%时,材料的断口平整、均匀、致密且无缺陷。

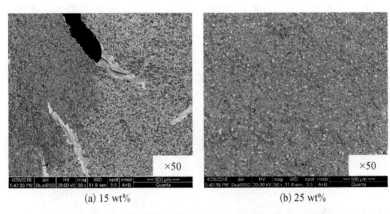

(a) 15 wt%　　　　　　　　　　　(b) 25 wt%

图 5.28　不同单体含量下的 Si/SiC 材料微观形貌图

图 5.29 为单体含量对材料残余硅含量的影响。当单体含量为 15wt% 和 20wt%时,残余硅含量维持在较高水平,为 28vol%左右,说明此时预涂层缺陷较多,缺陷处被大量硅填充;而当单体含量为 25wt%~35wt%时,残余硅含量的降低十分明显,仅为 10vol%左右,这是由于预涂层内部没有缺陷,硅仅是分布在颗粒的间隙中。预涂层的品质好坏将直接影响到渗硅后材料的组成及结构,因此在制备过程中,烧结之前应当对预涂层的品质进行检测,有缺陷的预涂层进行烧结是没有意义的。

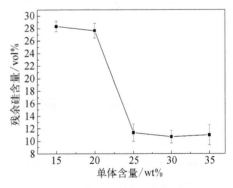

图 5.29　单体含量对 Si/SiC 材料残余硅含量的影响

2) SiC 颗粒级配对 Si–SiC 材料组成的影响

在预涂层成型过程中,SiC 颗粒级配影响着浆料的黏度、成型后预涂层的密度及致密度。而气相渗硅过程中,由于炭黑含量不变,颗粒级配的变化不会影响到反应生成的 β-SiC 所带来结构的变化,颗粒级配对 GSI 过程影响不大。而由于颗粒级配对预涂层的密度及孔隙率有着一定的影响,因此对烧结后材料的密度及残余硅含量也将产生一定的影响。

图 5.30 示出了颗粒级配对渗硅后材料密度及残余硅的影响。从图中可以看出,在 F240/F1200 = 1.5 时,试样得到了最高的密度和最小的残余硅含量,分别为 3.07 g·cm^{-3} 和 10.75vol%,这是由于颗粒级配对预涂层的影响决定的。此时由于预涂层的紧密堆积状态使其具有最低的孔隙率,由于渗硅过程中孔隙将被残余硅填充,故渗硅后硅在材料中体积分数最低,材料密度也最高。此外,SiC 粉粗细比偏高或者偏低都不利于材料的增密和硅含量的减少,且粗细比偏高时造成的负面影响要更大,这是由于粗颗粒堆积时容易产生更大的空隙所致。

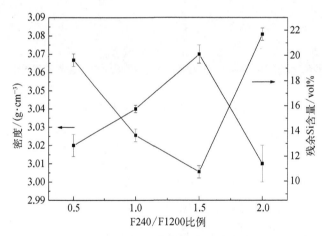

图 5.30　颗粒级配对 Si/SiC 材料密度及残余硅含量的影响

3) 固相含量对 Si-SiC 材料组成的影响

图 5.31 示出了固相含量对渗硅后材料密度及残余硅含量的影响。在成分组成不变的条件下,影响残余硅分布的主要因素是预涂层的孔隙率。当固相含量较低时,预涂层的孔隙率较高,造成渗硅后材料硅含量过高,相对应的密度就不高;当固相含量为 60vol% ~ 62vol% 时,残余硅含量达到较低水平,为 10vol% 左右,此时材料密度也比较高。而当固相含量过高时,由于浆料黏度较大而颗粒分布不均,反而造成预涂层孔隙率偏高,进而影响到了渗硅后材料的性能。

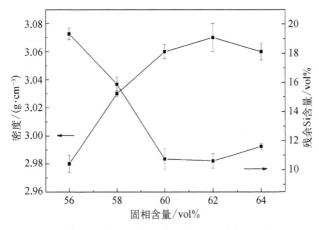

图 5.31　固相含量对 Si-SiC 材料密度及残余硅含量的影响

5.3.2　Si-SiC 涂层的力学性能研究

空间反射镜在应用过程中要求其具有较高的力学性能,包括涂层要具有较高的弹性模量、涂层与基体要具有很好地结合性能等。本书研究了预涂层成分组成和结构对渗硅后材料力学性能的影响,同时还研究了涂层与基体的结合性能。

1. 预涂层成分组成对 Si-SiC 材料力学性能的影响

表 5.5 示出了不同炭黑含量预涂层渗硅后材料的弯曲强度和弹性模量。随着炭黑含量的增加,材料的力学性能明显提高。当炭黑含量较低时,材料中 SiC 含量较低,Si 含量较高,Si 相大量分布在材料内部,此时在承担载荷的过程中 Si 在其中的作用不可忽略。渗硅烧结的目标是生成连续相的 β-SiC 将陶瓷粉烧结起来。而大量残余 Si 的存在影响了 β-SiC 连续相的形成,此时由 Si 和 β-SiC 共同承载,试样的弯曲强度较低。随着炭黑含量的提高,渗硅后材料中 SiC 含量增加,Si 含量降低,由于 SiC 的抗弯强度高于 Si 的抗弯强度,因此随着炭黑含量的提高,试样的弯曲强度提高。

表 5.5　不同炭黑含量的 Si-SiC 材料的力学性能

炭 黑 含 量	弯曲强度/MPa	弹性模量/GPa
10wt%	205.99±4.66	214.52±2.34
15wt%	234.12±2.76	220.21±2.55
20wt%	235.30±2.88	229.28±1.50

对于 Si/SiC 复相材料,其弹性模量 E 具有加和性,可以通过式(5.23)得出。

$$E = E_{SiC} \cdot V_{SiC} + E_{Si} \cdot V_{Si} \tag{5.23}$$

其中,E 为 Si/SiC 复相材料的弹性模量;E_{SiC} 为 SiC 的弹性模量;E_{SiC} 为 Si 的弹性模量;V_{SiC} 为 SiC 的体积分数;V_{Si} 为 Si 的体积分数。随着炭黑含量的增加,渗硅后材料中 SiC 含量增加,残余 Si 含量减少,由于 SiC 的弹性模量大于 Si,因此随着炭黑含量的增加,试样的弹性模量逐渐增加。在空间反射镜工作过程中,为了保证其具有稳定的、较高的反射效率,需要其具有较高的抵抗弹性变形的能力,镜面的弹性模量越高越好。

为了对 Si/SiC 材料的断裂模式进行分析,采用混酸腐蚀法对三点弯曲试验后的试样断口进行处理,在扫描电镜下观察其断口形貌(图 5.32)。当炭黑含量较低时(10wt%),试样残余 Si 含量较高,为 21.18%。Si 作为 SiC 晶粒上的脆性沉淀相,在试样中大量分布,硅蚀后留下大量在渗硅过程中被 Si 填充的孔洞。从断口形貌来看,SiC 晶粒保持得比较完整,此时断裂模式主要为沿晶断裂,裂纹沿晶界扩展,而 Si 相与 SiC 相晶界区不牢固且内应力较大,此时试样承担载荷能力较差。

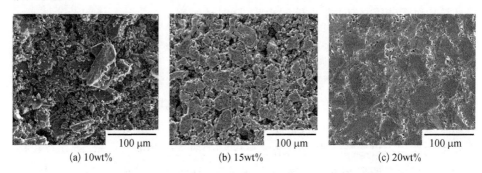

(a) 10wt%　　　　　　　　(b) 15wt%　　　　　　　　(c) 20wt%

图 5.32　不同炭黑含量下的 Si/SiC 试样硅蚀后断口形貌

当炭黑含量为 15wt%时,残余 Si 含量仅为 10.75wt%,硅蚀后的孔洞分布较前者相比明显减少。从整个断口形貌来看,此时 SiC 晶粒互相搭接,这是由反应生成的 β-SiC 将 SiC 晶粒连接起来,这种断口模式被称为晶粒桥联。试样的断口较为平整,SiC 晶粒被破坏,可以判断出承载过程中,裂纹从 SiC 晶粒内部扩展,此时 β-SiC 承担载荷,抗弯强度明显提高。

当炭黑含量为 20wt%时,此时 SiC 相连续均匀紧密地连接在一起,仅仅有少量的残余 Si 弥散的分布在 SiC 相中,残余 Si 含量仅为 4.71vol%。由于 SiC 相连续且致密,在硅蚀过程中混酸已经很难进入到试样中去,因此从腐蚀的断口形貌来看,孔洞较少且分布不连续,β - SiC 将整个试样连接起来,此时试样的断裂模式为穿晶断裂,抗弯强度很高。

2. 预涂层结构对 Si – SiC 材料密度及力学性能的影响

1) 单体含量对 Si – SiC 材料力学性能的影响

图 5.33 示出了单体含量对渗硅后材料弯曲强度的影响。当单体含量较低时,SiC 基材料的强度较低,这是由于材料本身的缺陷造成的。渗硅作为一种近净成型的烧结工艺,并不能消除凝胶注模成型预涂层中的缺陷,此时的材料性能无法满足空间应用需求。从图 5.33 中可以看出,随着单体含量的提高,预涂层的缺陷逐渐减少,渗硅后材料的机械性能随之逐渐提高。当单体含量为 25wt% 时,试样的力学性能已达到相对较高的水平,在 220 MPa 左右,继续增加单体含量,材料的组成与结构不会发生明显变化,不会引起试样性能更明显的提高。

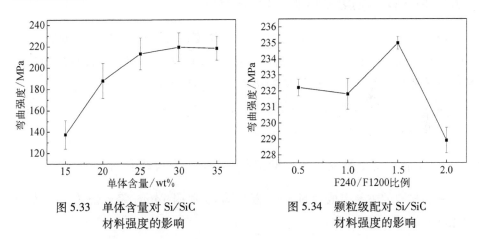

图 5.33　单体含量对 Si/SiC
材料强度的影响

图 5.34　颗粒级配对 Si/SiC
材料强度的影响

2) 颗粒级配对 Si – SiC 材料力学性能的影响

图 5.34 示出了 SiC 颗粒级配对试样渗硅后力学性能的影响。当颗粒紧密堆积时(F240/F1200 = 1.5)材料表现出最高的抗弯强度,为 234 MPa,这与颗粒在浆料制备过程及干燥收缩过程中的紧密堆积有着密切联系,此时大小颗粒相互搭接,抵抗载荷的能力也随之增强。此外,从图中还可以发现,当高 F1200 含量试样的弯曲强度比高 F240 含量时的强度要高,这是由于 F1200 粒径较小,试样中晶界相对较多,试样在承受载荷的过程中,裂纹沿晶界的扩展过程中的路径就越长,抗弯强度就越高。

3）固相含量对 Si‒SiC 材料组成及结构的影响

图 5.35 示出了固相含量对材料渗硅后强度的影响。从成分角度来看,根据复相陶瓷力学性能的加和性,SiC 和 Si 的组分含量决定着 Si/SiC 试样的力学性能。当固相含量较低时,渗硅后材料 Si 含量较高,此时试样的弯曲强度相对较低;而随着固相含量的增加,预涂层孔隙率较低,渗硅后留在试样中的残余 Si 含量较低,试样的弯曲强度较高,当固相含量为 60vol% 时,弯曲强度达到最大值 234 MPa;而固相含量更高时,试样力学性能则稍有下降,这是因为颗粒不均匀分布造成的。

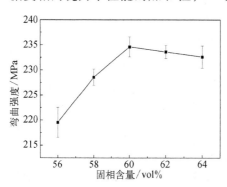

图 5.35　固含量对 Si/SiC 材料强度的影响

5.3.3　Si‒SiC 涂层的热物理性能研究

将 Si‒SiC 材料用作 C/SiC 复合材料的梯度过渡涂层,必须考虑涂层与 C/SiC 坯体的热匹配性能。在空间运行过程中,涂层与坯体只有保证良好的热匹配性能才能尽可能减小热形变带来的应力,保证反射镜能更长久的服役。本试验模拟空间卫星反射镜的运行环境,温度范围为 -110~400℃,研究涂层的热膨胀系数及热导率与坯体的匹配性能。

1. 预涂层成分组成对 Si‒SiC 材料热膨胀系数的影响

涂层材料的主要组成为 Si‒SiC 复相陶瓷,根据 Turner 经验公式,其线热膨胀系数遵循以下规律[204]:

$$\alpha = \frac{\sum_i \alpha_i K_i V_i / \rho_i}{\sum_i K_i V_i / \rho_i} \qquad (5.24)$$

其中,α_i、K_i、V_i、ρ_i 分别为各组分的热膨胀系数、体积模量、质量分数、体积密度。α_i、K_i 和 ρ_i 为组分的材料特性,是数值不变的常量,因此试样的热膨胀仅与组分的体积分数有关。由 5.3.1 节中分析可知,预涂层中炭黑含量影响着渗硅后材料的组成成分,不同炭黑含量试样渗硅后材料中 α‒SiC、β‒SiC 和 Si 的所占的体积分数不同,且 α‒SiC($4.5×10^{-6}$ K^{-1})、β‒SiC($3.8×10^{-6}$ K^{-1})和 Si($2.5×$

10^{-6} K^{-1})三种组分的热膨胀系数有较大差别,故不同炭黑含量渗硅后的试样热膨胀系数不相同。

图5.36示出了炭黑含量对渗硅后试样热膨胀系数的影响。随着温度的增加,试样的热膨胀系数随之增加,这是由于温度增加,材料中晶格的热振动振幅增加所致。此外,随着炭黑含量的增加,涂层试样 SiC 含量增加,热膨胀系数随之增加,涂层与基体的热膨胀系数更为匹配。从图中看出,在高温段,炭黑含量为15wt%和20wt%的试样与 C/SiC 复合材料的匹配性较好,而炭黑含量为 10wt%试样的热膨胀曲线与基体差别较大。GSI 反应后,无论涂层试样还是 C/SiC 复合材料,其连续相组成均为 β - SiC,因此 β - SiC 在受热膨胀的过程中起着主要作用,预涂层中炭黑含量越高,试样的 β - SiC 含量就越高,涂层与基体的热膨胀系数就越匹配,在冷热交变环境中涂层与基体受热变形就越接近,涂层与基体的热应力差就越小。

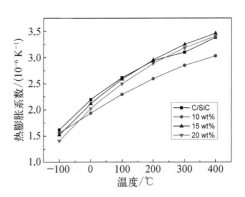

图 5.36　炭黑含量对渗硅后材料
热膨胀系数的影响

2. 预涂层成分组成对 Si - SiC 材料热导率的影响

对于 Si - SiC 复相材料,其热导率主要取决于分散相和连续相的热导率,遵循式(5.25)[217]。

$$\lambda = \lambda_{c} \times \frac{1 + 2V_{d}\left(1 - \dfrac{\lambda_{c}}{\lambda_{d}}\right) \Big/ \left(\dfrac{2\lambda_{c}}{\lambda_{d}} + 1\right)}{1 - V_{d}\left(1 - \dfrac{\lambda_{c}}{\lambda_{d}}\right) \Big/ \left(\dfrac{2\lambda_{c}}{\lambda_{d}} + 1\right)} \tag{5.25}$$

其中,λ_{c}、λ_{d} 分别为连续相和分散相的热导率;V_{c}、V_{d} 分别为连续相和分散相的体积分数。不同炭黑含量试样渗硅后材料的热导率如表5.6所示。

表中热扩散系数和定压比热容通过热导仪测出,热导率由示(5.25)计算得出。C/SiC 复合材料的热导率较低,是由于短切碳纤维和 SiC 材料的热膨胀系数差异较大,在冷热交变环境中产生的热应力将导致复合材料内部微裂纹的产生,影响了热扩散。而涂层试样则由于内部结构致密完整表现出较高的导热性能,而且注意到随着炭黑含量的增加,试样的热导率逐渐增加,这主要是由于试

表 5.6　不同炭黑含量的 Si‑SiC 材料的热导率

炭黑含量	密度 /($\times 10^3$ kg · m^{-3})	热扩散系数 /(m^2 · s^{-1})	热导率 /(W · m^{-1} · K^{-1})	比热容 /($\times 10^{-3}$ J · kg^{-1} · K^{-1})
10wt%	3.021	64.029	85.497	0.442
15wt%	3.078	67.214	92.684	0.448
20wt%	3.092	68.993	96.210	0.451

样的连续相 SiC 的含量提高所致。

5.4　C/SiC 坯体表面 Si‑SiC 梯度过渡层的制备

C/SiC 坯体表面 Si‑SiC 梯度过渡层的制备主要有两种方法,一种为 C/C 预涂层一步法渗硅烧结成型工艺,另一种为 C/C 预涂层两步法渗硅烧结成型工艺。

5.4.1　一步法渗硅烧结成型工艺

一步法渗硅烧结成型工艺的流程图如图 5.37 所示。

图 5.37　一步法渗硅烧结成型工艺流程图

主要步骤为:① C/C 素坯的制备;② C/C 生坯的轻量化加工;③ C/C 表面凝胶预涂层的制备;④ 预涂层 C/C 复合材料一次气相渗硅烧结;⑤ 渗硅后材料的机械加工。一步法的突出优势为步骤少,易操作,涂层与基体的结合紧密。采用该工艺制备的 ϕ60 mm 反射镜坯涂层试样如图 5.38 所示。

图 5.38 中,在 C/C 素坯表面可以成功地涂覆一层凝胶涂层,预涂层致密无缺陷。对经过一步法渗硅后的试样进行磨平处理,涂层面平整、光洁、致密、无裂纹。而采用相同的工艺制备 ϕ100 mm 反射镜坯涂层试样的过程中却产生了不同的结果。

图 5.39 示出了一步法制备的 ϕ100 mm 反射镜坯涂层试样。图 5.39(a)为 C/C 素坯及其轻量化加工后的效果图,C/C 被加工成底部开口的蜂窝结构。图 5.39(b)为在 C/C 正面制备的凝胶涂层,虽然在涂层面未发现裂纹或者孔洞,但

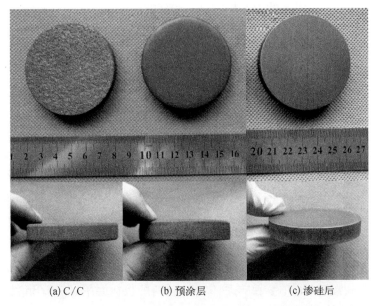

(a) C/C　　　　　　(b) 预涂层　　　　　(c) 渗硅后

图 5.38　一步法制备的 ϕ60 mm 反射镜坯涂层试样

是明显地发现涂层不够均匀,部分区域存在褶皱的现象,这可能是由于凝胶过程中浆料部分渗入到 C/C 不平整的表面内部而造成的,这样的缺陷不可避免地影响到渗硅过程。渗硅后样品从反应炉中取出时即发现涂层面开裂,对试样进行磨平,发现 C/SiC 基体同样受到影响而开裂,如图 5.39(c) 所示。在素坯阶段,涂层浆料渗入到基体表面,一方面会导致涂层浆料铺展不均匀,另一方面在渗硅过程中涂层与基体结合过于紧密,形成一种互相咬合的状态,并且结合处分布了大量的残余硅。在烧结过程中,由于基体、过渡层、涂层各组分不尽相同,烧结过

(a)

(b)　　　　　　　　(c)

图 5.39　一步法制备的 ϕ100 mm
反射镜坯涂层试样

程中产生的热应力不能得到均匀有效地释放,只能通过产生裂纹的方式来缓解。当反射镜尺寸较小时,这一问题表现的不明显,因此采用一步法渗硅制备中,大

尺寸(>ϕ100 mm)反射镜的工艺仍需进一步研究。

5.4.2　二步法渗硅烧结成型工艺

二步法渗硅烧结成型工艺的流程图如图 5.40 所示。

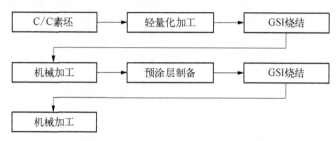

图 5.40　二步法渗硅烧结成型工艺流程图

主要步骤为：① C/C 素坯的制备；② C/C 生坯的轻量化加工；③ C/C 素坯的第一次气相渗硅烧结；④ 渗硅后 C/SiC 材料的机械磨平；⑤ C/SiC 材料表面预涂层的制备；⑥ 预涂层 C/SiC 复合材料的第二次气相渗硅烧结；⑦ 渗硅后材料的机械加工。

与一步法相比，两步法进行了两次烧结，工艺相对复杂。但其优点在于在预涂层制备阶段，C/SiC 复合材料表面经过机械磨平后表面光滑致密，浆料不会渗入到基体中，可以均匀稳定地铺展在 C/SiC 表面，渗硅过程中不会相互影响。并且经过一次渗硅的 C/SiC 复合材料表面成分组成主要为 Si 和 SiC，与涂层试样渗硅后成分组成相近，且结合处残余 Si 含量也较少，渗硅过程中热匹配性能更好。采用两步法制备的 ϕ60 mm、ϕ100 mm 量级的 C/SiC 反射镜坯涂层试样，如图 5.41 和图 5.42 所示。

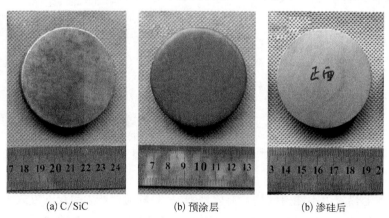

(a) C/SiC　　　　　(b) 预涂层　　　　　(b) 渗硅后

图 5.41　二步法制备的 ϕ60 mm 反射镜坯涂层试样

(a) C/SiC　　　　　　　　(b) 预涂层　　　　　　　　(c) 渗硅后

图 5.42　两步法制备的 φ100 mm 反射镜坯涂层试样

5.4.3　Si‑SiC 梯度过渡层与 C/SiC 坯体的结合性能

传统的测试 Si‑SiC 涂层与 C/SiC 坯体结合强度的方法为涂层剥离试验。在实际操作过程中,试验均伴随着样品与模具之间的脱胶而结束,证明涂层与坯体的结合强度不小于 16 MPa,表现出优异的结合性能。为了更准确得到其结合强度,本试验通过测试涂层与坯体间的剪切强度来表征。按照 ASTM D905—89 测试标准进行测试,涂层与坯体的结合面积为 1.6 mm²。图 5.43 示出了剪切强度测试载荷-位移曲线。

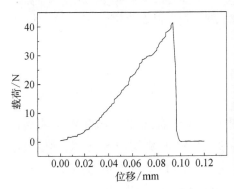 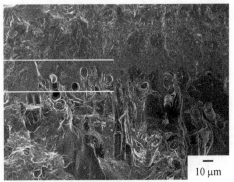

图 5.43　Si‑SiC 涂层与 C/SiC 坯体剪切
强度测试载荷-位移曲线

图 5.44　Si‑SiC 涂层与 C/SiC 坯体
结合的断口形貌

经计算,涂层与基体的结合强度为 25.8 MPa,非常接近 C/SiC 复合材料本体的剪切强度 28.2 MPa,说明此时涂层与基体实现非常良好的结合。这从涂层与坯体结合的断口形貌也可看出,如图 5.44 所示。

图 5.44 中,上半部分为涂层,下半部分为复合材料,涂层与复合材料之间有一个大于 20 μm 的过渡层,为图中白线围成的区域。区别于其他方法制备的机

械结合形式的涂层,采用凝胶注模工艺制备的涂层与基体之间存在一个反应形成的过渡层,这主要是由于在注模过程中部分浆料渗入到 C/C 预涂层表面的孔隙内部,形成一种"钉扎"效应,渗硅时通过反应紧密烧结在一起,涂层与基体互相影响,互相咬合,其结合形式为明显的化学结合,这种锯齿状的反应层有着很高的抗剪能力。

5.4.4　Si‑SiC 梯度过渡层与 CVD SiC 涂层的结合性能

将表面有 CVD SiC 涂层和 Si‑SiC 梯度过渡层的 C/SiC 复合要材料样品进行剥离试验,样品剥离面积为 $1~cm^2$,剥离试验的位移-载荷曲线如图 5.45 所示。

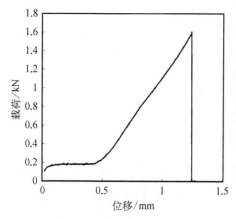
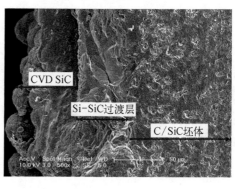

图 5.45　CVD SiC 涂层和 Si‑SiC 梯度过渡层剥离力学性能试验曲线 　　图 5.46　CVD SiC 涂层、Si‑SiC 梯度过渡层及 C/SiC 坯体结合的断口形貌

利用界面结合强度公式计算图 5.45 中的界面结合强度为 16.0 MPa,剥离试验结果为样品与夹具之间脱胶断裂。这说明 CVD SiC 涂层与 Si‑SiC 梯度过渡层之间的结合性能较好,其结合强度至少大于 16 MPa。图 5.46 为 CVD SiC 涂层、Si‑SiC 梯度过渡层及 C/SiC 坯体结合的断口形貌。

从图 5.46 可以看出 Si‑SiC 过渡层与表面 CVD SiC 涂层之间结合良好,CVD SiC 涂层在制备完毕后不存在开裂现象,说明 Si‑SiC 梯度过渡层与 CVD SiC 涂层的物理相容性好,因此两者之间有很好的结合强度。

以上研究表明,采用浆料预涂层-气相渗硅烧结法制备的 Si‑SiC 涂层作为 C/SiC 复合材料与 CVD SiC 涂层之间的梯度过渡层,能够缓和两者之间的热残余应力。

第 6 章　C/SiC 复合材料残余应力测量与控制技术

由第 3 章可知,由于工艺控制和组分设计的偏差,C/SiC 复合材料中有 SiC、Si 和 C 三相存在;另外,不同制备工艺下反应程度的差异使得复合材料中各相含量存在差异,从而导致不同制备工艺下材料中的内应力不同;而内应力的存在会影响反射镜的面形精度。因此,研究 C/SiC 复合材料中的内应力,对其进行表征和消除具有重要的意义。基于以上目的,本书开展了 C/SiC 复合材料的制备、加工、材料组成与残余应力的关系研究,主要包括:① 研究 C/SiC 复合材料的工艺、组成与结构应力的关系,指导 C/SiC 复合材料制备工艺的选取;② 研究 C/SiC 复合材料表面的加工应力及消除方法,提高 C/SiC 复合材料的面形精度。

6.1　残余应力对反射镜面形精度的影响

对反射镜来说,为了保证成像质量,要求反射镜要具有较高的面形精度。另外,对于 C/SiC 复合材料反射镜坯体来说,由于其为多相结构,对坯体表面直接加工不能获得光学镜面,要通过在 C/SiC 复合材料坯体表面上沉积一层致密的 CVD SiC 涂层,而后对涂层进行抛光的方式来实现光学镜面的制备,因而要求 C/SiC 坯体与 CVD SiC 涂层应具有良好的匹配性[258]。残余应力对 C/SiC 复合材料反射镜的这些使用要求都有影响。

1. 残余应力对反射镜面形精度的影响[16, 259, 260]

面形精度与材料的应力释放变形密切相关,较低的残余应力可保证后续加工和使用过程中较小的应力释放变形,从而提高反射镜的面形精度。

2. 残余应力对反射镜坯体和涂层的匹配性的影响

为了获得较高的涂层质量,要求坯体与涂层应具有良好的匹配性[261],这种匹配性与残余应力相关联。

为改善 CVD SiC 涂层与 C/SiC 复合材料坯体的热匹配性能,应降低坯体与涂层之间的热残余应力,这可通过减小坯体与涂层之间的热膨胀系数差异来实现[262]。由于 CVD SiC 涂层的热膨胀系数一定,因此可通过调节 C/SiC 复合材料坯体的热膨胀系数来改善坯体与涂层的热匹配性能。

由于 CVD SiC 涂层中存在着不均匀分布的内应力[263],因此会对基体与涂层间的热失配应力的实际测量结果产生较大的影响。C/SiC 复合材料的相组成一方面会影响复合材料的热膨胀系数[204,264],进而影响基体-涂层间的热失配应力,另一方面也会影响复合材料不同相间的结构应力[265,266]。因此可通过不同相间结构应力的研究来间接反映涂层与基体之间的热失配应力,进而表征基体与涂层的热匹配性能。

综上,改善反射镜的面形精度以及坯体与涂层的热匹配性能,应控制 C/SiC 复合材料中的各类残余应力。

6.2　C/SiC 复合材料的残余应力类型和残余应力消除工艺

6.2.1　C/SiC 复合材料的残余应力类型

借鉴于玻璃中的残余应力分类,可将 C/SiC 复合材料中的残余应力分为结构应力和加工应力[267]。两类应力在形成机理、属性和对反射镜的影响等方面均存在差异。现分别进行如下描述。

1. 结构应力

由于复合材料中不同相之间的热膨胀系数存在失配,这样在从制备温度冷却到室温的过程中,会在不同相中产生大小相等、符号相反的应力,这种应力称为结构应力。结构应力是由不同相之间的弹性变形差异引起的。

如前所述,就反射镜而言,结构应力的大小能够间接反映出坯体与涂层之间的热匹配性能,因而可通过对 C/SiC 复合材料的结构应力进行表征,来指导材料制备工艺的选取,有助于改善涂层和坯体的热匹配性。

2. 加工应力

加工应力是由于冷、热变形加工时截面上存在的塑性变形不均匀所引入,主要包括热塑性残余应力和冷塑性残余应力。热塑性残余应力的形成与加工过程中的热应力松弛有关,冷塑性残余应力则与加工过程中的挤压应力松弛相关[268,269]。热塑性残余应力和冷塑性残余应力的符号相反。

反射镜坯体的表面加工主要指表面平整化加工,磨削和研磨是两种常用的平整化加工方法。由于磨削和研磨过程中的塑性变形,这两种加工方法会在表面引入磨削应力和研磨应力,这两类加工应力会对反射镜的面形精度产生影响。

对 C/SiC 复合材料表面的磨削应力和研磨应力进行表征和消除,进而指导加工工艺和应力消除工艺的选取,有利于改善反射镜的面形精度。

6.2.2 C/SiC 复合材料的残余应力消除工艺

为保证反射镜的面形精度,需要消除 C/SiC 复合材料的加工应力(结构应力只与复合材料各相的组成有关,只能通过调整各相的组成来调节)。可选用去应力退火工艺来消除 C/SiC 复合材料反射镜坯体表面的加工应力。去应力退火工艺一般由升温、保温和炉冷三个过程组成,其原理是: 利用材料在退火温度下发生的各种回复过程来消除加工应力[270]。

不同于一般工件的去应力退火,由于存在着表面面形的要求,反射镜表面的加工应力消除工艺还要求在去应力退火后表面不应形成孔洞以及在退火过程中不发生相转化或反应。

6.3 C/SiC 复合材料的结构应力研究

由前面分析可知,结构应力可间接反映 C/SiC 复合材料反射镜坯体-涂层的热匹配性,因此有必要对 C/SiC 复合材料中的结构应力进行研究。以下便结合结构应力的理论计算和实际测量,展开 C/SiC 复合材料的结构应力研究工作。

6.3.1 工艺、相组成与 C/SiC 复合材料结构应力的关系研究

1. 相组成对结构应力的影响

C/SiC 复合材料由 C、SiC 和 Si 三相组成,结构应力主要分为 C - SiC 之间的结构应力以及 Si - SiC 之间的结构应力两种类型。

C/SiC 复合材料的结构应力的计算可选用夹杂物模型[271],球状夹杂物的结构应力计算公式如下:

$$\sigma_{\mathrm{m}} = \frac{\sum_i (-\sigma_{\mathrm{se},i} V_{\mathrm{se},i}/2)}{1 - \sum_i V_{\mathrm{se},i}} \tag{6.1}$$

式中,

$$\sigma_{\mathrm{se},i} = \frac{(\alpha_{\mathrm{m}} - \alpha_{\mathrm{se},i})\Delta T}{\dfrac{1 - 2\nu_{\mathrm{se},i}}{E_{\mathrm{se},i}} + \dfrac{1 + \nu_{\mathrm{m}}}{2(1 - V_{\mathrm{se},i})E_{\mathrm{m}}} + \dfrac{V_{\mathrm{se},i}(1 - 2\nu_{\mathrm{m}})}{3(1 - V_{\mathrm{se},i})E_{\mathrm{m}}}} \tag{6.2}$$

其中,σ、V、E、v 和 α 分别表示结构应力、体积分数、弹性模量、泊松比和热膨胀系数,下标 m 表示基体,而 se,i 表示第 i 种球状夹杂物,ΔT 表示室温与制备温度之差。

纤维状夹杂物的结构应力计算公式如下:

$$\sigma_{\mathrm{m}} = \frac{\sum_i (-\sigma_{\mathrm{fe},i} V_{\mathrm{fe},i})}{1 - \sum_i V_{\mathrm{fe},i}} \tag{6.3}$$

$$\sigma_{\mathrm{fe},i} = A\left\{ 2\left[\frac{v_{\mathrm{fe},i}}{E_{\mathrm{fe},i}} + \frac{V_{\mathrm{fe},i}\nu_{\mathrm{m}}}{(1 - V_{\mathrm{fe},i})E_{\mathrm{m}}} \right](\alpha_{\mathrm{m}} - \alpha_{\mathrm{fer},i}) + \right.$$

$$\left. \left[\frac{1 - v_{\mathrm{fe},i}}{E_{\mathrm{fe},i}} + \frac{1 + V_{\mathrm{fe},i} + (1 - V_{\mathrm{fe},i})v_{\mathrm{m}}}{(1 - V_{\mathrm{fe},i})E_{\mathrm{m}}} \right](\alpha_{\mathrm{m}} - \alpha_{\mathrm{fea},i}) \right\}\Delta T \tag{6.4}$$

$$A = \left[\frac{(1 + \nu_{\mathrm{fe},i})(1 - 2\nu_{\mathrm{fe},i})}{E_{\mathrm{fe},i}^2} + \frac{V_{\mathrm{fe}}(2 - \nu_{\mathrm{fe},i} - \nu_{\mathrm{m}} - 4\nu_{\mathrm{fe},i}\nu_{\mathrm{m}}) + 1 + \nu_{\mathrm{m}}}{(1 - V_{\mathrm{fe},i})E_{\mathrm{fe},i}E_{\mathrm{m}}} \right] +$$

$$\frac{V_{\mathrm{fe},i}(1 + \nu_{\mathrm{m}})(1 + V_{\mathrm{fe},i} - 2V_{\mathrm{fe},i}\nu_{\mathrm{m}})}{(1 - V_{\mathrm{fe},i})^2 E_{\mathrm{m}}^2} \right]^{-1} \tag{6.5}$$

其中,$\alpha_{\mathrm{fea},i}$ 和 $\alpha_{\mathrm{fer},i}$ 分别表示第 i 种纤维状夹杂物的轴向和径向的热膨胀系数,各参数的下标 fe,i 表示第 i 种纤维状夹杂物,其余符号的含义同式(6.1)~(6.2)。

在 C/SiC 复合材料的结构应力研究中,可将 Si、C 视为夹杂物,而 SiC 视为基体,分别按式(6.1)~(6.2)和式(6.3)~(6.5)计算出 Si 和 C 以球状和纤维状夹杂物存在时 SiC 基体所受的结构应力。

虽然涂层和基体之间的热失配应力容易受涂层中不均匀分布的内应力的影响,但可以通过计算来获得涂层与基体之间的热失配应力的理论值,计算公式如下[272]:

$$\sigma_c = \frac{E_c}{1 - \upsilon_c}(\alpha_c - \alpha_s)\Delta T \tag{6.6}$$

其中, α_c 和 α_s 分别表示涂层和基体的热膨胀系数; E_c 和 υ_c 表示涂层的弹性模量和泊松比。就 C/SiC 复合材料反射镜而言,将 C/SiC 复合材料坯体视为基体,而 CVD SiC 为涂层。C/SiC 复合材料基体的热膨胀系数的计算公式如下[204]:

$$\alpha = \frac{\sum\limits_i \alpha_i K_i V_i / \rho_i}{\sum\limits_i \alpha_i V_i / \rho_i} \tag{6.7}$$

其中, α_i, K_i, V_i, ρ_i 分别为各组分的热膨胀系数、体积模量、质量分数、体积密度。式中的体积模量 K_i 可通过弹性模量换算出,计算公式如下:

$$K_i = \frac{E_i}{3(1 - 2\nu_i)} \tag{6.8}$$

其中, E_i 为各组为的弹性模量; ν_i 为各组分的泊松比。

由第 3 章可知,C/SiC 复合材料主要由碳纤维 C_f 和 CVI C、P_yC、Si、SiC 组成。由式(6.1)~(6.8)可知,计算结构应力和热失配应力需要各相的热膨胀系数、弹性模量和泊松比。结合[171,272,273]获得的值见表 6.1。

表 6.1　C_f 和 CVI C、P_yC、Si、SiC 的热学和力学参数[171,272,273]

性 能 参 数	C_f 和 CVI C	P_yC	Si	SiC
热膨胀系数/(10^{-6} K^{-1})	$-0.50 \sim -1.30$	0.60	3.50	4.50
弹性模量/GPa	235.00	47.50 *	165.70	490.00
泊松比	0.26	0.26	0.20	0.20

* 裂解碳(P_yC)的弹性模量由 C 元素 33 GPa 的体弹性模量换算出。
** 表中的 C、Si 和 SiC 的热膨胀系数指的是 20~1 000℃中的平均值。

由表 6.1 可以看出,CVI C 和 C_f 与 SiC 之间的热膨胀系数差异较大,且 CVI C 和 C_f 的弹性模量较高,由式(6.2)可算得 1 650℃下 CVI C 和 C_f 与 SiC 之间的结构应力可达 1.50 GPa,对应着较大的应力集中,但这种界面处较高的应力集中会被具有较弱层间结合强度的 CVI C 这种层状结构大大缓解[171,274],所以在计算复合材料的结构应力时,可不考虑 CVI C(C_f)- SiC 之间的结构应力。仅仅考虑 P_yC - SiC 以及 Si - SiC 两类结构应力。

2. 工艺、相组成对结构应力的影响

采用第 3 章中恒温气相渗硅工艺下不同温度制备的 C/SiC 复合材料的相组

成数据,结合式(6.1)~(6.5)以及表 6.1,可计算出不同气相渗硅温度下制备的 C/SiC 复合材料中 Si 和 C 以颗粒状或纤维状夹杂物形式分散在 SiC 中时的结构应力,计算结果如图 6.1~6.2 所示,同时由相组成数据、式(6.6)~(6.8)和表 6.1 算出不同气相渗硅温度制备的 C/SiC 复合材料坯体与 CVD SiC 涂层之间的热失配应力,结果见图 6.3。

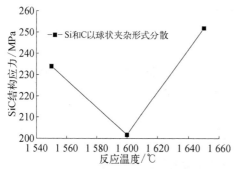

图 6.1　恒温气相渗硅工艺制备的 C/SiC 复合材料中 Si 和 C 以球状夹杂形式分散时 SiC 基体的结构应力的预测值

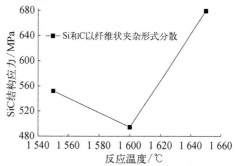

图 6.2　恒温气相渗硅工艺制备的 C/SiC 复合材料中 Si 和 C 以纤维状夹杂形式分散时 SiC 基体的结构应力的预测值

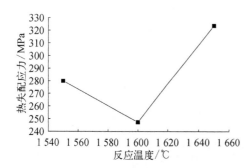

图 6.3　不同气相渗硅温度制备的 C/SiC 复合材料与 CVD SiC 涂层间的热失配应力的预测值

由图 6.1~6.3 可以看出:① 结构应力和热失配应力的预测值存在较好的一致性,随反应温度的变化规律一致,即出现最小结构应力预测值的反应温度也对应着最小的热失配应力预测值,出现最大热失配应力预测值的反应温度也对应着最大的结构应力预测值,这说明可通过结构应力的分析来间接反映 C/SiC 复合材料基体与涂层的热匹配程度。② 不论夹杂物的形状是球状还是纤维状,1 600℃时制备的复合材料均对应着最小的结构应力预测值;而 1 650℃时制备的复合材料对应的结构应力预测值最大;1 550℃时制备的复合材料的结构应力预测值居中。这主要是由于不同温度下的反应程度的差异所致。③ 在同样的制备温度下,球状夹杂物的结构应力预测值要低于纤维状夹杂物的结构应力预测值,因此在 Si、C 在 C/SiC 复合材料中以纤维状分布时,将对应着更大的应力集中。Si、C 在 C/SiC 复合材料是以纤维状还是球状存在要通过实际的结构应力测量结果来验证,这将在下文中进行描述。

6.3.2　C/SiC 复合材料结构应力的拉曼法研究

SiC 的拉曼散射信号非常强且容易观测,其散射峰的频率、强度以及宽度均提供了大量的 SiC 的结构信息,已经成为表征 SiC 晶体结构非常有力的研究手段。近几年来,关于拉曼光谱研究 SiC 晶体结构及其残余应力的分析的报道很多。

拉曼法研究材料中的残余应力主要是借助于拉曼光谱的谱带频移 $\Delta\nu$ 与所受应力 σ 的正比关系[275]:

$$\sigma = \alpha \times \Delta\nu = \alpha \times (\nu - \nu_0) \tag{6.9}$$

式中,α 代表比例因子;ν 表示有应力作用下的拉曼位移;ν_0 表示无应力作用时的拉曼位移。α 和 ν_0 取值取决于选用的拉曼峰,可查阅相应的文献获得。

本书首先进行了拉曼峰的选取工作,在此基础上进行了 C/SiC 复合材料的结构应力测量。

1. 拉曼峰的选取

对于复合材料这类多相材料,存在着很多振动模式,不同振动模式的拉曼峰形、独立性等均存在较大的差异,因而会导致残余应力分析精度不同。为选择出合适的振动模式进行 C/SiC 复合材料的结构应力分析,首先进行了 C/SiC 复合材料的成分分析以及激光功率对拉曼位移的影响分析。

1)复合材料的成分分析

由于拉曼光谱法应力分析一般选用背散射光路,因而应用背散射光路进行 C/SiC 复合材料的拉曼谱成分分析,结果如图 6.4 所示。

由图 6.4 可以看出:① 在 796 cm^{-1} 和 972 cm^{-1} 附近出现两个较尖锐的峰,这分别对应于 β - SiC 在 Brillouin 区 Γ 点的横向光声子模(TO mode)和纵向光声子模(LO mode)[276]。② 在 1 350 cm^{-1} 和 1 550 cm^{-1} 附近出现的两个拉曼峰分别对应于 C 的具有 E_{2g2} 对称振动的 G 带模和具有 A_{1g} 振动模式的 D 带模。拉曼峰较宽说明 C 属于无定形的乱层石墨结构。③ 在 521 cm^{-1} 附近并未出现 Si 的衍射峰[277],这可能是由于 Si 的衍射峰被含量较强的 C 的背底所掩盖。

由上,无定形 C 的拉曼峰较宽,不适用于复合材料的结构应力分析。Si 的拉曼峰容易受 C 背底的影响,因而定峰精度较差。SiC 的拉曼峰较为尖锐,同时 SiC 相也是复合材料中的主要承载相,因而 C/SiC 复合材料的结构应力分析可

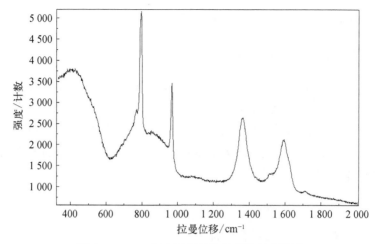

图 6.4　C/SiC 复合材料的拉曼背散射光谱图

选择 SiC 相的横向光声子模和纵向光声子模所对应的拉曼峰作为分析对象。

2）不同激光功率对拉曼位移的影响

激光功率会从两个方面影响拉曼位移。一方面，不同的激光功率对应着不同程度的表面加热效应，因而附加拉曼位移值不同；另一方面，C/SiC 复合材料中 Si 相的二级拉曼峰与 SiC 纵向光声子模的拉曼峰发生交叠[278]，不同激光功率下的交叠程度差异会影响定峰精度。以下进行了不同激光功率下（8 mW、4 mW、2 mW 和 0.6 mW）SiC 模向光声子模和 SiC 纵向光声子模的拉曼峰位移分析，结果如图 6.5 所示。

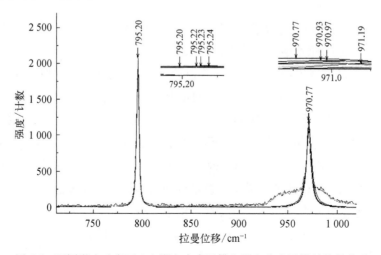

图 6.5　不同激光功率下 SiC 横向光声子模和纵向光声子模的拉曼位移

由图 6.5 可以看出,在选用的激光功率下,SiC 横向光声子峰对应的拉曼位移差异较小($0.04\ \text{cm}^{-1}$),SiC 纵向光声子峰对应的拉曼位移差异较大($0.42\ \text{cm}^{-1}$)。即使将激光功率选择在 2 mW,SiC 纵向光声子峰的拉曼位移差异仍较高($0.16\ \text{cm}^{-1}$),说明 SiC 纵向光声子峰受激光功率的影响较大,这主要是由于不同激光功率下 SiC 纵向光声子拉曼峰与漫散的 Si 二级拉曼峰发生不同程度的重叠而造成的干扰所致。

由上,SiC 横向光声子所对应的拉曼峰的明锐性、独立性均较好,受激光功率的影响也较小,因而 C/SiC 复合材料的结构应力分析选取 SiC 横向光声子拉曼峰作为研究对象。因此,本书选用 SiC 横向光声子模来分析 C/SiC 复合材料的结构应力,结合其他仪器参数和材料参数确定拉曼法测定 C/SiC 复合材料结构应力的参数,如表 6.2 所示。

表 6.2　拉曼法测量 C/SiC 复合材料结构应力采用的仪器和材料参数

参　数	取　值
激光器	Ar^+激光($\lambda = 632.83\ \text{nm}$)
激光功率	8 mW
测量光路	背散射光路
测量拉曼峰与标准拉曼位移	SiC 横向光声子模($v_0 = 796.04\ \text{cm}^{-1}$)[272]
比例因子	305.80 MPa·cm[272]

2. C/SiC 复合材料结构应力的研究

对恒温气相渗硅工艺条件下不同反应温度制备的 C/SiC 复合材料的结构应力进行了拉曼法测量,测得的拉曼位移结果如图 6.6 所示。

由图 6.6 中的拉曼位移,结合表 6.2 中给出的比例因子和标准拉曼位移及式(6.9),可算得恒温气相渗硅工艺下不同反应温度所制备的 C/SiC 复合材料的结构应力,结果如表 6.3 所示。

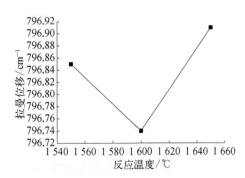

图 6.6　恒温气相渗硅工艺制备的 C/SiC 复合材料的 SiC 横向光声子模的拉曼位移

表 6.3　不同反应温度制备的 C/SiC 复合材料的结构应力

反应温度/℃	结构应力/MPa
1 550	247.70
1 600	214.06
1 650	266.05

由表 6.3 可以看出,随着反应温度的提高,结构应力先降低后增加,说明适中的反应温度会降低所制备的 C/SiC 复合材料的结构应力,结构应力随反应温度的变化与前述的理论计算结果一致,由于结构应力与反应程度密切相关,说明较高的反应程度可获得较低的结构应力。

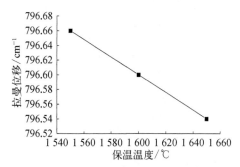

图 6.7　变温气相渗硅工艺制备的 C/SiC 复合材料的 SiC 横向光声子模的拉曼位移

与前面算得的球状或纤维状夹杂物的结构应力值相比较可知,结构应力要接近 Si、C 以球状夹杂物分布时的结构应力值的计算值,这说明 C/SiC 复合材料中的 Si 相和 C 相主要以球状形式分散于 SiC 基体中。

本书也进行了变温气相渗硅工艺条件下不同温度对结构应力的影响研究,测得的拉曼位移结果如图 6.7 所示。

由图 6.7 中的拉曼位移,结合表 6.2 中给出的比例因子和标准拉曼位移及式(6.9),可算得变温气相渗硅工艺下不同保温温度所制备的 C/SiC 复合材料的结构应力,结果如表 6.4 所示。

表 6.4　不同保温温度制备的 C/SiC 复合材料的结构应力

保温温度/℃	结构应力/MPa
1 550	189.60
1 600	171.25
1 650	152.90

由表 6.4 可知,随着保温温度升高,C/SiC 复合材料中的结构应力降低,结合前述进行的恒温气相渗硅工艺条件下的结构应力研究结果可知,保温温度升高引起的反应程度增大起到了降低结构应力的作用。对比于前述的恒温气相渗硅工艺下制备的 C/SiC 复合材料的结构应力和性能可知:采用变温气相渗硅工艺

时,不同保温温度制备的 C/SiC 复合材料结构应力均有所降低。这也说明选用变温气相渗硅工艺既能够获得良好性能的 C/SiC 复合材料,又能够降低 C/SiC 复合材料中的结构应力。

结合前述的研究可知,前述优化出的变温气相渗硅工艺对应着较小的结构应力,由于前面所述的结构应力与热失配应力的对应关系,这也使得基体-涂层之间的热失配应力降低,从而使两者的匹配性得以改善。

6.4　C/SiC 复合材料加工应力的 X 射线衍射研究

X 射线衍射法广泛应用于各类材料的成分分析和残余应力测量。由于测量工艺简单、X 射线源容易获得、测定的无损性等特点,X 射线衍射法是目前应用最广泛的残余应力测量方法之一。在 X 射线衍射法中,以 $\sin^2\psi$ 法应用的最多,它是通过测定同一衍射晶面在不同极距角 ψ 下的峰形来间接求出材料中的残余应力。由于 X 射线在表面的穿透深度较小(数十微米),因此 X 射线衍射 $\sin^2\psi$ 法属于一种表面应力测量方法。

由前面的叙述可知,C/SiC 复合材料反射镜表面的加工应力主要指磨削应力和研磨应力,这两种应力均为表面应力。因此,可以采用 X 射线衍射 $\sin^2\psi$ 法来测量。本书应用 X 射线衍射 $\sin^2\psi$ 法研究磨削表面和研磨表面残余应力,通过对比磨削表面和研磨表面经去应力退火后残余应力的变化,研究应用去应力退火工艺消除加工应力的可行性;同时,应用扫描电子显微镜和能谱对两种加工表面的加工应力分布进行表征,然后通过面形测量来验证去应力退火工艺对残余应力的消除效果;最后,通过以上研究确定 C/SiC 复合材料镜坯的表面制备方式。

6.4.1　X 射线衍射 $\sin^2\psi$ 法的残余应力计算

由于 X 射线在样品中的穿透深度较小(数十个微米),因此这极薄的表层类似于自由表面,故可将垂直于表面的主应力 σ_3 近似地看作零,即被 X 射线照射的薄层处于平面应力状态。经过推导,可得到 X 射线应力测定的基本方程[279]:

$$\varepsilon_{\varphi,\psi} = -\cot\theta_0 \cdot (\mathrm{d}\theta)_{\varphi,\psi} = \frac{1}{2}S_2^{(hkl)}\sigma_\varphi\sin^2\psi + S_1^{(hkl)}[\sigma_1 + \sigma_2] \quad (6.10)$$

其中,

$$\frac{1}{2}S_2^{(hkl)} = (1 + \nu^{(hkl)})/E^{(hkl)}, \; S_1^{(hkl)} = -\nu^{(hkl)}/E^{(hkl)} \tag{6.11}$$

其中, $\frac{1}{2}S_2^{(hkl)}$ 和 $S_1^{(hkl)}$ 表示某一相的晶面指数为 (hkl) 的晶面的 X 射线弹性常数; $E^{(hkl)}$ 和 $\nu^{(hkl)}$ 为此晶面的弹性模量和泊松比; $2\theta_。$ 为 (hkl) 晶面在绝对无应力状态下的衍射角; 2θ 是平经角 φ、极距角 ψ 情况下有应力样品的衍射角, 平经角 φ 为空间应变在主应变 ε_1、ε_2 构成的平面内的投影与 ε_1 轴的夹角, 极距角 ψ 为空间应变与主应变 ε_3 的夹角; σ_φ 为 ε_1、ε_2 构成的平面内平经角 φ 方向测得的正应力; $\sigma_1(\sigma_2)$ 为 ε_1、ε_2 构成的平面内与主应变 $\varepsilon_1(\varepsilon_2)$ 同方向的主应力。

式(6.10)两侧对 $\sin^2\psi$ 求导,得到 X 射线 $\sin^2\psi$ 法测量下正应力的计算公式:

$$\sigma_\varphi = KM \tag{6.12}$$

$$K = -\frac{1}{2}\cot\theta_。(\pi/180)\left[1/\left(\frac{1}{2}S_2^{(hkl)}\right)\right] \tag{6.13}$$

$$M = \partial 2\theta_{\varphi,\psi}/\partial \sin^2\psi \tag{6.14}$$

其中, M 为正应力 σ_φ 方向上测得的 $2\theta_{\varphi,\psi} - \sin^2\psi$ 关系经最小二乘法线性拟合的直线的斜率; K 为 X 射线应力常数。

正应力测量误差可用如下公式计算:

$$\Delta\sigma_\psi = K \times t(\alpha, n-2) \times S_M \tag{6.15}$$

其中, K 的意义同式(6.13); $t(\alpha, n-2)$ 对应于自由度为 $n-2$ 和置信度为 $1-\alpha$ 的 t 分布值; S_M 为拟合直线斜率 M 的标准差; n 为应力测定中所选取的极距角 ψ 的数目。

由式(6.10)还可知, $\psi = 0$ 时,可得到主应力之和的计算公式:

$$[\sigma_1 + \sigma_2] = K_1(2\theta_{\varphi,\psi=0} - 2\theta_。) \tag{6.16}$$

$$K_1 = -\frac{1}{2}\cot\theta_。(\pi/180)(1/S_1^{(hkl)}) \tag{6.17}$$

其中, K_1 为另一个 X 射线应力常数; $2\theta_{\varphi,\psi=0}$ 为正应力 σ_φ 方向上测得的 $2\theta_{\varphi,\psi} - \sin^2\psi$ 的最小二乘法拟合的直线的截距,可通过 C/SiC 复合材料样品的实际测量

结果来计算得到。

应用式(6.16)和式(6.17)计算样品的主应力之和时,需要知道(hkl)晶面在绝对无应力状态下的衍射角 $2\theta_。$,这需要对气相渗硅工艺制备的 SiC 单相样品的应力测定来得到,而通过气相渗硅制备单相 SiC 样品较为困难,因而很难获得主应力之和的绝对值。而由式(6.16)可知,应力退火前后主应力之和 $[\sigma_1 + \sigma_2]$ 的变化量 $\Delta[\sigma_1 + \sigma_2]$ 满足下式:

$$\Delta[\sigma_1 + \sigma_2] = -\frac{1}{2}\cot\theta_。(\pi/180)(1/S_1^{(hkl)})\Delta(2\theta_{\varphi, \psi = 0°}) \qquad (6.18)$$

由式(6.18)可以看出,去应力退火前后主应力之和的变化仅与退火前后的衍射角的差异 $\Delta(2\theta_{\varphi, \psi = 0°})$ 有关,而与(hkl)晶面在绝对无应力状态下的衍射角 $2\theta_。$ 无关,因而通过测定去应力退火前后衍射角的差异便可由式(6.18)计算出处理前后主应力之和的变化,进而反映出去应力退火效果以及加工表面本身的应力状态。

由式(6.16)可知,在 $2\theta_{\varphi, \psi} - \sin^2\psi$ 的最小二乘法拟合直线的线性较差时,拟合直线截距 $2\theta_{\varphi, \psi = 0}$ 的测量误差也较大,此时可应用不同极距角 ψ 下的衍射角 $2\theta_{\varphi, \psi}$ 代替 $2\theta_{\varphi, \psi = 0}$,因此式(6.18)变为

$$\Delta[\sigma_1 + \sigma_2] = -\frac{1}{2}\cot\theta_。(\pi/180)(1/S_1^{(hkl)})\Delta(2\theta_{\varphi, \psi}) \qquad (6.19)$$

应用式(6.19)便可确定去应力退火前后主应力之和的变化量 $\Delta[\sigma_1 + \sigma_2]$。

6.4.2　X 射线衍射 $\sin^2\psi$ 法的测量参数选取

由 6.4.1 可知,X 射线法残余应力测量是基于某一衍射晶面进行的。对于 C/SiC 复合材料这类多相材料存在着很多衍射晶面,由于不同衍射晶面对应的 X 射线衍射峰的峰形、独立性等可能存在较大的差异,因而会对应着不同的残余应力分析精度。为选择出合适的衍射晶面进行 C/SiC 复合材料的表面残余应力分析,首先采用 X 射线衍射进行了 C/SiC 复合材料的成分分析。

C/SiC 复合材料磨削抛光表面的 X 射线衍射图如图 6.8 所示。

从图 6.8 可以看出,C/SiC 复合材料由 SiC、Si 和 C 组成,其中 SiC 和 Si 均属于面心立方晶体结构,C 属于无定形结构。无定形结构的 C 的衍射峰宽度较大,会大大影响定峰精度,因而应从 Si 和 SiC 相的衍射晶面中选取分析用的衍射晶面。由于背反射区(衍射角 2θ 高于 90°)的衍射晶面有利于提高应力分析

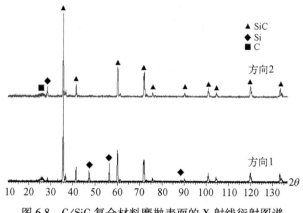

图 6.8　C/SiC 复合材料磨抛表面的 X 射线衍射图谱

精度,应选用此区域的衍射峰进行 C/SiC 复合材料表面应力的分析[280]。结合 SiC 和 Si 的 X 射线衍射标准卡片可知,可选用的衍射晶面(衍射峰)包括 Si (511)(2θ = 94.98°)、Si(440)(2θ = 106.73°)、Si(531)(2θ = 114.12°)、Si(620) (2θ = 127.58°)、SiC(331)(2θ = 100.88°)、SiC(420)(2θ = 104.52°)、SiC(422) (2θ = 120.14°)、SiC(511)(2θ = 133.60°)和 SiC(333)(2θ = 133.60°)。

　　从图 6.8 还可看出,Si 在背散射区的四个衍射晶面的位置没有出现明显的衍射峰,而较低衍射角度的 Si(311)(2θ = 47.31°)和 Si(200)(2θ = 56.13°)的峰强度较高,这说明背散射区的衍射峰强度比低衍射角度的衍射峰强度低,因而无法采用 Si 在背散射区的衍射晶面进行 C/SiC 复合材料的表面应力分析。

　　不同于 Si 相,SiC 相在背散射区的衍射峰均呈现出一定的强度,与标准卡片比较可知,各个衍射晶面没有发生明显的取向,说明背散射区的这四个衍射晶面可应用于 C/SiC 复合材料的应力分析。而对于 SiC(511)和 SiC(333)晶面,由于其晶面间距相同,因此相应的 X 射线衍射峰会在 133.60°的衍射角处发生重叠,不易将二者分开,而两种衍射晶面的 X 射线弹性常数又存在差异,因而 SiC (511)和 SiC(333)晶面不适用于 C/SiC 的残余应力分析。SiC(420)和 SiC (422)两个衍射晶面对应的 X 射线衍射峰均具有较好的独立性,但 SiC(422)衍射晶面所对应着的衍射峰的强度和峰位置均要高于 SiC(420),更适用于分析 C/ SiC 复合材料表面的残余应力。

　　因此,本书选用 SiC(422)晶面来分析 C/SiC 复合材料表面的残余应力,结合其他仪器参数和材料参数确定了 X 射线衍射法测定 C/SiC 复合材料表面残余应力的参数,如表 6.5 所示。

表 6.5　X 衍射 $\sin^2\psi$ 法测量 C/SiC 复合材料
加工应力采用的仪器和材料参数

参　　　数	取　　　值
辐射线	铜靶,$K\alpha$ 辐射线($\lambda = 0.154\,184$ nm)
测试条件	40 kV/40 mA,K_β 过滤
测量光路	平行光束
衍射线	SiC(422)
倾斜方法	侧倾法
极距角 ψ	0°,15°,30°,45°
X 射线弹性常数[280]	$S_1^{(422)} = -0.40\times10^{-6}$ Mpa^{-1},$1/2S_2^{(422)} = 2.77\times10^{-6}$ MPa^{-1}
定峰方法[281]	PV(pseudo-voigt)函数
扫描角度范围	(119.00°,121.50°)
扫描步长	0.002 5°
计数时间	3 s/步
狭缝宽度	1 mm

6.4.3　C/SiC 复合材料的表面加工工艺和去应力退火工艺

1. C/SiC 复合材料的表面平整化加工工艺

在气相渗硅工艺的降温过程中,由于 Si 蒸气在样品表面的凝聚,使得表面上形成较多无规则突起的残余 Si,导致 C/SiC 复合材料表面较粗糙,显然不利于保证后续沉积的 CVD SiC 涂层的平整性,因而在涂层之前需要对 C/SiC 复合材料表面进行平整加工。

目前的平整工艺主要有磨削、研磨和抛光等工艺。目前采用的反射镜平整加工工艺参数如下:磨削选用磨床,使用树脂作为结合剂的 120#金刚石砂轮;研磨采用双轴离心抛光机,选用 W7 的金刚石磨料和铸铁研磨盘,转速设定为 56 r/min,研磨压力选用 10^4 Pa;抛光采用与研磨相同的抛光机、转速和抛光压力,但选用 W0.5 的金刚石磨料和聚氨酯抛光盘。

由于磨削和研磨加工会给表面引入加工应力(磨削应力和研磨应力),不利于保证反射镜的面形精度。为提高 C/SiC 复合材料的面形精度,需要对加工应力进行表征和消除,加工应力的表征可选用前面提及的 X 射线衍射 $\sin^2\psi$,而加工应力的消除通过去应力退火处理来实现。

2. C/SiC 复合材料的去应力退火工艺

1）去应力退火工艺曲线

由前面的研究可知,为了最大限度地提高反射镜的面形精度,需要消除反射镜中的残余应力。由于反射镜中的结构应力仅与材料组成有关,而制备出的材料一定时,反射镜的面形稳定性主要取决于平整化加工引入的加工应力,提高反射镜的面形稳定性便需要消除这种加工应力。参照常规的去应力退火工艺流程,本书制定了 C/SiC 复合材料表面加工应力的去应力退火工艺曲线,如图 6.9 所示。

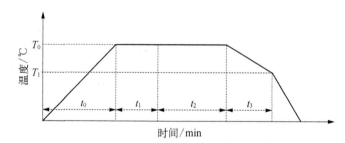

图 6.9　C/SiC 复合材料的去应力退火工艺曲线

T_0——设定的去应力退火温度;T_1——程序控制降温时的终点温度;t_0——程序升温时间;
t_1——充气保温时间;t_2——真空保温时间;t_3——程序控制降温时间

在选用的去应力退火工艺中,充气保温时间 t_1、真空保温时间 t_2 以及程序控制降温终点温度 T_1 取相同的数值,只改变去应力退火温度 T_0、程序升温时间 t_0 以及程序控制降温时间 t_3。

退火温度是去应力退火工艺中最重要的参数。选用的退火温度较低时,由于回复效应较小,达不到较好的应力消除效果,而退火温度较高时(高于 1 410℃),C/SiC 复合材料中的 Si 将发生熔化而产生较大的蒸发损失,因而本书选取 1 200℃、1 300℃和 1 380℃三个温度点进行 C/SiC 复合材料加工应力的去应力退火工艺试验。

2）去应力退火工艺对质量和物相的影响

去应力退火过程中发生的质量损失一方面会在表面形成孔洞,使得 C/SiC 复合材料的表面质量降低,而另一方面会引起表面残余应力发生改变,这种改变会与应力去除而引起的残余应力变化发生叠加,从而影响应力消除效果的评价。为此进行了经 1 200℃、1 300℃和 1 380℃三个温度去应力退火后的质量损失研究。表 6.6 为不同温度去应力退火后 C/SiC 复合材料样品的质量变化情况。

表 6.6　去应力退火工艺对 C/SiC 复合材料重量保留率的影响

退火温度/℃	重量保留率/wt%
1 200	100
1 300	98.90
1380	91.59

由表 6.6 可以看出,随着去应力退火温度的升高,样品失重率增大。由 C/SiC 复合材料的属性可知,Si 的蒸发损失是造成样品失重的主要原因,结合上表可知,1 200℃下未发生可见的蒸发损失,而在 1 200℃以上时,出现蒸发损失并逐渐增大,1380℃下样品的蒸发损失较大(8.41%),会大大影响 C/SiC 复合材料坯体的表面面形,不适合作为 C/SiC 复合材料坯体的去应力退火温度。去应力退火温度为 1 200℃和 1 300℃时样品的蒸发损失较小,对表面质量和去应力效果评价的影响较小。

SiC 在一定的处理温度下还会发生 β-SiC 向 α-SiC 的同素异构转化,而两者相近的摩尔体积决定了这种同素异构转化不会对表面质量产生影响,但由 β-SiC 和 α-SiC 的标准 X 射线衍射图可知,二者的衍射峰在 120°的衍射角附近会发生重叠,因而会对去应力退火后 C/SiC 复合材料的表面应力测量造成较大干扰。以下便进行了 1 200℃、1 300℃去应力退火前后 C/SiC 复合材料样品表面的 X 射线衍射分析,结果如图 6.10 所示。

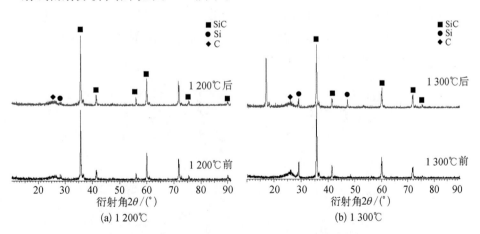

图 6.10　1 200℃、1 300℃去应力退火前后,C/SiC 复合材料磨抛表面的 X 射线衍射图谱

由图 6.10 可以看出:① 经过 1 300℃的去应力退火后,X 射线衍射图谱中不仅出现了对应于 Si、C 和 β-SiC 的衍射峰,而且在 17°~18°的衍射角附近出现了

归属于 α - SiC 的 4H 结构的多形体的衍射峰,这可能主要归结于气相渗硅工艺制备的 β - SiC 晶格结构中富余碳,由于去应力退火温度较高,富余碳通过扩散、迁徙到 β - SiC 晶体的节点上去,从而打乱了原来 β - SiC 晶体的 Si - C 层排布,形成了少量 α - SiC 晶体结构[282]。这说明 1 300℃ 的退火温度会对去应力退火后加工表面残余应力的表征造成干扰,进而影响对去应力退火效果的衡量。
② 在经过 1 200℃ 的去应力退火后,C/SiC 复合材料的物相组成并没有发生变化,仍然只含有 Si、C 和 β - SiC,说明该处理温度下正、背表面均没有发生 β - SiC 向 α - SiC 的转化。

　　由上可知,去应力退火温度高于 1 300℃ 时,一方面发生的蒸发损失会影响 C/SiC 复合材料的表面质量,另一方面发生的蒸发损失和 β - SiC 向 α - SiC 的同素异构转化也会对应力消除效果评估造成干扰,说明去应力退火温度不宜选取在 1 300℃ 以上。而 1 200℃ 的去应力退火温度下不会发生固相转化,也不会发生 Si 的蒸发损失,为了使去应力退火不对表面质量和应力消除效果评估造成影响,应将去应力退火温度选择在 1 200℃ 以下。

　　3) 去应力退火工艺对残余应力消除效果的影响

　　由前面的研究可知,为了不影响表面质量和去应力退火效果评估,应选用低于 1 200℃ 的去应力退火温度,为此以下选用了 900℃、1 000℃、1 100℃ 和 1 200℃ 四个去应力退火温度,研究了这些温度下的去应力退火效果,同时为了便于对消除效果进行比较,对磨削抛光表面的同一区域进行了 900℃、1 000℃、1 100℃ 和 1 200℃ 的去应力退火处理,去应力退火前后不同极距角下测得的衍射角 $2\theta_{\varphi,\psi}$ 与 $\sin^2\psi$ 的关系如图 6.11 所示。

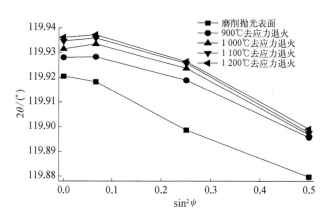

图 6.11　C/SiC 复合材料磨抛表面经不同温度去应力退火后的 2θ-$\sin^2\psi$ 关系

由图 6.11 可以看出,经不同温度的去应力退火后,各极距角 ψ 下的衍射角 $2\theta_{\varphi,\psi}$ 与 $\sin^2\psi$ 均偏离线性关系,这主要是由于 C/SiC 复合材料磨削抛光表面的残余应力分布的不均匀性所引起。由于 2θ-$\sin^2\psi$ 偏离线性关系,这会引起对 2θ-$\sin^2\psi$ 进行线性拟合时对应的斜率和截距的测量误差均较大,斜率的测量误差会使得应用式(6.12)算得的正应力 σ_{φ} 的误差较大,而截距的测量误差使得应用式(6.18)算得的主应力之和 $[\sigma_1 + \sigma_2]$ 的误差较大。由前面的分析可知,此时可利用不同退火处理前后各极距角 ψ 下的衍射角 $2\theta_{\varphi,\psi}$ 的变化量 $\Delta(2\theta_{\varphi,\psi})$ 和式(6.19)计算出不同温度的去应力退火前后主应力之和的改变量 $\Delta[\sigma_1 + \sigma_2]$,结果见表 6.7。

表 6.7　C/SiC 复合材料磨抛表面经不同温度去应力退火前后不同极距角下的主应力之和变化量

$\psi/(°)$	$\Delta[\sigma_1 + \sigma_2]$/MPa			
	900℃	1 000℃	1 100℃	1 200℃
0	95.10	138.47	178.31	196.85
15	125.75	191.09	221.52	238.22
30	253.01	313.30	338.76	347.30
45	201.13	215.03	225.17	244.49

由表 6.7 可以看出,随着退火温度的增加,去应力退火前后主应力之和的变化量 $\Delta[\sigma_1 + \sigma_2]$ 逐渐增大,说明退火温度的提高有利提高加工应力的消除效果,也可以看出,随着去应力退火温度的增加,去应力退火效果的改善程度逐渐降低,1 200℃和 1 100℃两个温度的去应力退火前后 $\Delta[\sigma_1 + \sigma_2]$ 的差异在 19.32 MPa 以下,说明选用 1 200℃的退火温度能够起到较好的加工应力消除效果。

综上,选用 1 200℃的去应力退火温度可以获得较好的去应力退火效果,同时也不会对表面质量产生影响,适合作为 C/SiC 复合材料的去应力退火温度。本书下文介绍了 1 200℃去应力退火温度下 C/SiC 复合材料表面的磨削应力和研磨应力的研究工作。

6.4.4　去应力退火前后 C/SiC 复合材料磨削应力的变化研究

通过前面的研究获得了 X 射线衍射法残余应力测量的参数,也确定了 C/SiC 复合材料表面加工应力的去应力退火工艺的退火温度,以下便应用 X 射线衍射 $\sin^2\psi$ 法研究 C/SiC 复合材料磨削应力去应力退火前后的变化。

1. 去应力退火前后 C/SiC 复合材料磨削抛光表面的磨削应力变化研究

以 C/SiC 复合材料磨削抛光表面的两个方向作为研究对象,C/SiC 复合材料磨削抛光表面在去应力退火前后的 $2\theta\text{-}\sin^2\psi$ 结果见图 6.12。

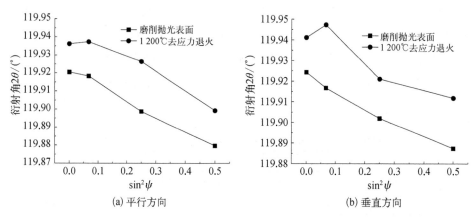

图 6.12　C/SiC 复合材料磨抛表面不同方向经去应力退火前后的 $2\theta\text{-}\sin^2\psi$ 关系

由图 6.12 可以看出,磨削抛光表面经过去应力退火后,各极距角下的衍射角均发生了升高,这是由于去应力退火消除了磨削抛光表面的磨削应力所致。由前面的研究可知,由于 $2\theta\text{-}\sin^2\psi$ 偏离线性关系,可应用图 6.12 中各极距角 ψ 下的衍射角 $2\theta_{\varphi,\psi}$ 的变化量 $\Delta(2\theta_{\varphi,\psi})$ 和式(6.19)计算出磨削抛光表面不同方向经去应力退火前后的主应力之和变化量 $\Delta[\sigma_1 + \sigma_2]$,结果见表 6.8。

从表 6.8 可以看出,磨削抛光表面经过去应力退火后,主应力之和向拉性转变,这一方面说明磨削抛光表面的加工应力经去应力退火得以消除,另一方面也说明磨削抛光表面存在的磨削应力呈现压性,这主要归因于磨削抛光表面上冷塑性残余应力的贡献要高于热塑性残余应力的贡献[283,284]。

表 6.8　C/SiC 磨抛抛光表面经去应力退火后主应力之和变化量

$\psi/(\degree)$	$\Delta[\sigma_1 + \sigma_2]$/MPa	
	平行方向	垂直方向
0	196.85	210.64
15	238.22	383.66
30	347.30	239.48
45	244.49	305.93

去应力退火能够消除磨削抛光表面的冷塑性残余应力和热塑性残余应力。这应归结于材料在去应力退火温度下所发生的回复效应。金属发生回复的温度一般为 $0.1 \sim 0.3 T_m$（熔点），如果将 SiC 的分解温度（2 800℃）视为 SiC 的熔点，1 200℃的处理温度相当于 $0.48 T_m$，超过了上述发生回复的温度范围，因而发生了回复,从而消除了磨削抛光表面的两类残余应力。磨削加工应力经去应力退火消除后会引起表面的应变释放,进而会伴随有表面面形的变化,后面将继续进行讨论。

由磨削抛光表面的去应力退火结果可以看出,不同极距角下的加工应力不同,存在着一定的不均匀性,这主要源于磨削表面的塑性去除的不均匀性,这也将在后面的部分进行讨论。

2. 去应力退火前后的 C/SiC 复合材料磨削抛光表面面形研究

由于宏观应力的变化会引起宏观尺寸的变化[285],因而加工应力的消除势必也对应着面形改变。由前面的研究结果可知,磨削抛光表面的应力经去应力退火后得以消除,势必会对表面面形产生影响。

以两个方向作为研究对象,测量 C/SiC 复合材料磨削-抛光表面在 1 200℃去应力退火前后的面形,结果如图 6.13 所示。

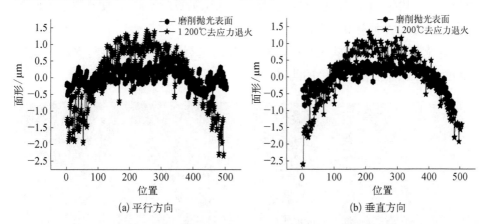

(a) 平行方向　　　　　　　　　　　　　(b) 垂直方向

图 6.13　C/SiC 复合材料磨抛表面不同方向在去应力退火前后的面形

从图 6.13 可以看出,磨削抛光表面经去应力退火后,表面面形发生了较为明显的变化,从去应力退火前的 $-0.60 \sim 0.40$ μm 到去应力退火后的 $-2.00 \sim 1.50$ μm,峰谷值发生了 2.50 μm 的增加,说明磨削抛光表面的应力得以消除,同时去应力退火后面形发生了上凸,说明去应力退火后表面应力的压性降低[286]。综上,

C/SiC复合材料表面的磨削压应力经1 200℃去应力退火后得以消除。

3. 磨削表面的残余应力分布研究

由前面的研究可知,C/SiC 复合材料磨削抛光表面的磨削应力分布存在着一定的不均匀性。借助磨削表面扫描电镜形貌和能谱分析,对造成这种不均匀性的原因进行分析。C/SiC 复合材料磨削表面的扫描电镜形貌如图 6.14 所示。

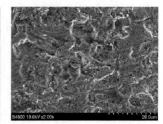

图 6.14　C/SiC 复合材料磨削表面的扫描电镜形貌

由图 6.14 可以看出,表面存在着塑性去除对应的耕犁沟槽特征,也存在着脆性去除对应的晶粒拔出凹坑,属于混合去除模式[287],但塑性去除和脆性去除的分布并不均匀,不同位置处塑性去除对总去除的贡献不同,这便导致了表面不同位置测得的磨削应力差异。

为确定不同去除模式区域所对应的成分,进行了 C/SiC 复合材料磨削表面的塑性去除区和脆性去除区的能谱分析,结果见图 6.15 和表 6.9。

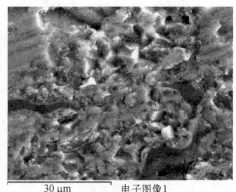

(a) 塑性去除区域　　　　　　　　　　(b) 脆性去除区域

图 6.15　C/SiC 复合材料磨削表面塑性去除区域和脆性去除区域的扫描电镜形貌

表 6.9　C/SiC 磨削表面能谱分析

	元　素	at%		元　素	at%
塑性去除区	C	86.27	脆性去除区	C	31.72
	Si	13.73		Si	68.28

由图 6.15 和表 6.9 可以看出,塑性去除区的沟槽内的 C 含量要远远高于 Si 含量,表明发生塑性去除的 Si 相要高于 C 相,说明 Si 在磨削过程中对应着较高的塑性去除倾向,SiC 可能也发生了一定的塑性去除。而脆性去除区的凹坑内的 Si 含量要高于 C 含量,表明发生脆性去除的 C 相要多于 Si 相,因而说明 C 对应着较高的脆性去除倾向,SiC 也可能发生了一定的脆性去除。以上结果表明 Si 在磨削过程中主要发生塑性去除,而 C 主要发生脆性去除,SiC 既发生了脆性去除也发生了塑性去除。

以上的表面形貌和成分分析的结果表明表面不同相、不同区域的去除模式差异导致了不同位置处的磨削应力差异。

6.4.5　去应力退火前后 C/SiC 复合材料研磨应力的变化研究

如前所述,研磨方法也是一种重要的反射镜表面平整化方法,为了研究相应表面的残余应力状态和面形稳定性,本节开展了研磨表面残余应力和去应力退火效果的研究。

1) 去应力退火前后 C/SiC 复合材料研磨抛光表面的残余应力的变化研究

以两个方向作为研究对象,C/SiC 复合材料研磨抛光表面去应力退火前后的 $2\theta\text{-}\sin^2\psi$ 关系如图 6.16 所示。

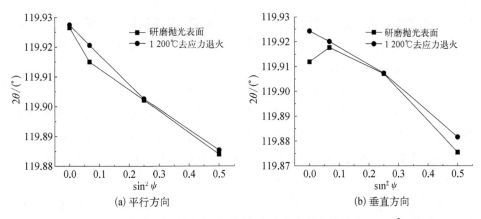

图 6.16　C/SiC 复合材料研抛表面不同方向去应力退火前后的 $2\theta\text{-}\sin^2\psi$ 关系

由图 6.16 可以看出,研磨抛光表面经过去应力退火后,各极距角下的衍射角均发生了升高,这可能是去应力退火去除了研磨抛光表面的冷塑性残余应力之故。由前面的研究可知,由于 $2\theta - \sin^2\psi$ 偏离线性关系,可应用图 6.12 中各极距角 ψ 下的衍射角 $2\theta_{\varphi,\psi}$ 的变化量 $\Delta(2\theta_{\varphi,\psi})$ 和式(6.19)来计算研磨抛光表面不同方向去应力退火前后的主应力之和变化量 $\Delta[\sigma_1 + \sigma_2]$,结果见表 6.10。

表 6.10　C/SiC 研抛表面去应力退火后主应力之和变化量

$\psi/(°)$	$\Delta[\sigma_1 + \sigma_2]$/MPa	
	平行方向	垂直方向
0	11.28	155.47
15	70.21	30.09
30	5.02	2.51
45	17.55	76.48

由表 6.10 可以看出,研磨抛光表面经去应力退火后,主应力之和 $[\sigma_1 + \sigma_2]$ 向拉性转变。这是因为去应力退火通过回复效应消除冷塑性残余压应力而使得表层冷塑性残余压应力降低,进而使主应力之和向拉性转化,这也与前面得到的磨削抛光表面的冷塑性残余压应力可通过去应力退火得以消除的结论相一致。研磨抛光表面的一个方向经去应力退火后的应力变化高于另一个方向。这可能是由于不同方向的物相组成差异导致研磨时冷塑性加工应力的不同所致。研磨抛光表面不同方向的应力差异所引起的应力释放程度的差异会反映在去应力退火前后的面形变化幅度的差异,这将在此节后面的部分进行讨论。

由研磨抛光表面的去应力退火结果可以看出,不同极距角下的残余应力不同,存在着一定的不均匀性,这主要源于研磨时塑性去除的不均匀性,这也将在此节后面的部分进行讨论。

2) 去应力退火前后的 C/SiC 复合材料研磨抛光表面面形变化研究

与磨削抛光表面类似,C/SiC 复合材料研磨抛光表面残余应力的释放应该会引起表面面形的变化。以两个方向作为研究对象,本节研究了 C/SiC 复合材料研磨抛光表面上两个相互垂直的方向在 1 200℃ 去应力退火前后的面形,结果见图 6.17。

从图 6.17 可以看出,研磨抛光表面经去应力退火后,表面面形均在 -1.00 ~ 1.00 μm,其中一个测量方向上在去应力退火后的面形相较于去应力退火前发生

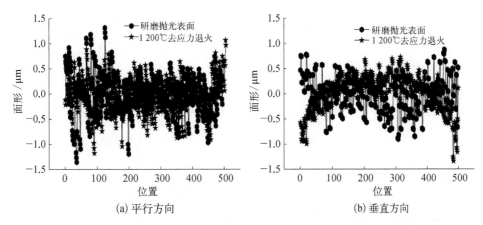

(a) 平行方向　　　　　　　　　　　　　(b) 垂直方向

图 6.17　C/SiC 复合材料研磨抛光表面两个方向在去应力退火前后的面形

了上凸,这说明此方向在去应力退火后表面残余压应力发生了释放,但另一个测量方向的面形未发生明显的上凸,说明此方向在去应力退火后表面压应力的释放较小。去应力退火前后的面形结果表明去应力退火消除了研磨抛光表面的压残余应力,不同方向的面形变化差异源于研磨抛光表面不同区域的冷塑性残余应力差异。

3) 研磨抛光表面的残余应力分布研究

C/SiC 复合材料研磨抛光表面的研磨应力分布存在着一定的不均匀性。借助研磨表面的扫描电镜形貌和能谱分析,对造成这种不均匀性的原因进行分析。C/SiC 复合材料研磨表面的扫描电镜形貌如图 6.18 所示。由图 6.18 可以看出,与磨削表面类似,研磨表面上即存在着塑性去除对应的耕犁沟槽特征,又存在着

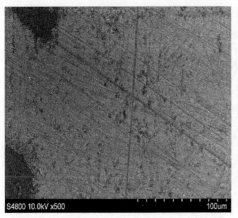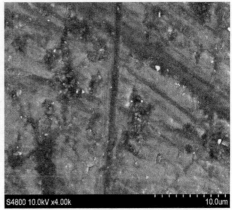

图 6.18　C/SiC 复合材料研磨表面的扫描电镜形貌

脆性去除对应的晶粒拔出凹坑,也属于混合去除模式,塑性去除和脆性去除的分布也是不均匀,即不同位置处塑性去除/脆性去除的比例不同,这便导致了表面不同位置测得的残余应力的差异。

为确定不同去除模式区域所对应的相成分,进行了 C/SiC 复合材料研磨表面的塑性去除区和脆性去除区的能谱分析,结果见图 6.19 和表 6.11。

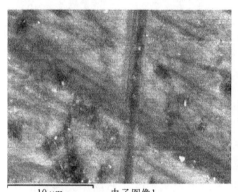
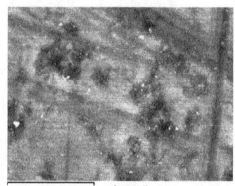

10 μm　　　电子图像1	10 μm　　　电子图像1
(a) 塑性去除区域	(b) 脆性去除区域

图 6.19　C/SiC 复合材料研磨表面塑性去除区域和脆性去除区域的扫描电镜形貌

表 6.11　C/SiC 研磨表面的能谱分析

	元　素	at%		元　素	at%
塑性去除区	C	61.90	脆性去除区	C	35.73
	Si	38.10		Si	64.27

由图 6.19 和表 6.11 可以看出,塑性去除区的凹槽内的 C 含量要高于 Si 含量,表明发生塑性去除的 Si 相要高于 C 相,说明 Si 在研磨过程中对应着较高的塑性去除倾向。而脆性去除区的凹坑内的 Si 含量要高于 C 含量,说明发生脆性去除的 C 相要多于 Si 相,因而表明 C 对应着较高的脆性去除倾向,SiC 也可能发生了一定的脆性去除。以上结果表明 Si 在研磨过程中主要发生塑性去除,而 C 主要发生脆性去除,SiC 既发生了脆性去除也发生了塑性去除。

以上的表面形貌和成分分析的结果表明研磨表面 Si 和 SiC 的塑性去除倾向较大,而 C 的脆性去除倾向较大,因而不同相、不同区域的塑性去除模式差异导致了不同位置处的研磨残余应力差异。

6.4.6　C/SiC 复合材料的表面加工方式

由前面进行的 C/SiC 复合材料的磨削抛光和研磨抛光表面的残余应力及去应力退火结果可知,磨削抛光表面存在着较高的加工应力,而研磨抛光表面的加工应力较低。去应力退火能够消除研磨应力和磨削应力,因而可提高两种表面的面形稳定性。

反射镜的加工效率和加工成本也是反射镜制备的一个重要问题。不同加工方法对应着不同的加工成本。磨削方法无论从加工难度和加工时间上都优于研磨加工,因而对应着更高的加工效率和更低的加工成本。由前所述,磨削表面较大的磨削应力虽然使其对应着较差的面形稳定性,但由于残余应力可通过去应力退火得以消除,这样便能很好地提高磨削表面的面形稳定性。

由上,采用磨削和去应力退火的方式可以高效地制备出较高面形稳定性的表面。

第7章 轻质 C/SiC 复合材料反射镜的制备技术研究

根据第 3~5 章所确定的优化制备工艺,采用气相渗硅烧结工艺制备了不同尺寸的反射镜坯体材料;采用转化连接,成功制备了具有轻量化夹芯结构的 C/SiC 复合材料反射镜坯体;结合 CVD SiC 涂层和梯度过渡层,制备了具有不同结构形式的 C/SiC 复合材料反射镜。

7.1 小尺寸 C/SiC 反射镜试样制备研究

7.1.1 小尺寸 C/SiC 反射镜坯制备

根据第 4 章确定的优化制备工艺,对以 C 预制件为原料制备的 C/SiC 复合材料反射镜坯体采用的工艺为: C/C 素坯中 C 纤维含量为 2.5vol%,CVD C 含量为 17.5vol%,裂解 C 含量为 27vol%,以气相渗硅烧结的方式,反应温度为 1 500℃,保温时间 1 h。

C/SiC 复合材料反射镜坯体制备后,必须对坯体的表面进行预处理。预处理的目的是获得较为平整的坯体表面,采用的方法通常为机械磨床加工和光学研抛。机械磨床加工速度快、效率高,但只能获得 10 μm 左右的表面粗糙度,因此坯体表面磨平后,还需在研抛机上进行研抛,使坯体表面粗糙度降至 1 μm 左右。另外,梯度过渡层根据坯体的热物理性质进行选择性制备。

在制备 CVD SiC 涂层之前,还需对坯体表面进行清洗。CVD SiC 涂层的制备工艺采用第 5 章中优化的工艺参数。

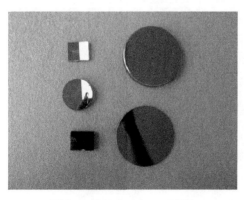

图 7.1 小尺寸 C/SiC 反射镜

图 7.1 为制备的 36 mm×28 mm、

ϕ40 mm、ϕ80 mm C/SiC 反射镜。可以看出,CVD SiC 涂层与坯体结合良好,涂层无开裂现象,涂层加工后无点缺陷、非常致密,可加工出超光滑光学表面。

7.1.2　C/SiC 复合材料反射镜光学抛光研究

离子束加工方法是 21 世纪以来发展的一种先进超精密加工方法。试验中采用了古典抛光和离子束抛光两种光学加工方法,对 ϕ100 mm 的 CVD SiC 涂层反射镜进行了抛光试验,并测试对比了反射镜加工后的面形精度和表面粗糙度。图 7.2 为采用古典抛光法后反射镜的面形和表面粗糙度测试结果,面形精度 rms $= 1/11\lambda$,表面粗糙度 $Ra = 0.476$ nm。图 7.3 为采用离子束抛光法后反射镜的面形和表面粗糙度测试结果,面形精度 rms $= 1/110\lambda$,表面粗糙度 $Ra = 0.62$ nm。从光学加工的结果可以看出,采用离子束抛光方法能够大幅度提高 CVD SiC 涂层的 C/SiC 反射镜面形精度。

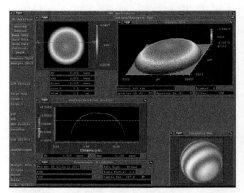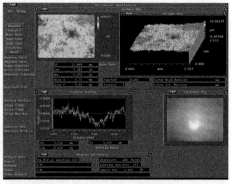

图 7.2　古典法抛光后光学性能(面形精度 0.094λ,粗糙度 0.476 nm)

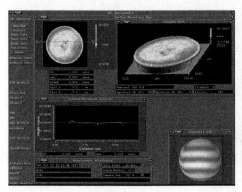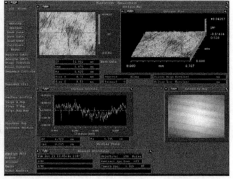

图 7.3　离子束抛光后 C/SiC 反射镜光学性能(面形精度 0.009λ,粗糙度 0.620 nm)

7.2 中等尺寸 C/SiC 反射镜的制备

通过小尺寸试样的研究,说明以 C/SiC 复合材料为坯体,结合 CVD SiC 涂层或梯度过渡层,制备 C/SiC 复合材料反射镜是一种可行途径。同时探明了合适的坯体机加工手段,取得了 CVD SiC 涂层及其光学加工的经验。本书下文介绍了具有实心结构、底部开孔结构、蜂窝夹芯结构的中等尺寸 C/SiC 复合材料反射镜等。

7.2.1 实心结构椭圆反射镜

实心结构反射镜具有结构形式简单、易于制作、机械加工工作量小等优点,特别适合于对反射镜无减重要求的场合。

图 7.4 为制备的 225 mm(长轴)×160 mm(短轴)×18 mm(厚度)实心结构 C/SiC 椭圆反射镜,反射镜重量为 1278 g,面密度为 46 kg·m^{-2}。

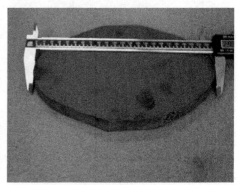

(a) 加工后的 C/C 素坯　　　　　　　(b) 表面 CVD SiC 涂层

图 7.4　实心结构 C/SiC 椭圆反射镜

7.2.2 底部开孔结构椭圆反射镜

由于 C/C 素坯具有优异的机械加工性能,因此,可以在素坯阶段进行轻量化加工,制成一些背开孔式的结构;随后,对轻量化的素坯进行 SiC 基体的复合。图 7.5 为背部开孔结构 C/SiC 椭圆反射镜。该反射镜外形尺寸为 225 mm(长轴)×160 mm(短轴)×18 mm(厚度),采用蜂窝开口结构,蜂窝结构中心对称,加强筋厚度为 2 mm。由于背部采用轻量化蜂窝开口结构,重量仅为 410 g,面密度为 14 kg·m^{-2},减重率为 65%。轻量化的结构设计使得该反射镜具有较低的转

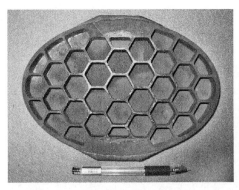

(a) 反射镜底部开孔结构

(b) 反射镜正面

图 7.5　底部开孔结构 C/SiC 椭圆反射镜

动惯量,为驱动系统提供了设计的便利。

反射镜的表层采用 CVD SiC 涂层,涂层厚度为 150 μm,加工后具有很好的光学性能。图 7.6 为该反射镜光学加工后的检测结果,其表面粗糙度达到 $Ra = 0.372$ nm,能够满足表面粗糙度小于 1 nm 的设计使用要求。

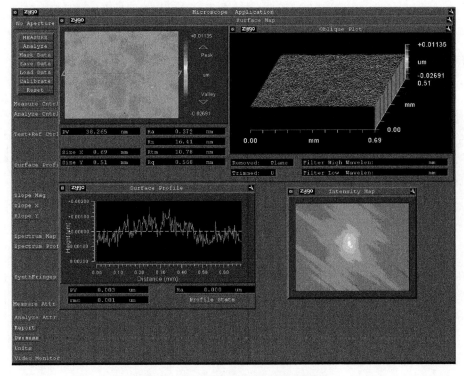

图 7.6　CVD SiC 光学涂层表面粗糙度

　　图 7.7 为研制的底部开口结构的 180 mm×120 mm C/SiC 复合材料摆镜,抛光后面形峰谷值为 0.21λ,表面粗糙度 Ra 为 0.492 nm。

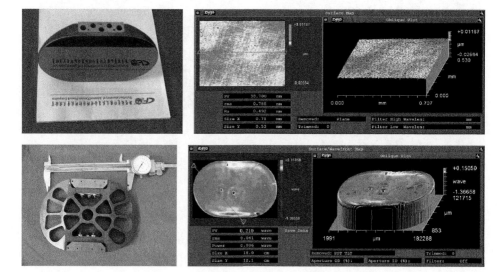

图 7.7　180 mm×120 mm C/SiC 复合材料摆镜(面形 PV＝0.21λ,Ra＝0.492 nm)

　　图 7.8 为研制的 180 mm 口径非球面反射镜,表面采用了 CVD SiC 涂层处理,结合古典抛光和离子束抛光后反射镜表面粗糙度 Ra 为 0.5 nm,面形精度 rms 为 1/50λ。

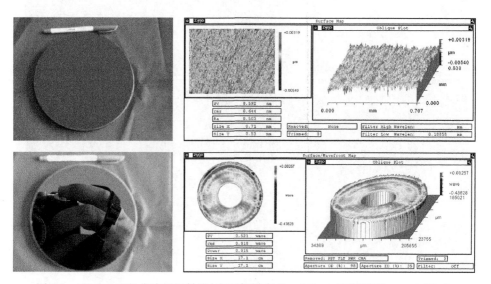

图 7.8　180 mm 口径非球面反射镜(表面粗糙度 Ra＝0.5 nm,面形精度 rms＝1/50λ)

7.2.3　蜂窝夹芯结构高能激光反射镜

C/SiC 复合材料反射镜除了可用于大型轻质卫星反射镜系统、空间低温红外反射镜系统外,还可用于高能激光反射镜、自适应光学系统的能动镜。下文介绍了用于高能激光的具有蜂窝夹芯结构的 C/SiC 反射镜。

图 7.9 为制备的 ϕ195 mm 蜂窝夹芯结构 C/SiC 圆形反射镜。反射镜由反射面板、夹芯层和基板构成,其中反射面板和基板厚度均为 6 mm,蜂窝夹层厚 22 mm,总高度 34 mm,反射镜质量为 1 210 g,面密度为 40.5 kg·m^{-2},减重率为 55%。表层采用 CVD SiC 涂层,实现对高功率激光的反射。图 7.10 为该反射镜镜面光学检测结果,其表面粗糙度达到 $Ra = 0.468$ nm,能够满足设计的使用要求。

(a) 致密化后的坯体　　　　　　　　　　(b) 抛光后的反射镜

图 7.9　ϕ195 mm 蜂窝夹芯结构 C/SiC 圆形反射镜

为了进一步降低反射镜的重量,还制备了另一块圆形蜂窝夹芯结构 C/SiC 反射镜,实物照片如图 7.11 所示。该镜反射面板和基板厚度均为 2 mm,蜂窝夹芯厚度 16 mm,总高度 20 mm,质量为 561 g,面密度为 19 kg·m^{-2},减重率达到 73%。

为了增加反射镜表面的反射率,针对不同的应用环境,需要在反射镜表面镀一层不同材料的反射膜。图 7.12 为表面镀反射膜后经过 2.5 kW·cm^{-2} 功率密度的激光考核试验的 ϕ100 mm 和 ϕ120 mm C/SiC 反射镜,激光考核试验表明,C/SiC 复合材料反射镜在经受高功率密度激光照射时,不会造成材料的破坏,有望满足高能激光器的应用要求。

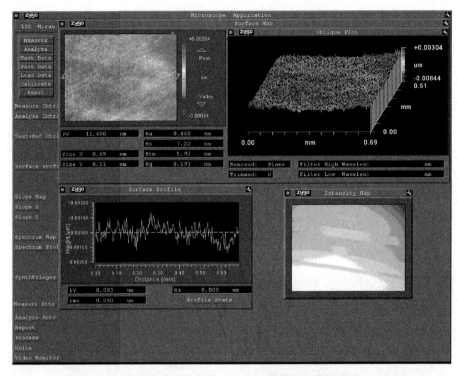

图 7.10　蜂窝夹芯结构 C/SiC 反射镜镜面检测结果

图 7.11　ϕ195 mm×20 mm 夹芯结构 C/SiC 坯体　　图 7.12　激光考核试验后的 C/SiC 反射镜

7.2.4　圆形能动镜

主反射镜是光学系统中最重要的组成部分之一,其轻重对整台空间相机起着关键作用。对于大口径光学系统的反射镜,要求其达到很高的加工精度并且有足够的刚度,因此在轻量化设计和光学加工方法等方面都会存在很大的困难。

随着大型能动光学镜面制造技术的发展,采用超薄反射镜技术可以有效解决这一难题。超薄反射镜技术利用超薄镜直径厚度比大、易受各种外界因素影响的特点,依靠支撑镜面的几十到几百个驱动动器和传感器来控制镜面达到所需要的面形精度。目前,世界上许多发达国家已将超薄反射镜技术作为未来发展空间技术的重要任务,并开展了与之相应的研究、开发工作。

能动镜技术是在一块薄的连续镜面上,加工出符合要求的表面形状,面形精度可以适当降低,薄主镜后部固定一定数量能动可控的加力驱动器,在控制信号作用下,驱动器推动镜面产生变化,以校正镜面误差,达到光学系统要求的面形精度。

图 7.13 为制备的 ϕ195 mm C/SiC 能动镜。该反射镜厚度仅 3 mm,质量 231.4 g,面密度达到 8 kg·m^{-2},可见能动镜具有很大的减重潜力。

C/SiC 复合材料不仅可用于制备能动镜,还可用于制备驱动器,图 7.14 为制

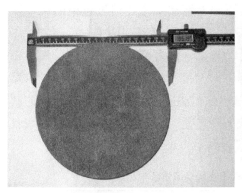

(a) 反射镜坯体　　　　　　　　　　　(b) 抛光后反射镜

图 7.13　ϕ195 mm×3 mm C/SiC 能动镜

(a) 反射镜背面　　　　　　　　　　　(b) 反射镜正面

图 7.14　ϕ195 mm C/SiC 带驱动器结构能动镜

备的 ϕ195 mm 带驱动器结构能动镜。能动镜的底面由 61 个排列规则的六棱柱驱动器组成,驱动器和能动镜面复合在一起,均由 C/SiC 复合材料制备而成。

7.3　大尺寸 C/SiC 反射镜的制备

随着反射镜尺寸的增大,原来在小尺寸反射镜制备过程中可以忽略的问题,如坯体尺寸的微小变化、反应渗透过程中对坯体的支撑结构、反应容器的设计等都必须引起足够的重视。

7.3.1　尺寸稳定性

大尺寸 C/SiC 坯体采用气相渗硅烧结工艺制备。该工艺是一种近净尺寸成型工艺,在制备小尺寸样品时,几乎观察不到素坯在反应烧结过程中的尺寸变化,然而随着反射镜坯体尺寸的增大,这种尺寸的变化需予以谨慎对待。

本书研究了 C 纤维含量为 2.5vol%、CVD C 含量为 17.5vol% 的 C/C 素坯在气相渗硅烧结过程中的线收缩,表 7.1 为不同密度素坯在反应过程中的线收缩率。可以看出所有样品的线收缩率均低于 0.5%,说明采用气相渗硅烧结工艺制备 C/SiC 复合材料时,素坯具有很好的尺寸稳定性。随着素坯密度的增加,线收缩率减小,素坯密度为 0.94 g·cm^{-3} 时,线收缩率为 0.08%。

表 7.1　不同密度 C/C 素坯在气相渗硅烧结过程中的线收缩

密度/(g·cm^{-3})	原始长度/mm	烧结后长度/mm	线收缩率/%
0.40	200.78	199.88	−0.45
0.60	201.33	200.87	−0.23
0.94	201.57	201.41	−0.08

造成素坯在反应过程中体积收缩的原因可能是反应前后材料特性的变化。升温过程中,C/C 素坯受热产生膨胀,反应时坯体处于自由状态,同时素坯中的 C 纤维仍然保持其网络结构,反应完毕,C/C 素坯转化为 C/SiC 坯体,材料组成发生改变,其热膨胀性能相应改变。在降温过程中,材料为 C/SiC,由于 C/SiC 材料的热膨胀系数高于 C/C 素坯的热膨胀系数,降温过程中的产生的收缩将大于升温过程中产生的膨胀,因此,素坯在经历气相渗硅烧结后产生体积收缩。

虽然素坯在反应过程中的线收缩不大,但是对于尺寸为 ϕ600 mm 的反射镜坯体,反应过程中产生的线收缩将达到 0.5 mm 左右,如果对反射镜外形尺寸的精度要求较高,在制备过程中就必须考虑素坯的线收缩特性。

7.3.2　ϕ600 mm 口径 C/SiC 反射镜坯体的制备

1. ϕ600 mm 口径底部开口 C/SiC 反射镜的制备

制备 ϕ600 mm 口径 C/SiC 反射镜坯体,该反射镜坯体采用底部开口轻量化结构。图 7.15 为反射镜的制备过程。坯体表面精磨后,结构均匀,材料致密、无孔洞、无裂纹。坯体加工完毕后,在表面制备了致密 CVD SiC 涂层,如图 7.15(c)所示。

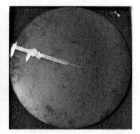

(a) 素坯轻量化加工　　　　　(b) 坯体底面加工　　　　　(c) 制备了CVD SiC涂层

图 7.15　ϕ600 mm 口径底部开口 C/SiC 反射镜

2. ϕ600 mm 口径蜂窝夹芯 C/SiC 反射镜坯体的制备

1) 结构设计

目前由于材料和制备工艺的限制,大尺寸轻量化反射镜镜坯的设计研究主要针对底部开孔结构,蜂窝夹芯结构反射镜的设计相对较少。

无强度损失地制备变形更小、设计空间更大的蜂窝夹芯结构是 C/SiC 复合材料镜坯的一个明显优势,所以 C/SiC 蜂窝夹芯结构的设计势在必行,考察其设计原则、尺寸参数及性能关系便成为蜂窝夹芯结构 C/SiC 反射镜坯体材料制备的一个重要课题。本研究设计的蜂窝夹芯反射镜示意图如图 7.16 所示。

蜂窝夹芯结构 C/SiC 镜坯的设计性能参数主要是面形、轻量化率和转动惯量。

面形的限制因素主要是所应用的光

图 7.16　C/SiC 复合材料蜂窝夹芯
扫描镜的结构示意图

学波段。由于大气窗口的限制,常用的红外侦察的波段为 3~5 μm 和 8~13 μm,这两个波段的平均波长分别为 4 μm 和 10.5 μm。本研究的 ϕ600 mm 口径扫描镜设计用于 3~5 μm 波段,由于红外扫描镜的面形要满足该波段的 1/10 波长的限制,变形应小于 400 nm。

轻量化率的限制主要是满足空间应用对反射镜轻量化率的普遍要求。一般空间反射镜的轻量化率要求为 50%,由于扫描镜特定的应用要求(摆动),因此其轻量化率要满足大于 65%。

转动惯量是扫描摆镜的另一个性能参数,只有尽可能高的轻量化率才能保证其方便地实现摆动,降低其在空间侦察的能耗和提高相机在空间的稳定性。

通过对镜坯各尺寸参数的分析所得出的尺寸选择范围,选择一组尺寸参数进行计算,得到满足面形、轻量化率和转动惯量要求的设计,见表 7.2。图 7.17 为优化后的镜坯表面变形和应力大小分布云图。

表 7.2　优化后的镜坯结构参数和结果

参　　　数			数　值
设计参数	挖孔半径/mm		42
	外边缘厚度/mm		5
	筋厚/mm	中心轴筋	5
		邻近中心轴筋	4
		其他筋	2.5
	面板厚度 H/mm		5
	蜂窝芯厚度 M/mm		30
	背板厚度 N/mm		5
质量/kg			7.685
轻量化率/%			66.08
面密度/(kg·m^{-2})			33.92
转动惯量/(kg·m^2)			0.149 3
最大变形/μm	最大总变形		0.410
	Z 方向最大变形		−0.409
最大应力/MPa			0.513

(2) 坯体制备

采用气相渗硅烧结工艺,制备出了 ϕ600 mm 口径的 C/SiC 复合材料反射镜坯体。图 7.18(a)为轻量化加工后 ϕ600 mm 口径反射镜素坯,图 7.18(b)为烧结完成后反射镜坯体,图 7.18(c)为机械加工后 ϕ600 mm 口径反射镜坯体。

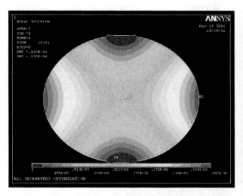 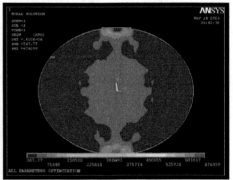

图 7.17　优化后的镜坯表面变形和应力大小

(a) 轻量化加工后的 ϕ600 mm 口径反射镜素坯

(b) 烧结完成后 ϕ600 mm 口径反射镜坯体

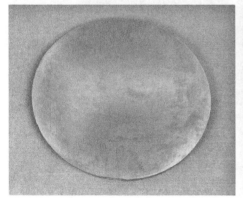 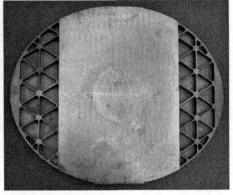

(c) 机械加工后 ϕ600 mm 口径反射镜坯体(左图为正面、右图为底面)

图 7.18　ϕ600 mm 口径 C/SiC 反射镜坯体

7.3.3　米级尺寸 C/SiC 反射镜坯体的制备

在前期研究的基础上,加工了米级尺寸的反射镜素坯,采用优化的气相渗硅烧结工艺,对米级反射镜素坯进行了致密化烧结,进一步验证了大尺寸 C/SiC 镜坯烧结工艺的稳定性和可重复性。图 7.19 为烧结前 C/C 复合材料素坯照片,图 7.20 为烧结后打磨平整的 C/SiC 复合材料素坯照片。

(a) 正面

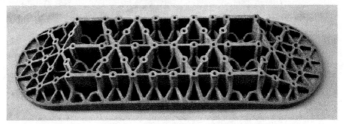

(b) 底面

图 7.19　烧结前 C/C 复合材料素坯

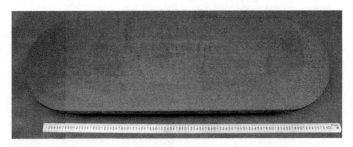

图 7.20　烧结后打磨平整的 C/SiC 复合材料素坯

SiC 致密涂层制备过程包括两个主要步骤,首先是在 C/SiC 坯体表面进行预涂层的成型,预涂层厚度控制在毫米级,以满足后续烧结与加工的要求;随后,对预涂层进行气相渗硅烧结,获得致密的 SiC 涂层。

预涂层制备过程中,通过改善配方,调节浆料黏度等参数,获得适合坯体表面涂覆的预涂层浆料。预涂层质量控制要求是：预涂层干燥后，与坯体结合牢固，不开裂。研究中发现，对于口径小的反射镜坯，可以使浆料进行流动铺展，从而获得一定厚度、均匀的预涂层。但是对于米级口径的镜坯，浆料流动铺展不均匀，必须通过合适的工装夹具的控制，才能使浆料均匀涂覆。试验中将浆料厚度控制在 1 mm 以上。图 7.21 为完成了预涂层制备的米级镜坯。

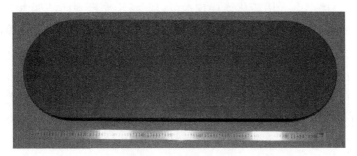

图 7.21　表面制备了预涂层的米级反射镜坯体

为了避免烧结过程中涂层开裂，对其进行分段处理，采用优化的烧结工艺对涂覆后的预涂层进行气相渗硅烧结，使预涂层完全转化为 Si – SiC 涂层，烧结打磨后具有致密均匀涂层的坯体表面形貌如图 7.22 所示。涂层厚度约为 0.7 mm，

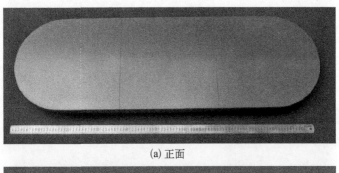

(a) 正面

(b) 底面

图 7.22　涂层渗硅烧结并打磨后的米级反射镜

具备光学抛光条件。

7.4　C/SiC 复合材料反射镜研究展望

　　C/SiC 复合材料反射镜具有密度低、比刚度高、热导率高、热膨胀系数低、抗辐照性能好等优点。采用转化连接技术可以制备出底部封闭的蜂窝夹芯结构反射镜,在降低反射镜质量的同时提高了结构比刚度,大大增强了反射镜的整体效能。C/SiC 复合材料还可用于制备超薄能动镜,能有效降低卫星的有效载荷,大大降低反射成本。目前,国内在可见光、红外和高能激光领域对 C/SiC 反射镜的需求非常迫切,为了加快我国急需的大尺寸 C/SiC 反射镜的自行研制进程,在现有的基础上还需要进行的工作有:① 充分了解反射镜的应用背景和使用环境,对反射镜进行各种环境模拟考核;充分了解反射镜在各种环境中的使用性能,为反射镜的应用打下坚实基础。② 采用 C/SiC 复合材料制作反射镜和支撑结构,这样可保证镜面材料和支撑材料的线膨胀系数相一致,将大大提高空间相机的精度,同时降低空间相机的重量。③ 对反射镜及其支撑结构进行轻量化设计。④ 深入开展大尺寸坯体制备技术研究和大面积 CVD SiC 涂层的制备技术研究,开发新型涂层制备技术。

第 8 章　近零膨胀先驱体浸渍裂解 C/SiC 复合材料热膨胀行为研究

当今时代,空间技术已成为一个国家科技实力和大国地位的有力体现,空间作战能力也成为一个强国必备的国防军事实力,空间侦察作为空间作战的有力手段也备受各国重视。因此,高分辨率空间相机作为空间侦察的"千里眼",在深空探测、对地侦察、资源勘探、气象预报、灾害预警等方面发挥着非常重要的作用。新型轻质空间光机结构件是高分辨率空间相机的核心关键件。空间光机结构件主要包括光学反射镜和支撑结构件,支撑结构件又主要包括反射镜镜筒、光具座、焦平面基板、桁杆等。

连续纤维增强的 SiC 复合材料具有力学性能好、热膨胀系数低的优势,通过先驱体浸渍裂解(PIP)工艺制备得到的复合材料还具备密度低、基体成分单一的特点,在空间光机结构件方面具有很好的应用前景。本书通过研究 PIP 工艺下连续纤维增强 C/SiC 复合材料热膨胀性能研究,掌握热膨胀性能的影响因素,控制热膨胀系数,从而实现复合材料近零膨胀及其膨胀系数的可设计性。

为研究 C/SiC 复合材料热膨胀行为及其影响因素,本章以单向纤维增强 C/SiC、多种编织结构、编织纱线细度规格、不同 PIP 周期为研究对象,分析 PIP C/SiC 复合材料热膨胀行为,不同编织结构 C/SiC 复合材料纵、横向热膨胀系数及其控制机理,PIP 周期对热膨胀性能的影响等。

8.1　空间光机支撑结构对近零膨胀材料的要求

空间光机结构件工作环境中剧烈的温度变化、空间辐射、空间碎片撞击,以及空间原子氧冲击和火箭发射过程中的振动都会对相机光学系统的精密结构造成影响,成为决定空间相机使用寿命及成像精度的关键因素。高性能空间相机光机支撑结构对材料性能的要求是:低密度、高模量、高热导率、低膨胀系数。具体而言,空间光机支撑结构除了要具有轻质化、力学性能和耐太空环境能力良好的特点,最关键的是还要具有低热膨胀系数。为保证空间相机的高分辨率,其光学系统在服役环境中要有足够好的尺寸稳定性,即在温度交变环境下保持尺寸稳定,因此空间光机支撑结构材料的热膨胀系数应尽可能低,通常其室温热膨胀系数 α 满足: $-0.3\times10^{-6}\ \mathrm{K}^{-1}<\alpha<0.3\times10^{-6}\ \mathrm{K}^{-1}$,而理想化的材料体系应具有零膨胀特性。

目前采用的空间光机支撑结构材料为以钛合金为代表的金属材料和以 C/环氧树脂为代表的树脂基复合材料。金属钛支撑结构材料存在的缺点是密度大($4.5\ \mathrm{g\cdot cm^{-3}}$)、比模量低(约 25)、热导率低($8.8\ \mathrm{W\cdot m^{-1}\cdot K^{-1}}$)、热膨胀系数高($8.9\times10^{-6}\ \mathrm{K}^{-1}$)。以 C/环氧树脂支撑结构材料存在的缺点是:热导率低[$16.7\ \mathrm{W\cdot m^{-1}\cdot K^{-1}}$(纵向)/$0.67\ \mathrm{W\cdot m^{-1}\cdot K^{-1}}$(横向)],且在空间辐射环境下易降解,尺寸精度难以保持,影响相机在轨服务寿命。

C/SiC 复合材料是最具代表性,也是应用最广泛、最具应用前景的一类陶瓷基复合材料,被认为是继 C/C 复合材料之后发展起来的一种新型战略材料,可大幅度提高武器装备的性能。C/SiC 一直被用作高温结构材料,如应用于航空航天领域的姿轨控发动机推力室,大型火箭喷管扩张段,导弹的鼻锥、导翼,飞行器机翼和盖板等。近年来,国内外研究人员创新性发现,C/SiC 复合材料的低膨胀、低密度、高模量特性很适合用于制备空间相机上的支撑结构,如镜筒、相机主结构、镜片支撑结构、框环结构件、焦面基板等。而且,C/SiC 复合材料的性能可以通过设计、调整结构、制备工艺和组分实现近零膨胀,不同种类的 C/SiC 复合材料的热膨胀系数如图 8.1 所示。

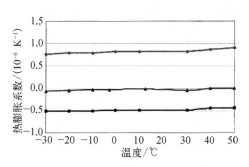

图 8.1　不同种类的 C/SiC 复合材料的热膨胀系数

8.2　单向纤维增强 C/SiC 复合材料的热膨胀性能

将 35vol%、45vol%、55vol% 一定数量的 C 纤维沿纵向平铺于模具中,使用 50wt% 的聚碳硅烷溶液浸渍裂解,制备得到不同体积分数 C 纤维的单向增强 C/SiC 复合材料(即 1D C/SiC)。将聚碳硅烷裂解后得到的块状疏松结构 SiC 基体研

磨成粉末,然后使用压机将一定质量的
SiC 粉末压成块状,再真空浸渍聚碳硅烷
进行裂解,循环浸渍-裂解过程,得到 PIP -
SiC 陶瓷,用于对 SiC 基体的相关性能研究。

图 8.2 为 PIP - SiC 陶瓷的 X 射线衍
射图谱,可知 SiC 在 36°(111 面)、60.1°
(220 面)的特征峰并不尖锐,而是呈现一
种"峰包"状,表明 SiC 结晶不完全,主要
为无定形结构。无定形的 SiC 热膨胀系
数较结晶态 SiC 要小。

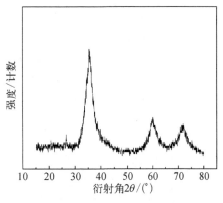

图 8.2　PIP - SiC 的 X 射线衍射图谱

8.2.1　单向纤维增强 C/SiC 复合材料纵向热膨胀行为

图 8.3 所示为单向纤维增强 C/SiC 复合材料 PIP - SiC 热膨胀系数随温度变
化的曲线。

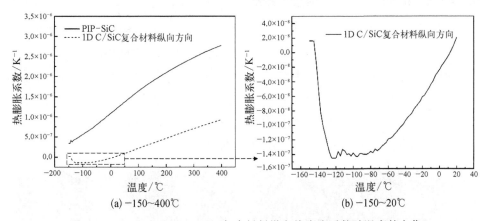

(a) −150~400℃　　　　　　　　　　(b) −150~20℃

图 8.3　PIP - SiC 和 1D C/SiC 复合材料纵向热膨胀系数随温度的变化

从图 8.3(a)中可以看出,PIP - SiC 与 1D C/SiC 复合材料的热膨胀曲线随
温度升高均呈线性上升,而 1D C/SiC 复合材料纵向热膨胀系数小于 PIP - SiC。
这是由于 C 纤维轴向热膨胀系数为 $-0.3×10^{-6}\,K^{-1}$,且轴向方向模量很高,从而限
制了 SiC 基体的膨胀,复合材料热膨胀系数变小。图 8.3(b)显示了在 −150 ~
20℃ 内 1D C/SiC 纵向热膨胀系数变化曲线,曲线先下降后上升,说明 C 纤维
在低温下对 SiC 热膨胀具有限制作用,在 −150 ~ −100℃,C 纤维轴向负膨胀强
于 SiC 的正膨胀,C 纤维通过界面对 SiC 基体的限制作用很强,复合材料表现

为负膨胀,此时复合材料的热膨胀主要受控于 C 纤维。随着温度升高,SiC 热膨胀系数逐渐变大,导致 C 纤维对 SiC 的限制作用逐渐减小,复合材料热膨胀在经过一个"平台"过程后表现为正膨胀,且膨胀曲线呈线性上升,但上升斜率低于 SiC,说明 C 纤维对 SiC 限制作用在逐渐减小,而到近 400℃时,复合材料热膨胀曲线上升斜率基本与 SiC 的一样,说明此时材料的热膨胀主要受控于 SiC 基体。

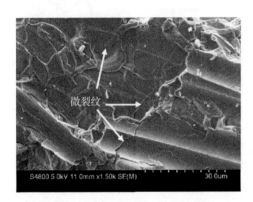

图 8.4　C/SiC 复合材料微观形貌
扫描电镜照片

可见,在 SiC 中加入 C 纤维可以有效降低材料的热膨胀系数。此外,当复合材料从制备温度冷却到室温时,纤维受压应力,基体受拉应力,这种存在于界面处的残余应力会使基体内部产生垂直于纤维表面的微裂纹,如图 8.4 所示,图中可以看出,微裂纹的尺寸大多介于几十纳米至几十微米数量级之间,随着温度上升,C 纤维和基体产生热膨胀,微裂纹就为基体的热膨胀提供了一定的空间。

而在没有纤维增强的 SiC 陶瓷中,由于 SiC 单相存在,在温度变化时,SiC 内部晶格非线性振动相同,材料的热膨胀或收缩一致,内部没有因热匹配不协调而产生的微裂纹,图 8.5 为 PIP－SiC 陶瓷宏观照片及表面扫描电镜照片,可以看出,SiC 陶瓷表面均匀平整,SiC 表面没有出现微裂纹。

(a) 宏观照片

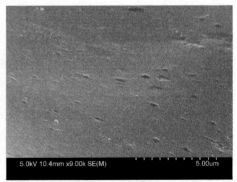

(b) 扫描电镜

图 8.5　SiC 陶瓷

8.2.2　单向纤维增强 C/SiC 复合材料横向热膨胀行为

图 8.6 所示为 1D C/SiC 复合材料和 PIP - SiC 的横向热膨胀随温度的变化
曲线。可以看到,1D C/SiC 复合材料横向热膨胀系数明显高于 PIP - SiC,两者
曲线均近似线性升高且上升斜率基本
一致,说明在横向方向上,C 纤维会增
大 1D C/SiC 复合材料的热膨胀系数。

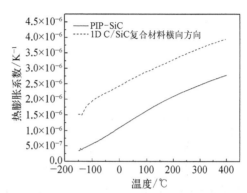

图 8.6　PIP - SiC 和 1D C/SiC 复合材料
横向热膨胀系数随温度的变化

C 纤维的径向热膨胀系数为 5.5×10^{-6} K^{-1},高于 SiC 基体,在 1D C/SiC
复合材料从制备温度冷却时,在径向
方向上纤维受拉应力,基体受压应力,
因此在界面处产生残余应力,部分区
域由于残余应力甚至大于基体强度,
造成界面脱黏。当测试温度上升时,
与冷却相反,此时纤维和基体所受到

的热应力与残余应力方向相反,所以残余应力逐渐释放,但是 C 纤维径向模量远
小于 SiC 基体,因此 1D C/SiC 复合材料的热膨胀曲线变化规律与 PIP - SiC 热膨
胀规律基本一致。由于 C 纤维径向热膨胀系数较高,故 1D C/SiC 复合材料的热
膨胀系数要高于 PIP - SiC。

8.2.3　C 纤维体积分数对 C/SiC 复合材料热膨胀系数的影响

图 8.7 和图 8.8 分别为不同 C 纤维体积分数的 1D C/SiC 复合材料纵向、横
向热膨胀系数随温度变化的曲线,可以发现,复合材料的纵向热膨胀系数随着 C
纤维体积分数的增加而降低,横向热膨胀系数随体积分数的增加而增加。这主
要是由于 C 纤维轴向和径向方向热膨胀系数的正负差异导致的。

目前,理论计算单向纤维增强复合材料的热膨胀系数已有很多研究,也有很
多计算方法进行估算,其中,Schapery[148] 公式应用最为广泛,也最接近实验值,
公式如下:

$$\alpha_1 = \frac{E_f \alpha_f v_f + E_m \alpha_m v_m}{E_f v_f + E_m v_m} \tag{8.1}$$

$$\alpha_2 = (1 + \nu_f) \alpha_f v_f + [1 + \nu_m \alpha_m v_m - \alpha_1 (\nu_f v_f + \nu_m v_m)] \tag{8.2}$$

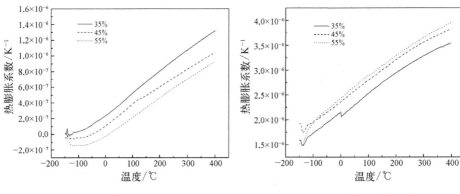

图 8.7　C 纤维体积分数对纵向　　　　图 8.8　C 纤维体积分数对横向
　　　　　热膨胀系数的影响　　　　　　　　　　　热膨胀系数的影响

式中，α_1、α_2 分别表示复合材料纵向、横向热膨胀系数；E_f、E_m 分别为 C 纤维和 SiC 基体的弹性模量；v_f、v_m 分别为 C 纤维和 SiC 基体的体积分数；ν_f、ν_m 分别为 C 纤维和 SiC 基体的泊松比。

　　按照式(8.1)～(8.2)对 C 纤维体积分数为 35%、45%、55% 的复合材料进行热膨胀系数计算，不同体积分数的 C/SiC 复合材料常温下热膨胀系数理论计算值与实验值如表 8.1 所示。可以看出，无论是轴向还是径向，理论值都较实验值高，这是由于在理论计算中没有考虑 C/SiC 复合材料内部微裂纹对热膨胀的一部分抵消作用。

表 8.1　1D C/SiC 复合材料热膨胀系数理论值与实验值比较

纤维体积分数	纵　　向		横　　向	
	理论值 /(10^{-6} K^{-1})	实验值 /(10^{-6} K^{-1})	理论值 /(10^{-6} K^{-1})	实验值 /(10^{-6} K^{-1})
35%	0.90	0.77	3.60	3.00
45%	0.70	0.66	4.30	3.20
55%	0.48	0.44	5.00	3.40

　　图 8.9 和图 8.10 分别为纵、横两向热膨胀系数理论值与实验值变化趋势比较。从图中可以看出，虽然理论值与实验值有一定的差异，但无论是纵向热膨胀系数还是横向热膨胀系数变化趋势，它们随体积分数的变化趋势是相似的，说明理论计算预测 1D C/SiC 复合材料的热膨胀系数与实验值结果是比较接近的。

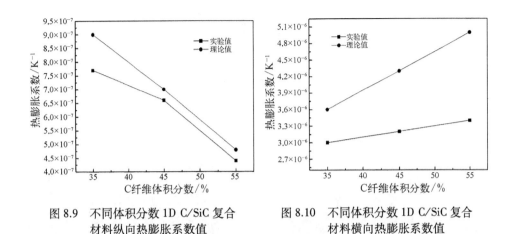

图 8.9 不同体积分数 1D C/SiC 复合
材料纵向热膨胀系数值

图 8.10 不同体积分数 1D C/SiC 复合
材料横向热膨胀系数值

8.3 编织结构 C/SiC 复合材料的热膨胀性能

通过 8.2 节的分析可知,C 纤维可以限制 SiC 的热膨胀,从而有效降低材料的热膨胀系数,而对于制备大尺寸低膨胀 C/SiC 复合材料则需要 C 纤维编织结构预制件作为"骨架"。本节中使用质量分数为 50% 的聚碳硅烷溶液对 2.5D、3D3d、3D4d、3D5d、3D6d C 纤维编织预制件进行相同周期的浸渍裂解,制备得到不同编织结构的 C/SiC 复合材料,并对其密度、孔隙率、力学性能及热膨胀性能进行了研究,分析编织结构对 C/SiC 复合材料性能的影响。

8.3.1 编织结构对 C/SiC 复合材料密度、孔隙率的影响

表 8.2 为不同编织结构 C/SiC 复合材料的密度、孔隙率。由表可知,不同编织结构的 C/SiC 表现出不同的密度和孔隙率,其中 3D3d C/SiC 密度最小,为 1.69 g·cm^{-3},但孔隙率最高,达到了 14.7%;3D4d C/SiC 密度最高,为 1.92 g·cm^{-3},但孔隙率只有 10%。说明编织结构的不同,使得在聚碳硅烷进入纤维编织件孔隙的难易程度不同。从图 8.11 也可看出不同编织结构所展现的孔隙多少及形貌均不同。

在浸渍裂解过程中,聚碳硅烷高温裂解时体积收缩并有小分子气体溢出而形成孔隙,在 PIP 循环裂解过程中,孔隙逐渐减少,密度逐渐增大,但由于编织结构的差异,有的编织结构预制件容易形成较大的孔隙,毛细管力作用较小,在裂

表 8.2　不同编织结构 C/SiC 复合材料的密度和孔隙率

编 织 结 构	密度/(g·cm^{-3})	孔隙率/%
2.5D	1.87	13.7
3D3d	1.69	14.7
3D4d	1.92	10.0
3D5d	1.83	10.2
3D6d	1.79	13.0

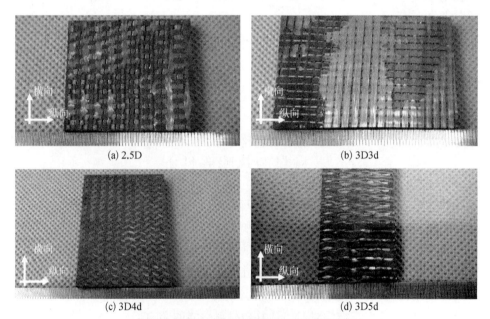

(a) 2.5D　　　　　　　　　　　　(b) 3D3d

(c) 3D4d　　　　　　　　　　　　(d) 3D5d

(e) 3D6d

图 8.11　不同编织结构 C/SiC 复合材料光学照片

解温度上升时,PCS 的流动性增强,导致了 PCS 从较大的孔隙中流出,PCS 裂解转变为 SiC 的含量减少,从而不利于复合材料的致密化,孔隙率较高。因此,不同的编织结构预制件中初始孔隙的大小及形态决定了在相同 PIP 周期下不同的孔隙率和密度。

　　图 8.12 为 C/SiC 复合材料密度随 PIP 周期变化图,图 8.13 为 C/SiC 复合材料孔隙率随 PIP 周期变化图,从图中可以看出,不同结构 C/SiC 复合材料密度及孔隙率的变化趋势不同,但密度的增长与孔隙率下降趋势基本一致。2.5D 结构的 C/SiC 孔隙率降低最快,这是由于 2.5D 编织结构具有类似二维的叠层结构,层间孔隙较大,且沿纬向纱呈通孔,在循环 PIP 工艺周期中,浸渍液在真空状态下比较容易进入孔隙进行裂解,因此其密度和孔隙率的变化曲线较其他结构明显。3D3d 结构纤维相互正交,孔隙形状是较为规则的长方体,且孔隙随编织方向排列整齐,孔隙率较高,因此密度较低;然而 2.5D 和 3D3d 编织结构初始孔隙均较大,体现为“少而大”的特点,因此复合材料的最终孔隙率也较高。3D4d、3D5d、3D6d 纤维相互交叉连续贯穿编织,它们的孔隙较小且为不规则的多面体,孔隙分布特点为“多而小”,3D5d 在 3D4d 编织结构的基础上增加了沿编织方向的经向增强纱(五向纱),纤维束之间的孔隙比 3D4d 结构的更小,因此随着周期增加,其残留孔隙率变化不大。而 3D6d 较 3D5d 增加横向纱线(六向纱),编织结构更加复杂,孔隙也更小,其密度和孔隙率的变化趋势也最为平缓。但是有的孔隙随着 PIP 周期的增加形成了闭孔或者非常小的开孔,在循环时浸渍时有一定黏稠度的聚碳硅烷难以进入,所以其孔隙率反而较高。

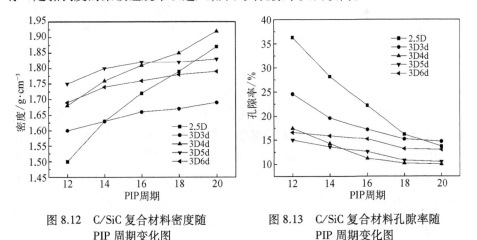

图 8.12　C/SiC 复合材料密度随
PIP 周期变化图

图 8.13　C/SiC 复合材料孔隙率随
PIP 周期变化图

8.3.2　编织结构对 C/SiC 复合材料力学性能的影响

　　表 8.3 列出了不同编织结构 C/SiC 复合材料的弯曲强度和弯曲模量,可以看出,不同编织结构的 C/SiC 复合材料表现出明显的力学性能差异。相比之下,

3D5d C/SiC 力学性能最好,弯曲强度和模量分别达到了 334 MPa 和 63 GPa;
2.5D C/SiC 力学性能最差,其弯曲强度和模量分别仅有 156 MPa 和 24.7 GPa。

表 8.3　不同编织结构 C/SiC 复合材料的力学性能

编 织 结 构	弯曲强度/MPa	弯曲模量/GPa
2.5D	156	24.7
3D3d	296	36.7
3D4d	158	31.8
3D5d	334	63.0
3D6d	232	38.2

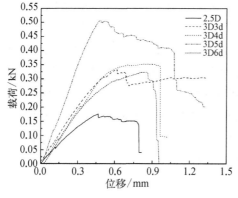

图 8.14　不同编织结构 C/SiC 复合
材料载荷-位移曲线

图 8.14 所示为 20 周期的编织结构 C/SiC 复合材料位移-载荷曲线,可以看出,2.5D 结构 C/SiC 复合材料在承受载荷时,位移-载荷曲线具有明显的"台阶"段,这主要是与 2.5D 的类层状结构有关。2.5D 编织结构的经纱呈弯曲状态穿过相邻两层的纬向纱,复合材料的孔隙主要在层间沿纬向分布,层与层之间分隔明显。在受到外载荷作用时,最弱的一层的基体首先出现小裂纹,承载能力下降,但由于纤维的桥联和拔出消耗能量,同时未断裂层继续承载,也会出现小裂纹直至断裂。如图 8.15(a)所示为 2.5D 结构 C/SiC 复合材料断口的微观形貌,单层断口处有明显的纤维拔出,但由于单层断口承载能力不强,因此纤维拔出数量较少。

3D3d 结构与 2.5D 结构具有相似的层状结构,不同的是,2.5D 结构在厚度方向主要是依靠经向纱在厚度方向的分量,没有沿厚度方向的编织纱线,而 3D3d 具有专门的厚度方向编织纱,增加了厚度方向纤维含量,对经向纱和纬向纱具有支撑增强的作用,因此其承载能力较 2.5D 结构有大幅提高。表 8.3 和图 8.14 的测试结果也说明了这一点。从图 8.15(b)可以很明显地看到材料的纤维拔出状况。但由于 3D3d C/SiC 复合材料孔隙的规则排布,在材料承受外载荷时,断口一般发生在靠近受力点处孔隙沿厚度方向分布较多的地方,因为这些区域 SiC 含量少,承载能力较弱。

根据有限元模型可知,3D4d、3D5d、3D6d 编织结构具有沿袭性,即 3D5d、

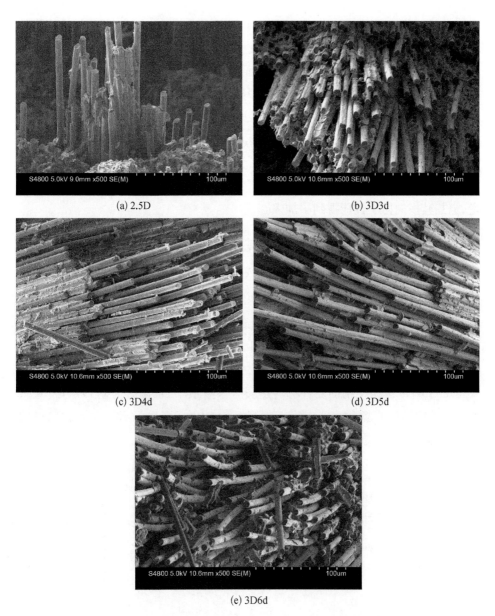

(a) 2.5D

(b) 3D3d

(c) 3D4d

(d) 3D5d

(e) 3D6d

图 8.15　不同编织结构 C/SiC 复合材料断口微观形貌

3D6d 是在 3D4d 的基础上发展起来的,这三种结构的编织纱线在厚度方向连续贯穿编织,整体编织成型,层间剪切强度较高,力学性能较好。图 8.15(c)、(d)所示为 3D4d、3D5d C/SiC 复合材料断口微观形貌,可以看出,它们的纤维拔出多,复合材料呈现较好的韧性断裂,这是典型的高强、高韧连续纤维增强陶瓷基

复合材料的断口形貌。从表 8.3 可知 3D5d、3D6d C/SiC 复合材料力学性能较
3D4d 要高,图 8.15(d)、(e)纤维拔出也更加明显,其差别主要是因为 3D5d、
3D6d 结构中加入了经向增强纱。一方面,经向纱的加入提高了沿经向的纤维体
积分数,材料在受外载荷时,阻挡基体裂纹的纤维增多,而碳纤维又是主要的承
载单元,因此其力学性能较 3D4d 提高。另一方面,3D4d 结构的孔隙主要沿经向
排布,而 3D5d、3D6d 加入的经向增强纱减少经向孔隙,将 3D4d 结构中的孔隙
"分割"成更小的孔隙,材料致密度较高,力学性能也较高。3D6d 结构的复合材
料其力学性能要低于 3D5d,主要是由于六向纱的加入降低了五向纱的体积含
量,但是其横向力学性能得到了加强。

8.3.3　不同编织结构 C/SiC 复合材料的纵向热膨胀性能

　　图 8.16 所示为不同编织结构 C/SiC 复合材料纵向热膨胀系数随温度的变化
曲线,表 8.4 所示为它们在常温下的热膨胀系数值。可以看出,在整个温度范围
内,它们的曲线都随着温度的升高呈近似线性上升,且与单向 C/SiC 复合材料的纵
向热膨胀曲线上升趋势基本一致;不同编织结构的 C/SiC 复合材料具有不同的热
膨胀系数,其中 3D4d 编织结构的复合材料热膨胀系数最大,常温时为 $1.14\times$
10^{-6} K^{-1};3D5d 编织结构的复合材料热膨胀系数最小,常温时为 0.19×10^{-6} K^{-1},
但所有编织结构的复合材料的纵向热膨胀系数均大于 1D C/SiC 复合材料,说明
编织结构的差异会导致 C/SiC 复合材料热膨胀系数的不同。

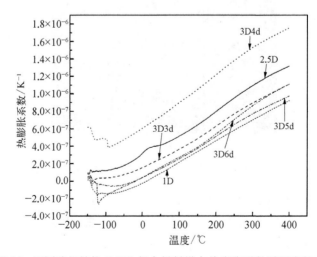

图 8.16　不同编织结构 C/SiC 复合材料纵向热膨胀系数随温度的变化

表 8.4　C/SiC 复合材料常温纵向热膨胀系数值

编织结构	2.5D	3D3d	3D4d	3D5d	3D6d
α 纵向/(10^{-6} K^{-1})	0.69	0.59	1.14	0.19	0.52

首先,1D C/SiC 复合材料中纤维均沿纵向方向,C 纤维对 SiC 基体热膨胀的限制作用大,材料的纵向热膨胀主要表现为 C 纤维的轴向热膨胀以及 SiC 基体的热膨胀,而其他编织结构的复合材料只有一部分的 C 纤维处于沿纵向排布,因此纵向热膨胀系数较 1D C/SiC 高。

2.5D 编织结构用纬纱贯穿经纱形成互锁,由近似正弦曲线走向的经纱和近平直的纬纱相互交织构成。因此在 2.5D 结构里有约一半的纤维处于纵向位置,但呈近正弦曲线弯曲状态,另一半则处于横向位置,且呈近直线状态。当复合材料从制备温度冷却时,复合材料内部由于热匹配失调产生垂直于纵向纤维的微裂纹,而横向纤维由于降温时收缩较大,部分地方会产生脱黏造成一定的空隙。在温度上升时,虽然纵向纤维会对 SiC 基体的热膨胀起到一定的限制作用,但是横向 C 纤维的径向热膨胀比较自由,且 C 纤维径向热膨胀系数远高于轴向热膨胀系数,因此 2.5D 编织结构 C/SiC 复合材料的纵向热膨胀主要取决于横向 C 纤维的径向热膨胀以及 SiC 基体的热膨胀。

3D3d 编织结构在三个方向上纤维纱线相互正交且呈直线状态,在纵向、横向方向纤维体积含量各占 40%,厚度方向为 20%。与 2.5D 编织结构 C/SiC 复合材料热膨胀机理相似,3D3d C/SiC 复合材料纵向热膨胀主要受控于 SiC 基体的热膨胀和横向、厚度方向分布的 C 纤维径向热膨胀。但是相比于 2.5D 结构,由于 3D3d 结构纵向 C 纤维为直线分布,能够充分发挥纤维轴向负膨胀作用,对 SiC 基体的限制作用更强。而且 3D3d 结构具有更好地整体性,纤维的承受外载荷的能力明显增强,纤维与基体的界面结合也较 2.5D 复杂,所以 3D3d C/SiC 复合材料较 2.5D C/SiC 复合材料的热膨胀系数低。

3D4d 内部单胞结构中每束纤维束均在与侧表面成一定角度的纵向平面内走向。在整个编织结构内,3D4d 的 4 股纤维纱线均为弯曲状态,沿纵向相互穿插形成整体,且在穿插编织过程中,由于弯曲跨度大,且每股之间相互交织,纱线股会发生一定程度的扭转现象。因此纤维不能够充分发挥对 SiC 基体的限制作用,这可能是导致 3D4d C/SiC 热膨胀系数最高的因素。在有限元分析中,3D4d 热膨胀系数小于 2.5D C/SiC,这是由于 3D4d 单胞模型中纤维按直线状态建模,且未引入纤维扭转状态,因此热膨胀系数较小。

　　3D5d 编织结构是在 3D4d 编织结构基础上加入了沿纵向的不动纱线（五向纱）。五向纱为近直线分布，从 ANSYS 单胞模型可知，3D5d 单胞中有 9 份不同含量的五向纱，根据计算，3D5d 编织结构中五向纱的体积含量占整个 C 纤维的44.5%。因此，五向纱对于降低复合材料的热膨胀系数起了决定性作用。此外，五向纱的加入使得复合材料的界面结构更加趋于复杂，而且五向纱为近直线状态，纤维对 SiC 的限制作用更加明显，所以 3D5d 编织结构的 C/SiC 复合材料热膨胀系数最低。

　　3D6d 编织结构是在 3D5d 编织结构基础上加入了沿横向的不动纱（六向纱），每半个花节加入一次六向纱，横向加满。虽然微观界面结构是最为复杂的，但是由于六向纱的加入，使得复合材料在纵向方向上受到 C 纤维径向热膨胀的影响，纤维径向热膨胀在一定程度上缓解了五向纱对 SiC 基体的限制作用，特别是在五向纱和六向纱相交的地方，C 纤维径向热膨胀占据主导。所以，3D6d C/SiC 复合材料比 3D5d C/SiC 复合材料热膨胀系数更高。

8.3.4　不同编织结构 C/SiC 复合材料的横向热膨胀性能

　　图 8.17 所示为不同编织结构 C/SiC 复合材料横向热膨胀系数随温度的变化曲线。在整个温度范围内，不同编织结构的 C/SiC 复合材料横向热膨胀系数曲线随温度上升的趋势与单向纤维增强 C/SiC 复合材料的曲线基本一致，但系数值大小不同，从表 8.5 可知 3D6d C/SiC 横向热膨胀系数最小，常温时为 0.55×10^{-6} K^{-1}；3D5d C/SiC 最大，常温时为 2.51×10^{-6} K^{-1}。说明编织结构对复合材料的

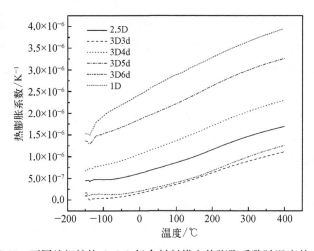

图 8.17　不同编织结构 C/SiC 复合材料横向热膨胀系数随温度的变化

表 8.5　C/SiC 复合材料横向常温热膨胀系数值

编织结构	2.5D	3D3d	3D4d	3D5d	3D6d
α 横向/(10^{-6} K^{-1})	1.13	0.59	1.66	2.51	0.55

横向热膨胀系数的大小也产生了影响。

1D C/SiC 复合材料中纤维均沿纵向方向,其横向热膨胀系数主要取决于 C 纤维径向热膨胀以及 SiC 基体的热膨胀,热膨胀大,热膨胀系数高。而其他编织结构的复合材料只有一部分或者没有 C 纤维处于沿横向排布,因此横向热膨胀系数较 1D C/SiC 低。

2.5D 结构里约有一半的纤维处于纵向位置,呈正弦曲线弯曲状态,另一半则处于横向位置,呈直线状态。2.5D 编织结构中经纱的径向热膨胀较大,但纬纱为直线状态,C 纤维能够充分发挥对 SiC 基体热膨胀的限制作用,因此 2.5D 编织结构热膨胀系数较单向增强的 C/SiC 复合材料要小。

3D3d 编织结构由于在纵向和横向方向的结构以及纤维排布方式一致,横向热膨胀行为与纵向热膨胀行为也基本一致,所以 3D3d 编织结构的 C/SiC 复合材料横向热膨胀系数较小。

3D4d 和 3D5d 编织结构中,由于 4 股编织纱线均沿纵向穿插编织,横向方向没有如 2.5D、3D3d、3D6d 编织结构的直线状态纤维,因此复合材料的横向热膨胀主要表现为纵向方向纤维的径向热膨胀,热膨胀系数较大。而 3D5d 由于有一定含量纵向近直线态纤维,因此其复合材料的横向热膨胀系数较 3D4d 大。

3D6d 编织结构中由于在 3D5d 的基础上加入了横向直线分布的六向纱,因此其复合材料横向热膨胀系数受到六向纱纤维轴向热膨胀的限制,热膨胀系数较 3D4d 和 3D5d 编织结构的小。

现将各种不同编织结构 C/SiC 复合材料热膨胀行为控制因素总结如表 8.6 所示。

表 8.6　不同编织结构 C/SiC 复合材料热膨胀行为的控制因素

复合材料类型	纵 向 热 膨 胀	横 向 热 膨 胀
2.5D C/SiC	横向 C 纤维径向热膨胀、SiC 基体、界面	横向 C 纤维的轴向热膨胀、SiC 基体、界面
3D3d C/SiC	横向、厚度方向 C 纤维径向热膨胀、SiC 基体、界面	纵向、厚度方向 C 纤维径向热膨胀、SiC 基体、界面
3D4d C/SiC	C 纤维轴向热膨胀、SiC 基体、界面	C 纤维径向热膨胀、SiC 基体、界面

复合材料类型	纵 向 热 膨 胀	横 向 热 膨 胀
3D5d C/SiC	C 纤维轴向热膨胀、SiC 基体、界面	C 纤维径向热膨胀、SiC 基体、界面
3D6d C/SiC	C 纤维轴向热膨胀、六向纱纤维径向热膨胀、SiC 基体、界面	C 纤维径向热膨胀、六向纱纤维轴向热膨胀、SiC 基体、界面

　　通过有限元方法对不同编织结构 C/SiC 复合材料的纵向热膨胀系数进行了分析,得到了等效热膨胀系数值,表 8.7 列出了常温下不同编织结构 C/SiC 复合材料纵向热膨胀系数实验值和有限元分析值。

表 8.7　C/SiC 复合材料常温纵向热膨胀系数实验值与有限元分析值

编 织 结 构	2.5D	3D3d	3D4d	3D5d	3D6d
α 实验值/$(10^{-6}\ \text{K}^{-1})$	0.69	0.59	1.14	0.19	0.52
α 有限元分析值/$(10^{-6}\ \text{K}^{-1})$	1.06	0.64	0.96	0.30	0.60

　　从表 8.7 中可以看出,除 3D4d 结构外,其他编织结构的 C/SiC 复合材料热膨胀系数实验值均比有限元分析值要小,这主要是由于在有限元模型中没有加入复合材料的孔隙结构,从而导致有限元模型的 SiC 体积分数较高,微裂纹对 SiC 基体膨胀的抵消作用也没有考虑,因此热膨胀系数值要高于实验值。通过有限元分析,能够直观地看到在纤维与基体界面结合处有较大的应力应变产生,这是因为 C 纤维和 SiC 基体的物质性质差异导致的界面残余应力,这种应力可以使得 C 纤维充分发挥其纵向负热膨胀和纵向高模量对 SiC 基体热膨胀的限制作用,从而起到抑制复合材料热膨胀的作用。

8.4　编织纱线细度对 C/SiC 复合材料热膨胀性能的影响

　　从前面的研究中,可以知道 C 纤维可以限制 SiC 基体的膨胀,而且单向 C 纤维体积分数的增加有利于热膨胀系数的降低,因此,在体积分数一定的情况下,通过改变 C 纤维编织纱线股数规格,有使热膨胀系数进一步降低的可能。研究中选用纵向热膨胀系数最低的 3D5d 编织结构,通过制备几种不同纱线细度的 3D5d C/SiC 复合材料,研究纱线细度规格对 C/SiC 复合材料热膨胀系数的影响。

　　表 8.8 为本书所设计选用的几种纱线细度的编织结构主要参数:五向纱细

度为 A、B 两种（A<B）；编织纱细度为 C、D 两种（C<D），几种细度的编织预制件同炉同批次制备得到 C/SiC 复合材料，考察材料的热膨胀性能。

表 8.8　3D5d 编织结构预制件主要参数表

编 织 结 构	3D5d 结构			
碳纤维规格	T300	T300	T300	T300
织物有效长度×宽度×高度 /(mm×mm×mm)	310×100×8.4	320×106×8.4	320×106×8.4	320×100×10
编织纱细度	A	B	B	B
轴纱细度	C	C	C	D
花节长度/mm	5.8	5.9	5.9	5.9
纤维体积含量/%	48	49	49	53

8.4.1　不同纱线细度五向纱的 3D5d C/SiC 复合材料热膨胀性能

1. 纵向热膨胀性能

图 8.18 为不同纱线细度五向纱线的 3D5d C/SiC 复合材料纵向热膨胀系数曲线随温度的变化图，可以看出，它们的热膨胀系数曲线上升趋势基本一致，说明不同纱线细度不会改变 C/SiC 复合材料的纵向热膨胀行为，但热膨胀系数值不同：五向纱为 B 时的复合材料热膨胀系数最低，经计算在常温时为 0.19×10^{-6} K^{-1}，而为 A 时复合材料热膨胀系数较大，在常温时为 0.52×10^{-6} K^{-1}。说明五向纱纱线细度的差异导致了热膨胀系数的不同。

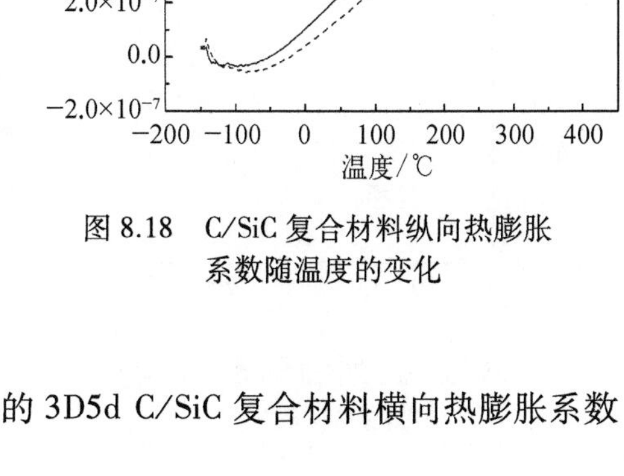

由 8.3 节的分析可知，B 细度五向纱的 C/SiC 复合材料沿纵向方向的直线态纤维含量较多，有利于纵向热膨胀系数的降低，C 纤维轴向负热膨胀以及对 SiC 基体的限制更强，使得复合材料的热膨胀系数降低。

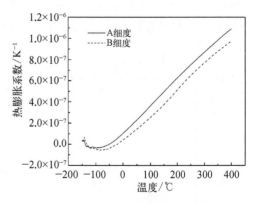

图 8.18　C/SiC 复合材料纵向热膨胀系数随温度的变化

2. 横向热膨胀性能

图 8.19 为不同纱线细度五向纱线的 3D5d C/SiC 复合材料横向热膨胀系数

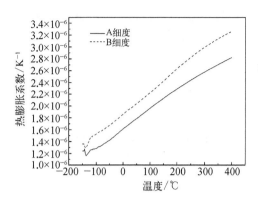

图 8.19 C/SiC 复合材料横向热膨胀
系数随温度的变化

随温度变化的曲线,它们的热膨胀系数曲线在整个温度范围内上升趋势基本一致,五向纱为 A 细度的复合材料横向热膨胀系数较低,常温时为 2.21×10^{-6} K^{-1},B 细度的复合材料横向热膨胀系数较高,常温时为 2.53×10^{-6} K^{-1},说明不同纱线规格没有改变 C/SiC 复合材料的横向热膨胀行为,而只对热膨胀系数产生影响,这种影响主要归因于 C 纤维径向热膨胀,B 细度 3D5d C/SiC 复合材料沿纵向的

直线态 C 纤维较多,因此,在横向方向的热膨胀更加受控于 C 纤维的径向热膨胀。

8.4.2 不同纱线细度编织纱的 3D5d C/SiC 复合材料热膨胀性能

1. 纵向热膨胀性能

图 8.20 为编织纱细度分别为 C 和 D 的 3D5d C/SiC 复合材料纵向热膨胀系数随温度变化的曲线。可见两种材料的纵向热膨胀曲线基本一致,说明 C 和 D 细度规格的编织纱对于纵向热膨胀性能的影响并不显著。由 8.3 节中的分析可知,3D5d 结构中 4 股编织纱线相互贯穿并沿曲线编织,其对 3D5d C/SiC 复合材料热膨胀的贡献率远小于五向纱,所以它们的纵向热膨胀系数并无明显变化。

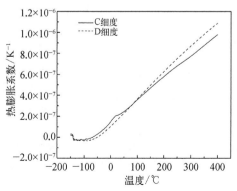

图 8.20 C/SiC 复合材料横向热膨胀
系数随温度的变化

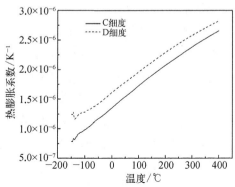

图 8.21 C/SiC 复合材料横向热膨胀
系数随温度的变化

2. 横向热膨胀性能

从图 8.21 横向热膨胀系数曲线中可知,C 和 D 细度的复合材料横向热膨胀曲线上升趋势基本一致,但系数值有明显的差异,说明热膨胀的受控机制没有改变,而只是因结构的变化导致系数值的差异。D 细度的复合材料由于编织纱较 C 多,使得沿纵向的 C 纤维分量增大,而 3D5d C/SiC 复合材料的横向热膨胀系数又主要受控于 C 纤维的径向热膨胀,因此 D 细度的复合材料横向热膨胀系数值较高。

8.5　PIP 周期对 C/SiC 复合材料热膨胀性能的影响

按照理论计算,复合材料的热膨胀系数与纤维、基体含量密切相关。PIP 工艺需要对复合材料进行多次浸渍裂解过程才能使材料致密化,随着 PIP 周期的增加,基体含量逐渐增多,而基体热膨胀系数较大,对复合材料热膨胀性能产生影响。根据前面的研究结果,选用热力学性能最好的 3D5d 纤维编织结构,分别对预制件进行 12、14、16、18、20 周期的浸渍裂解,制备得到不同 PIP 周期的 C/SiC 复合材料,从 SiC 体积分数的增长和界面结合强度的影响着手,分析不同 PIP 周期对 C/SiC 复合材料热膨胀性能的影响。

8.5.1　SiC 体积分数变化情况

表 8.9 为 3D5d C/SiC 复合材料在不同 PIP 周期下 SiC 基体体积分数值,可以看出,随着 PIP 周期的增加,SiC 体积分数增大,复合材料的孔隙率降低,但它们的变化趋势是随着材料的致密度而趋缓。SiC 为正热膨胀系数材料,因此随着 SiC 体积分数的增多会增大复合材料的热膨胀系数。

表 8.9　3D5d C/SiC 复合材料在不同 PIP 周期下
密度、孔隙率及 SiC 基体体积分数

PIP 周期	12	14	16	18	20
材料编号	C12	C14	C16	C18	C20
密度/($g \cdot cm^{-3}$)	1.75	1.8	1.82	1.83	1.85
孔隙率/%	15	13.6	12.6	10.8	10.2
SiC 基体体积分数/%	32	33.4	34.4	36.2	36.8

8.5.2　C/SiC 复合材料残余应力的拉曼光谱研究

激光拉曼光谱是散射光谱,拉曼散射是物质的一种非弹性光散射,其散射频率和强度取决于分子振动极化率(分子或原子在电场中改变电子云分布状态的难易程度)的变化[288],物质的分子不同,振动和转动也不同,因此产生的散射光谱也不同。在拉曼光谱中,拉曼位移就是分子的振动或转动频率,其大小与入射光频率无关,只与分子的能级结构有关[289,290]。

拉曼光谱研究材料中残余应力主要是借助于拉曼光谱的谱带频移 $\Delta\nu$ 与所受应力 σ 之间的正比关系[291]:

$$\sigma = \alpha \times \Delta\nu = \alpha \times (\nu - \nu_0) \tag{8.3}$$

式中,α 为比例因子;ν 为有应力作用下的拉曼位移;ν_0 为无应力作用下的拉曼位移,α 和 ν_0 取决于选用的拉曼峰。

根据文献[292]~[293],碳纤维在 1 550~1 590 cm⁻¹ 和 1 330~1 350 cm⁻¹附近出现两个明显的拉曼峰,分别对应于 E_{2g2} 强振动的 G 峰和 A_{1g} 振动的 D 峰,具有典型的石墨结构[292-293]。碳纤维的 G 峰对应力敏感,因此选用 G 峰作为研究对象[292]。

图 8.22 为不同 PIP 周期 3D5d C/SiC 复合材料拉曼光谱图,可以看到,不同工艺周期的材料均表现出典型的碳纤维拉曼峰,但是峰位置有差别,图 8.23 为 G 峰位置变化图,G 峰值随着 PIP 周期增加而增大,在拉曼光谱图中表现为 G 峰向右移,说明碳纤维受压应力,方向为纤维轴向,这种压应力是由于复合

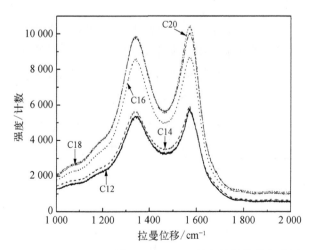

图 8.22　不同 PIP 周期 3D5d C/SiC 复合材料拉曼光谱图

材料从制备温度冷却至室温时,由于
碳纤维和 SiC 基体热膨胀系数差异导
致的界面残余应力。随着 PIP 周期
的增加,界面结合更强,G 峰继续右
移,碳纤维受压应力逐渐增大,而此
时 SiC 基体受拉应力也逐渐增大,说
明碳纤维和 SiC 基体之间的界面残余
应力逐渐增大。而残余应力的增大
使得碳纤维对 SiC 基体限制作用更
强,从而有利于降低复合材料的热膨
胀系数。

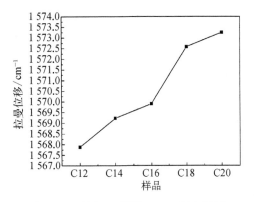

图 8.23　不同 PIP 周期 C/SiC 复合材料
拉曼 G 峰位置变化图

8.5.3　PIP 周期对 C/SiC 复合材料纵向热膨胀性能的影响

　　根据 8.5.1 节和 8.5.2 节的分析,PIP 周期的增加,一方面会导致 SiC 基体含
量增加使复合材料热膨胀系数增大,另一方面,由于界面结合更加紧密,结构应
力增大而使得碳纤维可以更好发挥其限制作用,有利于复合材料热膨胀系数的
降低。因此,这两种因素伴随着 PIP 周期的增加始终处于竞争状态,为了解 PIP
工艺对 C/SiC 复合材料热膨胀系数的影响因素和机制,这里对不同 PIP 周期的
C/SiC 复合材料进行了热膨胀系数测试。

　　图 8.24 所示为不同 PIP 周期 3D5d C/SiC 复合材料纵向热膨胀系数随温度
变化的曲线,图 8.25 所示为不同 PIP 周期 C/SiC 复合材料在常温时的热膨胀系
数,可以看出,不同周期的复合材料热膨胀曲线随温度变化的趋势基本一致,但
系数值有差异:从 12 周期开始,纵向热膨胀系数先下降,在 14 周期处于一个低
值,然后上升,从 16 至 20 周期又呈现下降趋势。说明通过 PIP 工艺制备的 C/
SiC 复合材料,其热膨胀系数随工艺周期的变化可能取决于两个或多个因素的
影响,而且这些因素是相互竞争的关系。

　　C/SiC 复合材料的热膨胀系数取决于各相的热膨胀系数、体积分数、界面结
合强度等因素。随着 PIP 周期的增加,一方面,SiC 基体体积分数不断增大,会
导致复合材料的热膨胀系数增大;另一方面,由界面残余应力产生的微裂纹,在
循环浸渍裂解工艺中会逐渐减少,残余应力得不到有效释放,界面结合变强,而
且碳纤维轴向弹性模量远高于 SiC 基体,因此碳纤维的轴向负膨胀对 SiC 基体
的限制作用变强,会降低复合材料的热膨胀系数。

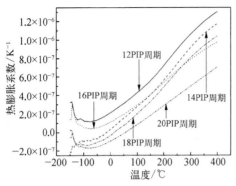 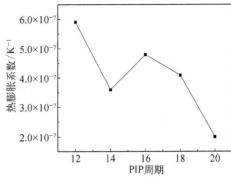

图 8.24　不同周期 C/SiC 复合材料纵向　　　图 8.25　C/SiC 复合材料室温下纵向热膨胀
热膨胀系数随温度的变化　　　　　　　系数值随 PIP 周期的变化

在 12~20 周期过程中,SiC 基体体积分数的增大,一方面会增大复合材料热膨胀,另一方面会影响界面结合,又限制了热膨胀。因此,在 12~14 周期,体积分数增加对热膨胀的促进作用弱于残余应力对热膨胀的限制作用,复合材料热膨胀系数出现低值,而在 14~16 周期,体积分数作用强于界面作用,热膨胀系数升高,在 16~20 周期,界面作用又强于体积分数作用,热膨胀系数降低。因此,C/SiC 复合材料纵向热膨胀系数随 PIP 周期的变化是由于 SiC 基体体积分数及界面结合作用对热膨胀性能影响相互竞争导致的。

8.5.4　PIP 周期对 C/SiC 复合材料横向热膨胀性能的影响

图 8.26 所示为不同 PIP 周期 3D5d C/SiC 复合材料横向热膨胀系数随温度变化的曲线,图 8.27 所示为不同 PIP 周期的 C/SiC 复合材料在常温时热膨胀系数变化图。从图中可以看到,与材料的纵向热膨胀系数类似,不同周期的材料横向热膨胀系数有一定的差异,但随温度变化曲线基本一致。12~20 周期材料的横向热膨胀系数值经历了先下降,经历一个低值后上升,再下降的趋势。说明 C/SiC 复合材料横向热膨胀系数也是由多因素影响,并具有相互竞争的关系。

SiC 基体体积分数升高会导致横向热膨胀系数的升高。由于 C 纤维径向热膨胀比 SiC 基体大,纤维径向受拉,基体受压,导致部分界面出现脱黏现象,而当重复循环裂解过程时,会使得部分脱黏界面重新结合,并使得材料的微裂纹愈合,从而界面结合增强,复合材料的横向热膨胀系数降低。可见,与纵向热膨胀性能相似,复合材料的横向热膨胀性能随 PIP 周期的变化也是由 SiC 体积分数和界面结合作用共同作用、相互竞争的结果。

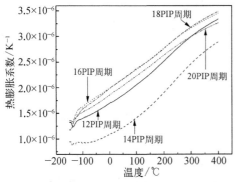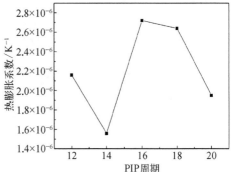

图 8.26　不同 PIP 周期 3D5d C/SiC 复合材料　　图 8.27　C/SiC 复合材料室温下横向热膨胀
　　横向热膨胀系数随温度的变化　　　　　　　系数随 PIP 周期的变化

因此,在工艺设计中,可以优化选择合适的工艺周期,加之以合理的结构设计等因素,使得 C/SiC 复合材料的热膨胀系数尽量减小甚至于实现热膨胀系数为零。

8.6　PIP‐C 对 C/SiC 复合材料热膨胀性能的调控

8.6.1　陶瓷基复合材料的改性相

碳纤维的引入使得 C/SiC 复合材料的热膨胀系数降低,而且采用合适的纤维编织结构、工艺周期可以优化复合材料的热膨胀性能,达到设计热膨胀系数的目的。从决定复合材料热膨胀系数的因素来看,除了编织结构、工艺等因素,通过引入新的物质、改变组成相比例、改善界面相性能,也能达到设计热膨胀系数的目的,本书将引入的新物质称为改性相。从 C/SiC 复合材料制备及其使用环境来看,改性相应具备以下特点:

(1)传递载荷:引入的物质能够与碳纤维或者 SiC 基体形成良好的界面,界面结合强度适中,如果界面结合太强,C/SiC 复合材料将呈脆性断裂;如果界面结合太弱,则不能有效地传递载荷,不能起到调节复合材料应力分布的功能。

(2)物理相容性:主要指纤维和基体之间的热膨胀系数匹配性。由于复合材料之间热膨胀系数不同,当在使用过程中所处温度环境偏离复合材料成型温度时,在界面处会产生残余应力。这种残余应力将影响复合材料的热膨胀系数,在特殊情况下,应力值甚至会超过组元的破坏应力,造成材料失效。

（3）化学相容性：良好的化学相容性指在高温时复合材料中两组分之间热力学平衡且两相反应动力学十分缓慢。

8.6.2　复合材料改性相对热膨胀性能的影响

改性相的主要作用体现于：在宏观上降低复合材料中高热膨胀材料的含量,以及在微观上对界面结合强度的调节。由前面的研究可知,采用 PCS 高温裂解得到的 SiC 基体热膨胀系数低,但还是远高于碳纤维轴向热膨胀系数,因此,在基体中加入热膨胀系数低的改性相,降低基体中 SiC 含量,从整体上降低了基体相的热膨胀系数。此外,引入改性相也会改变复合材料中的界面残余应力,残余应力的大小取决于物相本身性质及材料的制备工艺,当残余应力增大时,更有利于纤维充分发挥对基体的限制作用;当残余应力超过基体的破坏强度时就会造成基体开裂产生微裂纹,而微裂纹可以为基体的热膨胀提供一定的空间,促进热膨胀系数的降低。

对于 C/SiC 复合材料而言,可选用的热膨胀系数低的改性相较少,而改性相又必须满足应用中的诸多条件。目前可用于陶瓷基体的低热膨胀物质主要有石英和碳,石英作为基体时易吸水,给复合材料的实际使用带来不便,此外,石英基体中含有的氧化物可能会对碳纤维造成腐蚀等影响,从而使碳纤维不能完全发挥其轴向负热膨胀性能。相比石英,裂解碳（PIP‐C）是一种柔性材料,成分单一无氧化物,将其引入 C/SiC 复合材料中,在取代一部分 SiC 基体的同时,也可改善界面结合,使得复合材料的热膨胀系数降低。基于此目的,本章选用热膨胀系数相对较大的 3D4d 编织结构,使用酚醛树脂作为先驱体引入碳,高温裂解得到含有一定体积分数 PIP‐C 的 C/C 预制件,再经相同周期的 PCS 裂解过程,得到 C/C‐SiC 复合材料,研究 PIP‐C 对力学性能和热膨胀性能的影响。

8.6.3　PIP‐C 周期数对 C/C‐SiC 结构及力学性能的影响

C/C 预制件中 C 含量及孔隙率关系到后续裂解工艺中 SiC 进入基体相产生影响,C/C 预制件中 C 含量的计算可以用式（8.4）表示：

$$V_{\text{PIP-C}} = \frac{\rho_{\text{C/C}} - \rho_{\text{perform}}}{\rho_{\text{PIP-C}}} \times 100\% \tag{8.4}$$

其中,$\rho_{\text{C/C}}$ 为 C/C 预制件的密度;ρ_{perform} 为编织件密度;$\rho_{\text{PIP-C}}$ 为 PIP‐C 密度,按

$1.80~g \cdot cm^{-3}$ 计算。

　　表 8.10 为不同 PIP－C 周期数的 C/C、C/C－SiC 复合材料密度、孔隙率及裂解 C 体积分数。可以看出,随着酚醛树脂裂解周期数的增加,C/C 的密度增大,孔隙率降低,PIP－C 含量增大;C/C－SiC 复合材料密度随 PIP－C 含量增多而减小,1 个周期的 C/C－SiC 复合材料中裂解 C 含量只有 4.4%,但孔隙率最大,达到 45%;4 个周期的 C/C－SiC 复合材料裂解 C 含量达到了 15.1%,但孔隙率只有 31%。PIP－C 含量和孔隙率的差异必然对后续的 PCS 裂解得到 SiC 基体过程产生影响,进而在后续相同的 PIP 周期下影响 SiC 基体的含量,最终获得的 C/C－SiC 复合材料密度和孔隙率差异明显,这是由于裂解 C 和 SiC 含量差异造成的。

表 8.10　不同 PIP－C 周期数的 C/C、C/C－SiC
密度、孔隙率及裂解 C 体积分数

PIP－C 周期	C/C 密度 /(g·cm^{-3})	C/C 孔隙率 /vol%	V_{PIP-C} /vol%	C/C－SiC 密度 /(g·cm^{-3})	C/C－SiC 孔隙率 /vol%
1	0.90	45	4.4	1.64	15.8
2	0.98	39	8.6	1.60	14.3
3	1.05	35	12.4	1.53	14.0
4	1.10	31	15.1	1.45	13.7

　　从图 8.28(a)和图 8.28(b)中可以观察到纤维编织结构走向清晰,表面有明显的孔隙。图 8.29(a)为 PIP－C 1 个周期的 C/C－SiC 复合材料断口经过打磨后的微观形貌。在图 8.29(a)中取 A(暗色区)、B(灰暗色区)、C(亮色区)三个位置进行能谱分析,其分析结果分别为图 8.29(b)、8.29(c)、8.29(d),结果显示

 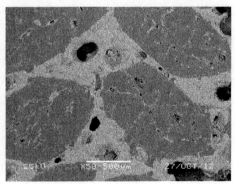

(a) 光学照片　　　　　　　　　　　　　(b) 扫描电镜照片

图 8.28　C/C－SiC 复合材料照片

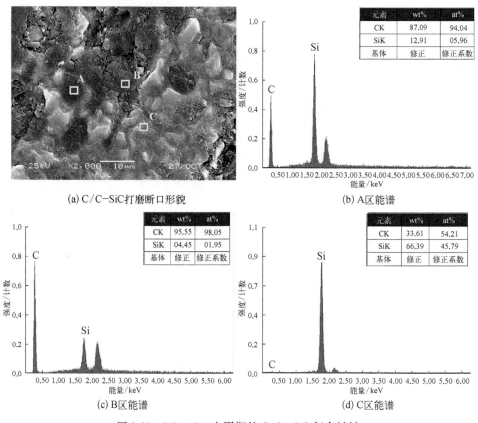

元素	wt%	at%
CK	87.09	94.04
SiK	12.91	05.96
基体	修正	修正系数

(a) C/C-SiC 打磨断口形貌　　　　　　　(b) A区能谱

元素	wt%	at%
CK	95.55	98.05
SiK	04.45	01.95
基体	修正	修正系数

元素	wt%	at%
CK	33.61	54.21
SiK	66.39	45.79
基体	修正	修正系数

(c) B区能谱　　　　　　　　　　　　(d) C区能谱

图 8.29　PIP-C 1 个周期的 C/C-SiC 复合材料

这三个区域的成分分别为 C、C、SiC。A 区由于呈圆形状,其物质为 C 纤维,B 区为 PIP-C,C 区为 SiC,由于只有 1 个 PIP-C 周期,PIP-C 含量较少,周围有大量的 SiC 基体。

表 8.11 所示为不同 PIP-C 周期数的 C/C-SiC 复合材料弯曲强度和弯曲模量。可以看出,随着 PIP-C 周期数的增加,复合材料的弯曲强度和模量都呈现出下降的趋势,1 个周期 PIP-C 的 C/C-SiC 复合材料力学性能最好,其弯曲强度、模量分别为 88.7 MPa、23.3 GPa。4 个周期的材料力学性能最差,弯曲强度、模量分别只有 38.3 MPa、8.1 GPa。说明 PIP-C 的引入会降低复合材料的力学性能,这主要是由于 PIP-C 力学性能较 SiC 差,在基体中承载能力比较弱,而随着 PIP-C 含量的升高,SiC 含量降低,因此复合材料的力学性能逐渐下降。

表 8.11　不同 PIP－C 周期数 C/C－SiC 弯曲强度及模量

PIP－C 周期数	弯曲强度/MPa	弯曲模量/GPa
1	88.7	23.3
2	53.3	15.1
3	48.1	11.3
4	38.3	8.1

图 8.30 是 PIP－C 周期数对 C/C－SiC 复合材料载荷-位移曲线的影响,由图可以看出,4 组材料应力随着位移的增加而上升,载荷达到最大值后,都表现出一定的韧性断裂特征。从图 8.31 可以观察到:经过 1~4 个 PIP－C 周期的复合材料,其断口均有明显的纤维拔出,但拔出的长度有一定的差异,都表现出纤维增韧、材料韧性断裂的特征。

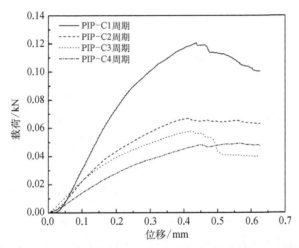

图 8.30　不同 PIP－C 周期 C/C－SiC 复合材料的载荷-位移曲线

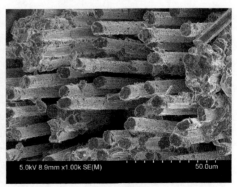

(a) 1个周期　　　　　　　　　　　　(b) 2个周期

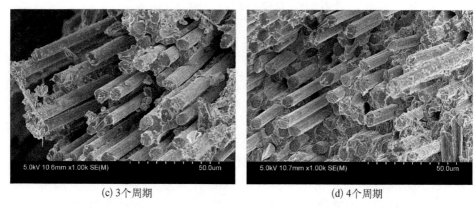

(c) 3个周期　　　　　　　　　　　　　　(d) 4个周期

图 8.31　C/C‑SiC 复合材料微观形貌

8.6.4　PIP‑C 周期数对 C/C‑SiC 复合材料热膨胀性能的影响

1. 对纵向热膨胀性能的影响

图 8.32 为不同周期 PIP‑C 的 C/C‑SiC 复合材料热膨胀系数随温度变化曲线。可以看出,相比于没有引入 PIP‑C 的 C/SiC 复合材料,C/C‑SiC 复合材料纵向热膨胀系数明显降低,且热膨胀系数在一定温度范围内呈负值;纵向热膨胀曲线在 200℃ 以下变得平缓,高于 300℃ 后与未引入 PIP‑C 的复合材料变化趋势基本一致,说明 PIP‑C 对可以在一定温度范围内调控 C/SiC 复合材料的纵

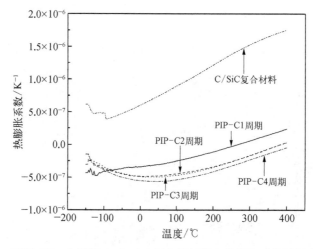

图 8.32　不同 PIP‑C 周期 C/C‑SiC 复合材料纵向热膨胀系数随温度的变化

向热膨胀变化趋势。

表 8.12 为不同 PIP－C 周期数 C/C－SiC 常温热膨胀系数,图 8.33 为 C/C－
SiC 复合材料室温纵向热膨胀系数值随 PIP－C 周期的变化。从表 8.12 及图
8.33 可知,随着 PIP－C 周期增加,C/C－SiC 复合材料的热膨胀曲线逐渐降低,
从 1 个 PIP－C 周期的－0.12×10⁻⁶ K⁻¹下降为 4 个 PIP－C 周期的－0.60×
10^{-6} K⁻¹,PIP－C 的含量可以有效调控 C/SiC 复合材料的热膨胀系数。

表 8.12　不同 PIP－C 周期数 C/C－SiC 常温热膨胀系数

PIP－C 周期数	$\alpha_{纵向}/(10^{-6}\ \mathrm{K}^{-1})$
1	−0.12
2	−0.27
3	−0.46
4	−0.60

　　试验结果可作如下解释:一方面,在 C/SiC 复合材料中加入 PIP－C 后,C 纤维和 PIP－C 之间的热匹配性要好于 C 纤维和 SiC 基体,形成了如图 8.34(a)中 C 纤维、PIP－C、SiC 基体热膨胀梯度,并由 C 纤维/SiC 基体单界面变成了 C 纤维/PIP－C 和 PIP－C/SiC 双界面,PIP－C/SiC 界面结合较 C 纤维/SiC 得到一定缓解,如图 8.34(b)SiC 和 PIP－C 界面附近未出现明显微裂纹;但是

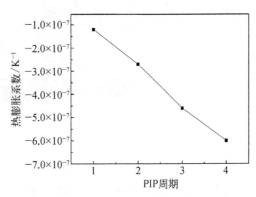

图 8.33　C/C－SiC 复合材料室温下纵向热
膨胀系数值随 PIP－C 周期的变化

C 纤维/PIP－C 的界面结合仍然较强,从图 8.34(b)纤维拔出扫描电镜照片可见纤维表面带有基体颗粒,图 8.34(c)中可见 PIP－C 仍然有少量微裂纹。因此,C/C－SiC 复合材料的界面变得复杂,在图 8.35 所示 C/C－SiC 拉曼光谱中,C 纤维 G 峰由 1 573.92 cm⁻¹左移到 1 573.24 cm⁻¹,说明材料的界面残余应力有小幅度缓解。另一方面,PIP－C 的热膨胀系数远小于 SiC 基体,PIP－C 的加入使得 SiC 基体体积分数降低,因而整个基体相的热膨胀系数是趋于减小的。因此可以认为:界面结合作用的缓解虽然使得热膨胀系数有增大趋势,但是它的影响远不如低膨胀 PIP－C 含量增加和 SiC 含量下降带来的热膨胀系数下降。

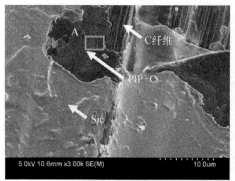

(a) 结构组成　　　　　　　　　　(b) PIP-C/SiC界面

(c) C纤维/PIP-C界面

图 8.34　C/C-SiC 复合材料结构图

随着 PIP - C 含量的增加,PIP - C
含量升高,SiC 基体体积分数逐渐减
少,SiC 基体热膨胀对整个复合材料
热膨胀的贡献作用逐渐减弱,而 PIP -
C 含量上升使得复合材料的热膨胀系
数进一步下降。可见,PIP - C 含量的
上升直接导致了复合材料纵向热膨
胀系数的降低。

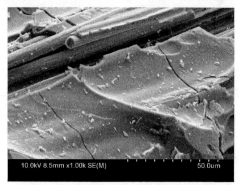

图 8.35　C/SiC 和 C/C - SiC 复合材料的
背散射拉曼光谱图

2. 对横向热膨胀性能的影响

图 8.36 为不同 PIP - C 周期的 C/C - SiC 复合材料热膨胀系数随温度变化
曲线及室温热膨胀系数值。从图中可以看出,相比于 C/SiC 复合材料,C/C - SiC
复合材料横向热膨胀系数在低于 200℃温度范围内升高,在高于 200℃温度范围

内热膨胀系数值相差不大,在高于 300℃时各材料的热膨胀曲线上升趋势又基本趋于一致,说明 PIP－C 在一定的温度范围内具有调节 C/SiC 复合材料横向热膨胀的能力。

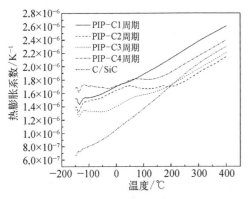

图 8.36 不同 PIP－C 周期 C/C－SiC 复合材料横向热膨胀系数随温度的变化

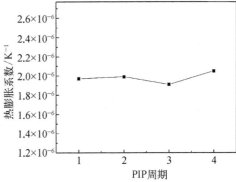

图 8.37 C/C－SiC 复合材料室温横向热膨胀系数随 PIP－C 周期的变化

从表 8.13 及图 8.37 可知,随着 PIP－C 周期的增加,复合材料在常温下地横向热膨胀系数并没有明显的变化,基本保持在 2.0×10^{-6} K^{-1} 左右,热膨胀曲线上升趋势也基本一致,说明 PIP－C 含量的增加不能调控复合材料的横向热膨胀性能。

表 8.13   不同 PIP－C 周期数 C/C－SiC 常温热膨胀系数

PIP－C 周期数	$\alpha_{横向}/(10^{-6}\ K^{-1})$
1	1.97
2	1.99
3	1.92
4	2.05

由于 PIP－C 的加入,在横向方向的热膨胀系数主要取决于 C 纤维、PIP－C 和 SiC 基体,C 纤维的径向热膨胀系数比 PIP－C 及 SiC 基体的热膨胀系数高,而且 PIP－C 的模量小于 SiC 基体,对 C 纤维径向热膨胀限制作用降低,因此 C 纤维的径向热膨胀更加自由。此外,在引入 PIP－C 后,界面结合作用降低,复合材料容易产生界面滑移,部分区域甚至可能发生界面脱黏,缓解了 C 纤维的径向热膨胀。从热膨胀测试结果可以做如下解释:SiC 基体体积分数降低导致的复合材料热膨胀降低,弱于 C 纤维径向热膨胀,因此,复合材料的横向热膨胀主要

体现为 C 纤维的径向热膨胀。当温度高于 200℃后,PIP－C 的调控作用逐渐降低,至 300℃时,界面结构应力进一步缓解,此时 PIP－C 对材料的调控作用进一步降低,甚至可以忽略,C/C－SiC 横向热膨胀又趋于和 C/SiC 复合材料横向热膨胀曲线变化趋势一致。由于 C/C－SiC 复合材料横向热膨胀系数主要取决于 C 纤维的径向热膨胀,PIP－C 虽能降低复合材料的热膨胀,但是已不能起到主导作用。随着 PIP－C 含量的增加,虽然基体相的热膨胀减小,但是复合材料的界面结合作用逐渐降低使得 C 纤维径向膨胀更加自由,又使得复合材料热膨胀增大,因此在这两个因素的共同作用下,复合材料的横向热膨胀系数随着 PIP－C 含量的增加基本趋于稳定。

现将 C/C－SiC 复合材料纵、横向热膨胀性能调控机制列入表 8.14。

表 8.14　C/C－SiC 复合材料热膨胀行为的调控机制

温度范围	纵　向	横　向
<300℃	C 纤维轴向热膨胀、PIP－C、界面残余应力	C 纤维径向热膨胀、PIP－C、界面残余应力
>300℃	SiC 基体	C 纤维径向热膨胀、SiC 基体

第 9 章 环境试验对 C/SiC 复合材料热膨胀性能的影响

作为高精密的光机结构材料,经过有效设计的 C/SiC 复合材料可实现近零热膨胀,但是在使用过程中,材料不可避免地要经受一些复杂环境的考验,若材料在特定环境中发生性能失效,其使用价值将大大降低,因此,对 C/SiC 复合材料进行模拟环境试验,研究其在特定环境条件中的性能非常具有实用价值。

9.1 振动对 C/SiC 复合材料热膨胀性能的影响

作为空间光机结构材料的 C/SiC 复合材料在加工和使用过程中会受到振动,材料内部的应力、微观结构也可能发生改变,研究表明[294],当界面结合较弱时,纤维增强复合材料会在热震、冲击、撞击等条件下发生界面滑移或者脱黏,使得复合材料表现出不同的热膨胀行为,热膨胀系数发生变化。而稳定的抗振性是空间光机结构材料保持长期服役寿命的必要条件之一,因此很有必要探讨振动环境对 C/SiC 复合材料热膨胀性能的影响。

9.1.1 试验方案

本书以 3D5d C/SiC 复合材料为研究对象,模拟使用空间环境对 C/SiC 复合材料进行振动试验,通过对振动前后材料的热膨胀系数比较,分析振动环境对 C/SiC 复合材料的影响。为消除样品切割和加工带来的影响,先将样品切割成 5 mm×5 mm×25 mm 的热膨胀试样,连续进行两次正弦扫频振动和两次随机振动,振动试验频率-量值关系如图 9.1(a)~(d)所示。

经振动试验后,复合材料可能产生裂纹、界面结合减弱甚至纤维脱黏等现象,从而导致性能降低。经检查复合材料样品宏观表面无损伤现象,如图 9.2(a)和(b)所示。对振动前后的复合材料进行热膨胀系数测试。

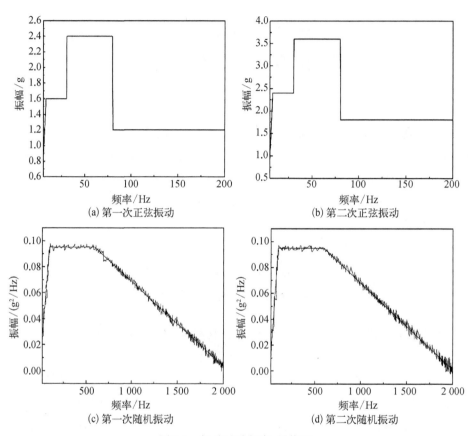

(a) 第一次正弦振动　　　　　　　(b) 第二次正弦振动

(c) 第一次随机振动　　　　　　　(d) 第二次随机振动

图 9.1　振动试验频率-量值图

(a) 振动前光学照片

(b) 振动后光学照片

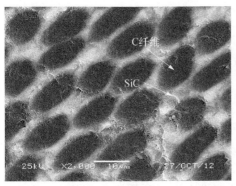
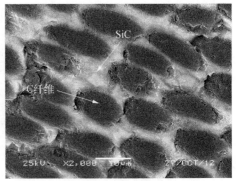

(c) 振动前扫描电镜照片　　　　　　　　(d) 振动后扫描电镜照片

图 9.2　振动试验前后 C/SiC 复合材料照片对比

9.1.2　振动条件对 C/SiC 复合材料热膨胀性能的影响

图 9.3 为 3D5d C/SiC 复合材料振动试验前后的热膨胀系数随温度变化图，可以看出，经过振动试验后，复合材料的热膨胀系数增大，其中在低温下增大明显，常温下热膨胀系数由 $0.21×10^{-6}$ K^{-1} 上升为 $0.40×10^{-6}$ K^{-1}，随着温度升高热膨胀系数差值减小。因振动对复合材料的相组成、编织结构无影响，而会对微观结构和界面结合强度产生影响，可以通过拉曼光谱来表征界面残余应力的变化。

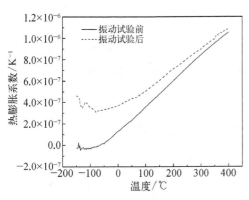
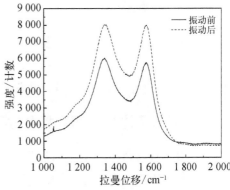

图 9.3　振动试验后 C/SiC 复合材料热　　　图 9.4　振动试验后 C/SiC 复合
膨胀系数随温度的变化图　　　　　　材料拉曼光谱图

如图 9.4 所示，G 峰位置由振动前的 1 576.60 cm^{-1} 左移为 1 575.26 cm^{-1}，峰位置左移，C 纤维受压应力减弱，说明界面应力有一定的减弱，但位移值仅为 1.34 cm^{-1}，虽然界面结合作用减弱，但对复合材料热膨胀系数影响不大，因此热膨胀系数值变化不大。从图 9.2(c)、(d) 可以看到纤维和界面结合仍然较好，说明振动试验只是在一定程度上缓解了界面结构强度,因此 C 纤维在低温下对 SiC 的限制作用减弱,热膨胀系数升高。但界面并未发生界面脱离,高温下复合材料的热膨胀受控于 SiC 基体,因此随着温度的升高复合材料的热膨胀系数曲线逐渐趋于与振动前的一致。

9.2　湿热环境对 C/SiC 复合材料热膨胀性能的影响

　　C 纤维增强的树脂基复合材料在吸入水分时会对基体树脂产生溶胀作用,研究表明,基体的极性越高,吸湿量越大,纤维和基体热膨胀的不匹配性就越高,使得在基体和纤维界面产生内应力,从而影响材料的性能[293]。一般认为陶瓷基复合材料具有较好的抗湿热环境能力,关于陶瓷吸湿的研究也较少,但是对于 PIP 工艺制备的陶瓷基复合材料而言,基体中具有多级孔隙结构,如果将材料置于潮湿环境或者水环境,水分子进入孔隙中,特别是细小的孔隙,毛细管力作用很强,水分可能会长期存在于孔隙中而不易流出,使得水分成为基体中的一个"相",对材料热膨胀产生影响。因此,研究湿热环境对 C/SiC 复合材料热膨胀性能的影响,对于验证材料性能的稳定性具有重要意义。

9.2.1　试验方案

　　本节以 3D5d C/SiC 复合材料为研究对象,将材料切割为 5 mm×5 mm×25 mm 的热膨胀样品,然后置于恒温恒湿机中,条件设置为湿度70%、温度25℃,保持 30 天。将样品取出后,进行热膨胀测试。

9.2.2　湿热条件对 C/SiC 复合材料热膨胀性能的影响

　　一般复合材料的吸湿可以被假设为两个过程[293]。一是基体吸湿,最初水分进入基体表面及孔隙,然后进入微裂纹并进行扩散,如果基体中存在可溶解的成分或低分子量物质,就会与水溶合形成其他物质,从而引起性能的变化。二是水分沿着界面处的微裂纹渗透,如果界面吸收水分,将会破坏纤维和基体的界面结合,甚至会引起分层和界面空隙,从而影响复合材料的性能。

　　图 9.5 为湿热试验前后 C/SiC 复合材料热膨胀系数曲线,可知在测试温度范围内,材料的在试验前后的热膨胀系数基本无变化,热膨胀曲线上升趋势也保持基本一致,说明湿热环境对 C/SiC 复合材料的热膨胀并无明显影响。研究表

明,C 纤维一般是不吸湿的,SiC 基体中 Si−C 键比较稳定,不会与水反应。当复合材料的孔隙及微裂纹吸湿后,在基体内产生一定的微应力,使得孔隙和微裂纹受力增大并可能有扩展的趋势。但由于微应力很小而 SiC 模量很大,不足以使裂纹扩展,因此热膨胀系数变化很小,随着温度继续上升,水分挥发,复合材料又恢复为试验前的热膨胀趋势。所以,不同于树脂基复合材料,湿热环境对 C/SiC 复合材料热膨胀性能的影响可以忽略。

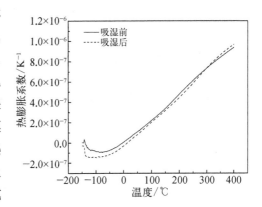

图 9.5　湿热试验后 C/SiC 复合材料热膨胀系数随温度的变化图

9.3　冷热循环条件对 C/SiC 复合材料热膨胀性能的影响

对空间光机结构件而言,复合材料必须具备经受空间冷热循环温度环境的考验。随着温度的急速剧烈变化,复合材料内部微观结构、残余应力也不断发生着改变,从而使复合材料表现出不同的热膨胀规律。张笔峰等[295]的研究结果表明,C/SiC 复合材料在模拟空间环境冷热循环条件下的弯曲强度和弯曲模量没有明显的下降,说明了冷热循环条件不会改变 C/SiC 复合材料的力学性能。然而复合材料的热膨胀对温度很敏感,目前还少有涉及 C/SiC 复合材料冷热循环下热膨胀性能研究,因此,开展此类研究是很有必要的。

9.3.1　试验方案

以 3D5d C/SiC 复合材料为研究对象,将复合材料沿纵向、横向分别切割成 5 mm×5 mm×25 mm 的热膨胀样品,置于液氮(−196℃)中保持 5 min,然后取出立即置于烘箱 200℃中保持 5 min,此为一个冷热循环。对各组样品分别进行 25、50、75、100 次冷热循环,然后进行热膨胀系数测试。

9.3.2　冷热循环对 C/SiC 复合材料热膨胀性能的影响

图 9.6 所示为 C/SiC 复合材料在经历冷热循环处理后热膨胀曲线随温度变

化关系,可以看出,经过 0~100 个冷热循环的 C/SiC 复合材料热膨胀系数基本一致,热膨胀系数仍保持在常温 $0.2×10^{-6}$ K^{-1} 左右,说明 C/SiC 复合材料具有很好的耐冷热环境变化性能。在整个温度范围内,经过不同循环次数的复合材料与未经处理的复合材料热膨胀曲线的变化规律基本相同,在低温段(<-50℃)热膨胀系数曲线低于未经处理的材料,在高温段(>300℃)热膨胀系数曲线略高于未经处理的材料。

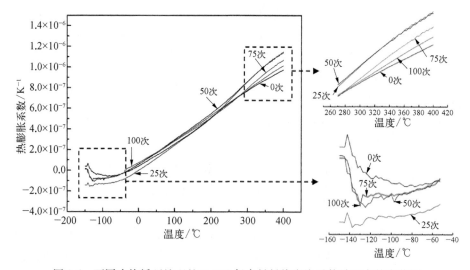

图 9.6 不同冷热循环处理的 C/SiC 复合材料热膨胀系数随温度的变化图

在冷热循环过程中,C/SiC 复合材料经历 400℃温度范围的急冷急热,C 纤维和 SiC 基体经历快速收缩和膨胀,但由于两者之间膨胀系数的差异,导致在收缩-膨胀大小不一致,从而导致两者界面结合减弱。特别是在急速降温环境下,C 纤维轴向负膨胀、径向正膨胀的特点导致 C 纤维趋向于"变细变长"[296](图 9.7),降低了与 SiC 的界面结合作用,滑移阻力减小,部分区域出现了空隙。升温时,

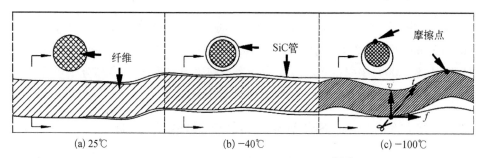

图 9.7 C 纤维在低温状态下变化示意图[296]

在低温区,由于"脱黏"作用为热膨胀提供了一定的空间,因此热膨胀系数减小。随着温度的升高,由于界面结合降低,C 纤维对 SiC 热膨胀的限制作用减弱,因此热膨胀系数较未经处理的材料略高,在高温区,SiC 热膨胀占主导作用,C 纤维限制作用减弱,因此热膨胀系数曲线较高。

从图 9.6 可以看到,虽然 C/SiC 复合材料热膨胀系数有变化,但变化很小,从图 9.8 可以观察到,经冷热循环后 C/SiC 复合材料微观形貌界面结合较好,没有出现纤维和基体界面脱黏,界面仍然能够保持良好的传递载荷的作用,复合材料能够保持原有性能,说明 C/SiC 复合材料具有良好的抗冷热循环能力。

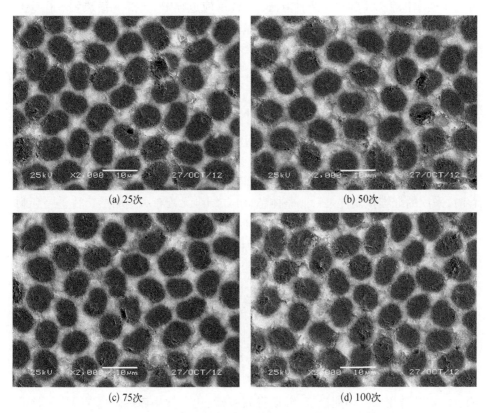

　　　　(a) 25次　　　　　　　　　　　　　(b) 50次

　　　　(c) 75次　　　　　　　　　　　　　(d) 100次

图 9.8　不同冷热循环处理 C/SiC 复合材料断口形貌

第 10 章　近零膨胀 GSI C/C – SiC 复合材料的制备及性能研究

如前所述,C/SiC 陶瓷基复合材料的制备工艺方法主要有三种：PIP、CVI 和 SI。SI 技术包括 LSI 和 GSI 两种方法。GSI 反应过程中,气相 Si 渗透到多孔 C/C 预制件内部,利用 Si – C 反应得到 SiC 基体,具有制备周期短的特点,是一种值得研究的碳陶复合材料制备新方法。本书介绍了采用 GSI 方法开展近零膨胀 C/C – SiC 复合材料的制备及性能研究。

10.1　不同碳基体对 GSI C/C – SiC 复合材料的制备和性能的影响

与反射镜坯体采用的短切碳纤维毡体不同,研究近零膨胀 C/C – SiC 复合材料时,采用的纤维预制件是针刺整体毡,由 C 纤维无纬布和网胎层交替叠层穿刺而成,纤维体积分数为 20% ~ 35%。GSI C/C – SiC 复合材料的微观结构如图 10.1 所示,图中给出了 C/C – SiC 复合材料的断层切片和微观纤维结构排列示意图,该复合材料主要由 C 纤维增强体、C 基体、SiC 基体、游离 Si 和气孔等构成。

GSI C/C – SiC 复合材料的主要工艺过程包括：针刺整体毡界面改性涂层制备、C 基体制备和 GSI 反应。因此,碳基体作为 C/C – SiC 复合材料的组成部分及反应中间体,其结构与性能对复合材料有着重要影响。尤其是在本书中,采用气相渗硅烧结法从 C/C 素坯制备 C/C – SiC 复合材料时,C 基体作为与 Si 反应的物质,其形态、结构、反应活性等对 C/C – SiC 复合材料的制备及性能有重要影响。故本节选用酚醛树脂裂解碳、沥青裂解碳、化学气相渗透碳（CVI C）三种碳源来探索不同 C 基体对复合材料的制备和性能的影响。

10.1.1　不同碳基体素坯的基本情况

1. 碳基体的形态与结构表征

图 10.2 是 CVI C、沥青裂解 C 和酚醛裂解 C 热处理后的 X 射线衍射图谱。

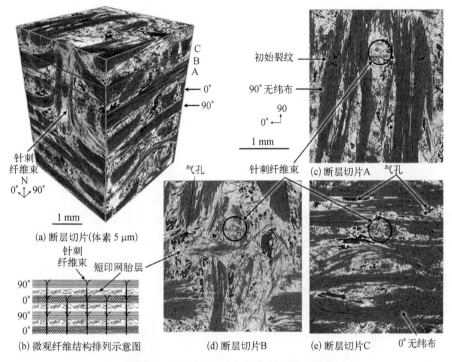

图 10.1　GSI C/C‑SiC 复合材料微观结构

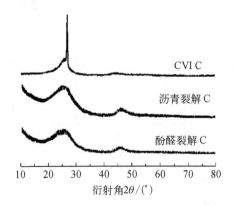

图 10.2　三种不同碳基体的 X 射线衍射图谱

由图可见,沥青裂解 C 和酚醛裂解 C 的结晶性不好,主要为无定形结构的碳,而 CVI C 则表现出较好的结晶性。

2. 素坯的基本参数

不同的碳基体具有不同的结构和形态,因而也导致 C/C 素坯的结构存在着差异。表 10.1 所列的是三种不同碳基体 C/C 素坯的基本参数。

表 10.1 不同碳基体 C/C 素坯的基本参数

C 基体类型	CVI C	沥青裂解 C	酚醛裂解 C
C_f 体积分数/vol%	25	25	25
$\rho_{C/C}$/(g·cm^{-3})	1.03	1.00	1.03
制备成本	高	低	低
工艺周期	长	短	短
开孔率/vol%	43.3	43.1	31.2

由表 10.1 可见,当三种素坯的密度基本相同时他们的孔隙率却存在较大差别,其中 CVI C 和沥青裂解 C 的开孔率比较接近于理论计算值,而酚醛裂解 C 的开孔率则较低,这说明酚醛 C 基体中存在大量的闭孔(约 10%～15%)。

图 10.3 是用压汞法测得的三种不同碳基体素坯的孔径分布。由图可以看

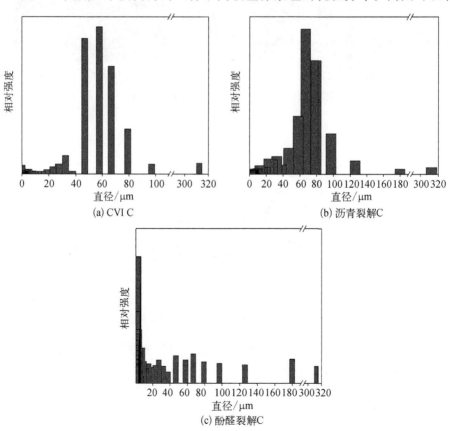

(a) CVI C

(b) 沥青裂解C

(c) 酚醛裂解C

图 10.3　三种不同碳基体素坯的孔径分布

出三种不同碳基体素坯的孔隙结构特点：酚醛裂解碳的孔径分布范围最广,从亚微米到百微米量级的孔都存在,其中以 $1 \sim 10\ \mu m$ 左右的小孔所占比例最大,这种尺度的孔主要是纤维束内部单丝之间的孔隙。这说明酚醛裂解碳不能将纤维束内部的孔隙予以填充。同样采用 PIP 工艺制备的沥青裂解碳的孔径主要分布在 $20 \sim 120\ \mu m$ 之间并且以 $60 \sim 80\ \mu m$ 的孔所占比例最大,推测造成沥青裂解碳和酚醛裂解碳不同孔径分布的原因可能是两种碳源先驱体的黏度及其对碳纤维浸润性的差别所致。CVI C 素坯的孔径主要分布在 $30 \sim 80\ \mu m$,$10\ \mu m$ 以下的小孔所占比例很小,由此可以推测化学气相渗碳能够渗透到纤维束内部并沉积在纤维表面从而将束内单丝之间的小孔填满,使得纤维束连成一个整体,这对提高复合材料的力学性能是有利的。

10.1.2　不同碳基体对 C/C‑SiC 复合材料的组成和力学性能的影响

采用前述三种不同碳基体的素坯,经 2 000℃高温热处理后,于 1 650℃气相渗硅烧结得到 C/C‑SiC 复合材料。其密度、孔隙率和组成等基本参数列于表 10.2 中。

表 10.2　不同碳基体 C/C‑SiC 复合材料的基本参数

C 基体类型	CVI C	沥青裂解 C	酚醛裂解 C
$\rho/(\mathrm{g \cdot cm^{-3}})$	2.26	2.20	1.76
孔隙率/vol%	4.9	5.2	12.9
SiC 含量/vol%	30.8	20.1	21.4
Si 含量/vol%	19.5	26.9	7.0
C 含量/vol%	40.3	51.7	49.5
弯曲强度/MPa	195	73	52
断裂韧性/MPa $\cdot$ m$^{1/2}$	6.1	4.8	4.3

从表 10.2 可以看出,不同碳基体气相渗硅烧结所制备的复合材料的组成和密度差别较大。CVI C 基体和沥青碳基体所对应的复合材料的密度较高、较为致密(孔隙率约 5%),酚醛碳制备的复合材料的密度很低且孔隙率很大(大于10%)。分析它们的各相组成含量发现:① CVI C 反应生成的 SiC 的含量大于另外两种裂解 C,这说明 CVI C 与 Si 的反应活性比裂解 C 要高,只是 CVI C 反应一定程度后,致密的 SiC 层将阻止反应继续进行;② 酚醛树脂 C 制备的复合材料中残余 Si 远低于另外两种碳基体,从而使得残留的孔隙远高于其他碳基体,这说明酚醛树脂 C 与 Si 的浸润性较差,不利于气相 Si 在基体孔隙中的冷凝。

从力学性能上看,由于裂解碳不能形成致密的保护层,在气相渗硅烧结中不能阻止 Si 对 C 纤维的侵蚀因而它们所制备的复合材料的力学性能很低。CVI C 由于形成致密的包裹层能对 C 纤维提供保护和界面调控作用,所以其制备的复合材料的力学性能远高于另外两种裂解碳基体的复合材料。

10.1.3　不同碳基体对 C/C‑SiC 复合材料的热膨胀性能的影响

不同碳基体制备得到的 GSI C/C‑SiC 复合材料的面内方向和厚度方向的热膨胀系数随温度的变化曲线分别如图 10.4 和图 10.5 所示,它们在常温下的热膨胀系数值列于表 10.3。

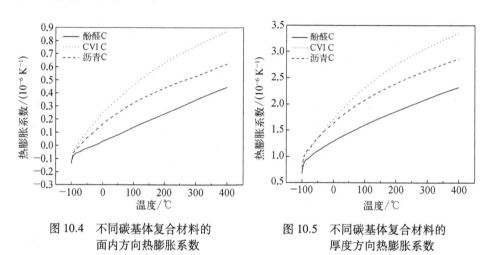

图 10.4　不同碳基体复合材料的　　　图 10.5　不同碳基体复合材料的
　　　面内方向热膨胀系数　　　　　　　　　厚度方向热膨胀系数

表 10.3　不同碳基体复合材料的室温热膨胀系数

C 基体类型	CVI C	沥青裂解 C	酚醛裂解 C
面内方向热膨胀系数(室温)/(10^{-6} K^{-1})	0.49	0.24	0.06
厚度方向热膨胀系数(室温)/(10^{-6} K^{-1})	2.72	2.61	1.69

从图 10.4 和图 10.5 可以看出不同碳基体对复合材料的热膨胀系数有着较为一致的影响规律:在平面方向和厚度方向 CVI C 基体对应的复合材料的热膨胀系数值最高、沥青裂解 C 次之、酚醛裂解 C 最低。出现这种规律的原因可能有以下几点。

首先是组成成分的影响,CVI C 基体的复合材料中高热膨胀的 SiC、Si 含量多,沥青裂解次之、酚醛裂解 C 复合材料中最少。

再者,基体碳的结构差异也有影响。CVI C 素坯中基体 C 全是 CVI C,过厚的沉积 C 的径向正热膨胀效应和过弱的界面结合抵消和削弱了轴向负膨胀效应,从而使得材料的热膨胀系数反而变高。

此外,由于酚醛 C 基体的复合材料中孔隙率很大,大量的孔隙能容纳更多的体积膨胀,所以酚醛 C 基体复合材料的热膨胀系数最低。

10.2　C/C PIP 周期数对 GSI C/C-SiC 复合材料的制备和性能影响

以 C/C 多孔体为素坯采用气相渗硅烧结法制备 C/C-SiC 复合材料时,素坯中的孔隙作为硅的渗透通道对最终复合材料的性能有着重要影响。从理论计算的角度可以对 C/C 素坯的孔隙率进行设计,但在实际情况中,由于 C/C 素坯的局部不均匀性导致碳和孔隙分布存在很大的随机性,从而使得理论计算得出的临界孔隙率在实际生产过程中的指导意义不强。因而本节在本书特定的气相渗硅烧结工艺下,通过试验手段来探索 C/C 素坯孔隙率对最终复合材料性能的影响,以期望得到实际生产中的较优孔隙率。

本书素坯中的基体 C 是以有机物浸渍裂解而得,因此这里将 C 基体的浸渍裂解周期数作为直接调控参数来调整 C/C 素坯的孔隙率,选择 PIP 周期数分别为 1~4 的 4 个不同孔隙率的 C/C 素坯为研究对象。

10.2.1　C/C PIP 周期数对 C/C-SiC 复合材料密度和组成的影响

本节所选用的素坯是由体积分数 25% 的针刺碳毡经 CVI C 涂层和 PIP C 增密后得到,基本参数如表 10.4 所示。

表 10.4　不同 PIP 周期的 C/C 素坯的基本参数

PIP 周期	1	2	3	4
$\rho_{C/C}/(g \cdot cm^{-3})$	0.81	0.91	1.00	1.09
孔隙率/vol%	54.3	48.4	43.1	37.9

4 种 C/C 素坯按优化的烧结工艺制备出一系列 C/C-SiC 复合材料。为叙述方便,将 PIP 1~4 周期的 C/C 素坯对应的 C/C-SiC 复合材料依次命名为 P1、P2、P3、P4。它们的密度和孔隙率如图 10.6 所示,复合材料中各组分含量如图 10.7 所示。

结合图 10.6 和图 10.7 分析可知,随着 C/C 素坯的 PIP C 周期数越多(即素坯的孔隙率越低),其最终所制备出的 C/C-SiC 复合材料的密度反而越低,从 2.52 $g \cdot cm^{-3}$(P1)逐渐降至 2.31 $g \cdot cm^{-3}$(P4);所制备的复合材料均较为致密,

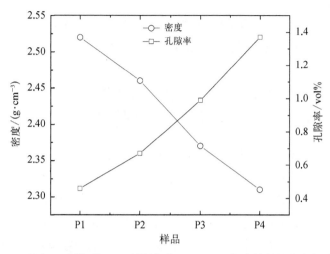

图 10.6　不同 PIP 周期数 C/C 所制备的 C/C - SiC 复合材料的密度与孔隙率

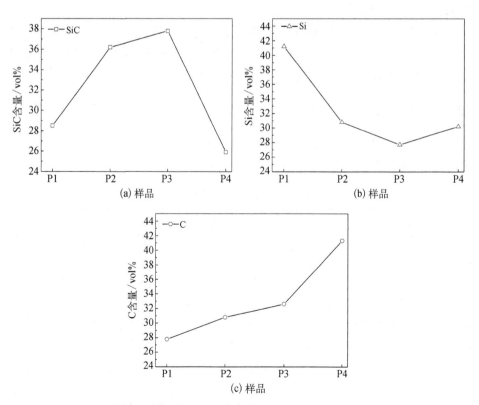

图 10.7　不同 PIP 周期数 C/C 所制备的 C/C - SiC 复合材料的组成成分

孔隙率小于 1.3%(P4)。从复合材料的组成成分看,当素坯孔隙率过大时,其本身所含 C 较少,因而碳硅反应所生成的 SiC 含量较低、残余 Si 较多(P1);当素坯孔隙率过小时其本身所含碳是过量的,且较小的孔隙使得碳硅反应程度不会太高,因而所制备样品(P4)残余 C 最多、SiC 最少;当素坯孔隙率适中时,所制备的复合材料组成成分中含有较多的 SiC,同时样品中残余 Si、残余 C 含量比较低(P2、P3)。

10.2.2   C/C PIP 周期数对 C/C-SiC 复合材料力学性能的影响

不同 PIP 周期数 C/C 素坯所制备出的 GSI C/C-SiC 复合材料的力学性能如图 10.8 所示。表 10.5 为不同 PIP 周期数 C/C 素坯制备的 GSI C/C-SiC 复合材料的组成与具体力学性能数据。

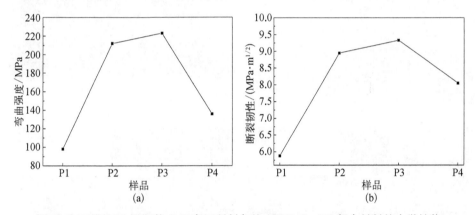

图 10.8   不同 PIP 周期数 C/C 素坯所制备的 GSI C/C-SiC 复合材料的力学性能

表 10.5   不同 PIP 周期数 C/C 素坯制备的 C/C-SiC 的组成与力学性能

样 品	P1	P2	P3	P4
$\rho/(g \cdot cm^{-3})$	2.52	2.46	2.37	2.31
SiC 含量/vol%	28.5	36.2	37.8	25.9
Si 含量/vol%	41.2	30.8	27.7	30.2
C 含量/vol%	27.8	30.8	32.6	41.3
弯曲强度/MPa	98	212	223	136
断裂韧性/$(MPa \cdot m^{1/2})$	5.68	8.95	9.33	8.05

结合图 10.8 和表 10.5 可知,随着 C/C PIP 周期数的增加,素坯的孔隙率降低、密度增大,所制备的 C/C-SiC 复合材料的力学性能先升高后降低。当 C/C PIP 周期数较小时,素坯孔隙率较大,由于素坯本身含 C 少导致烧结后复合材料基体 C 少,甚至 C 纤维也部分参与碳硅反应从而使纤维受损。从图 10.8 可见

P1 断裂时纤维拔出少且断口十分平整,从选区能谱可以证实纤维边缘确实跟 Si 发生了反应。由此可以说明 P1 的界面结合过强且部分纤维被 Si 腐蚀,因而复合材料 P1 的力学性能很差。

随着 C/C PIP 周期数的增大,由于素坯本身所含 C 大大过量,烧结后复合材料也残留有大量疏松的 PIP C,这样复合材料的界面结合就变得过弱,过弱的界面使得 C 纤维以丝束的形式拔出(图 10.9),但整束的纤维从松软的 PIP C 基体拔出过程中吸收的能量较少,因而使得复合材料 P4 的力学性能也不太好。

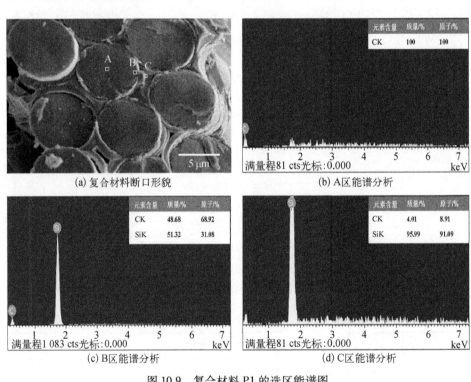

| | (a) 复合材料断口形貌 | | (b) A区能谱分析 |
| (c) B区能谱分析 | | | (d) C区能谱分析 |

图 10.9　复合材料 P1 的选区能谱图

只有当 C/C PIP 周期数一定时,素坯孔隙率适中,此时所制备的复合材料界面结合强度适中,复合材料在承受载荷时纤维以单丝的形式拔出消耗大量能量,才能使得复合材料有较好的力学性能(P2、P3)。从图 10.10 中可以看见,复合材料 P1 的断裂面十分平整,基本没有纤维拔出;复合材料 P2 的断裂面中既有较为平整的断口区,也有较长的纤维拔出区;复合材料 P3 的断裂面可看见明显的纤维拔出且拔出的纤维丝较长;复合材料 P4 的断裂面则以成束的丝束形式拔出。因而,复合材料 P1~P4 的力学性能表现出图 10.8 所示的变化趋势。

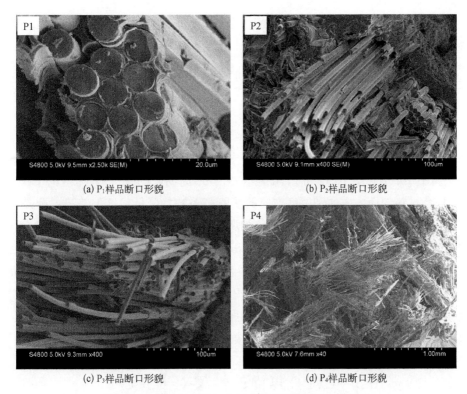

(a) P₁样品断口形貌　　　　　　　　(b) P₂样品断口形貌

(c) P₃样品断口形貌　　　　　　　　(d) P₄样品断口形貌

图 10.10　复合材料 P1~P4 的断口形貌扫描电镜照片

10.2.3　C/C PIP 周期数对 C/C‒SiC 复合材料热膨胀性能的影响

图 10.11 和图 10.12 分别为不同 PIP 周期数 C/C 素坯制备的 GSI C/C‒SiC

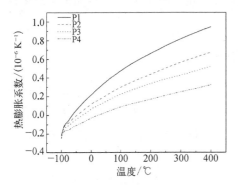

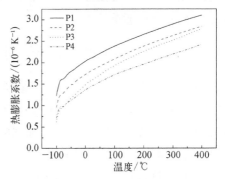

图 10.11　不同 PIP 周期数 C/C 素坯
制备的 C/C‒SiC 复合材料
的面内方向热膨胀性能

图 10.12　不同 PIP 周期数 C/C 素坯
制备的 C/C‒SiC 复合材料
的厚度方向热膨胀性能

复合材料平面方向和厚度方向的热膨胀系数随温度的变化曲线。它们的室温热膨胀系数具体数值列于表 10.6 中。

表 10.6　不同 PIP 周期数 C/C 素坯制备的 C/C‑SiC 复合材料的室温热膨胀系数

样　　品	P1	P2	P3	P4
面内方向热膨胀系数(室温)/(10^{-6} K^{-1})	0.46	0.28	0.17	0.06
厚度方向热膨胀系数(室温)/(10^{-6} K^{-1})	2.61	2.39	2.26	2.08

由图 10.11 和图 10.12 可知,随着 C/C PIP 周期数的减少,其对应的 C/C‑SiC 复合材料的面内方向和厚度方向的热膨胀系数均降低。这种趋势主要是由该系列复合材料的组成成分和物质结构所决定的。从表 10.5 可以看出,P1~P4 中的残余 C 含量是逐渐增加的,相比于 SiC 和 Si 而言,C 是低膨胀(PIP C)或者负膨胀的(C_f)的,因此 P1~P4 的热膨胀系数呈现降低变化趋势;从结构角度而言,P1~P4 的开孔率逐渐变大,且随着 PIP C 含量加大,其中闭孔的量也增大,因而增加的孔隙可以容纳更多的体积膨胀从而起到降低热膨胀系数的作用。从以上两个方面考虑,P1~P4 的热膨胀系数表现出依次降低的趋势。

10.3　CVI C 界面改性层对 GSI C/C‑SiC 复合材料的性能影响

由于 CVI C 涂层具有调节界面结合强度从而改善复合材料的力学性能的作用,更由于 CVI C 平行于片层的方向跟碳纤维轴向一样具有负的热膨胀系数,因此也可以用来调控热膨胀性能。本节的主要目的是探究 CVI C 界面改性对最终复合材料性能的影响。

10.3.1　CVI C 界面改性涂层的制备与表征

本节所选取的研究对象为体积分数 25% 的 C 纤维针刺毡分别涂以不同厚度的 CVI C 界面改性涂层后再以 PIP 工艺浸渍裂解沥青 C 来制备的 C/C 素坯。依据 10.2 节的研究结论,本节所选用的素坯的孔隙率都尽量接近最优孔隙率(43%),其基本参数列于表 10.7。

不同厚度的涂层的微观形貌如图 10.13 所示。从图中可以观察到,经过 CVI 工艺制备的界面改性涂层均匀致密的包裹在碳纤维周围,并可以观察到沉积碳的片层平行于碳纤维的轴向排列。

表 10.7　不同 CVI C 改性层厚度的 C/C 素坯的基本参数

CVI C 层厚度/μm	0(无涂层)	约 1	约 3	约 5
$\rho_{C/C}$/(g·cm^{-3})	0.97	1.00	1.04	1.08
孔隙率/vol%	44.9	43.1	42.9	40.2

(a) 无涂层

(b) 约 1 μm

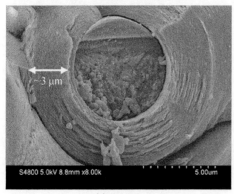

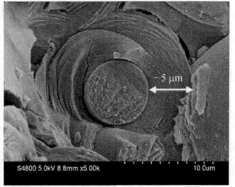

(c) 约 3 μm

(d) 约 5 μm

图 10.13　不同涂层厚度的微观形貌

10.3.2　CVI C 层厚度对 C/C‑SiC 复合材料的密度和组成的影响

将上述具有不同 CVI C 涂层厚度的素坯按照优化的气相渗硅工艺烧结后制备成一系列复合材料。为方便叙述,依次将涂层厚度 0、约 1 μm、约 3 μm、约 5 μm 所对应的复合材料命名为 C0、C1、C3、C5。它们的密度和孔隙率如图 10.14 所示,各相组成如图 10.15 所示。

从图 10.14 和图 10.15 可以看出,C0、C1、C3 和 C5 的密度、孔隙率和组成成

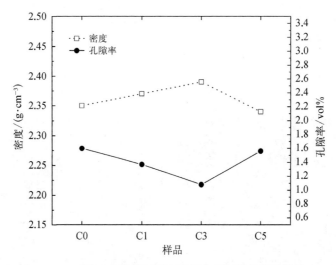

图 10.14　不同 CVI C 界面厚度的复合材料的密度及孔隙率

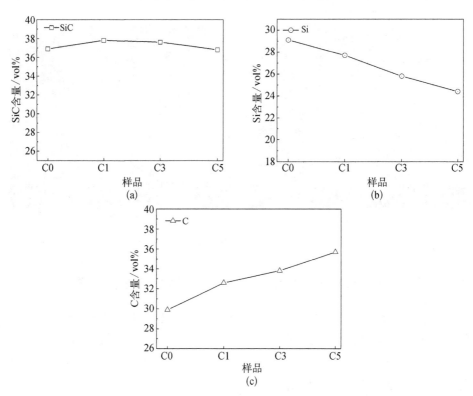

图 10.15　不同 CVI C 界面厚度的复合材料的各组分含量

分变化不大。这是由于各自素坯的密度及孔隙率比较接近,只有基体 C 的组成不太一样:C0 对应的素坯中全为 PIP C,C1、C3、C5 对应的素坯中 CVI C 含量依次增加。当气相渗硅烧结时,由于 CVI C 在反应到一定厚度时将不会继续反应,即参与反应的 CVI C 量大致相同,因而最终 C/C－SiC 复合材料的 SiC 含量一致、残留的 CVI C 和 C_f 依次略有增加。

10.3.3　CVI C 层厚度对 C/C－SiC 复合材料力学性能的影响

不同厚度的 CVI C 界面改性后的复合材料的载荷位移曲线如图 10.16 所示,从复合材料 C0~C5 的弯曲载荷位移曲线可以明显地看出,没有 CVI C 界面涂层改性时(CVI C 层厚度为 0),复合材料 C0 的断裂载荷非常低,且呈明显的脆性断裂。当有 CVI C 界面涂层改性时,复合材料所能承受的载荷大幅度增加,断裂方式也从明显的脆性断裂转变为韧性断裂。复合材料的弯曲强度和断裂韧性随 CVI C 界面改性层的厚度的变化规律如图 10.17 所示。试验数据表明当 CVI C 界面层厚度为 3 μm 时所得复合材料的力学性能最佳,其弯曲强度为 242 MPa、断裂韧性为 10.98 MPa·$m^{1/2}$。

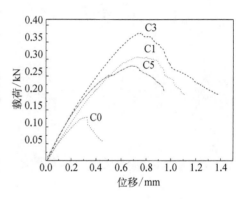

图 10.16　不同 CVI C 界面厚度的复合材料的载荷-位移曲线

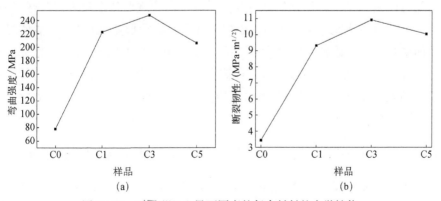

(a)　　　　　　　　　　　(b)

图 10.17　不同 CVI C 界面厚度的复合材料的力学性能

图 10.18 是不同 CVI C 厚度的复合材料的断裂面微观形貌,从中可以看出,复合材料 C0 没有 CVI C 界面涂层,裸露的 C_f 在气相渗硅烧结过程中会不可避

(a) C0　　　　　　　　　　　　　　　　(b) C1

(c) C3　　　　　　　　　　　　　　　　(d) C5

图 10.18　C0~C5 的断裂面扫描电镜图像

免地与 Si 反应造成纤维受损且界面结合很强,因而在承受较低载荷时即发生脆性断裂且断裂面平整;当涂层厚度较薄时,界面结合强度依旧较大,过强的界面结合致使断口平整且纤维拔出不明显(C1);当界面涂层厚度适中时,能使过强的界面结合降低到适当的强度,此时界面脱黏和滑移阻力较大,纤维拔出能吸收较多的能量;当涂层过厚时,界面结合被大大地降低为弱界面结合,此时纤维与涂层脱黏阻力降低,纤维拔出所吸收的能量变少,因而复合材料 C5 的力学性能较 C3 有所降低。

10.3.4　CVI C 层厚度对 C/C‐SiC 复合材料热膨胀性能的影响

图 10.19 和图 10.20 分别是复合材料 C0~C5 的面内方向和厚度方向热膨胀系数随温度变化曲线。其室温下的热膨胀系数值列于表 10.8。

由表 10.8 中数据可见,面内方向的室温热膨胀系数随 CVI C 界面厚度的变化规律是:在一定范围内(0~3 μm)热膨胀系数随着 CVI C 界面厚度的增加而

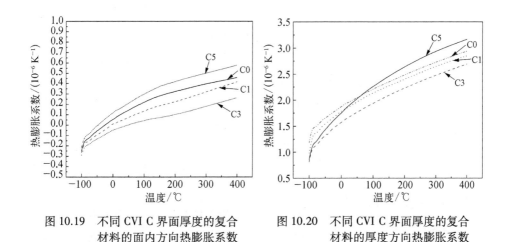

图 10.19　不同 CVI C 界面厚度的复合材料的面内方向热膨胀系数

图 10.20　不同 CVI C 界面厚度的复合材料的厚度方向热膨胀系数

表 10.8　不同 CVI C 界面厚度的复合材料的室温热膨胀系数

样　　品	C0	C1	C3	C5
CVI C 层厚度/μm	0	约 1	约 3	约 5
面内方向热膨胀系数(室温)/(10^{-6} K^{-1})	0.24	0.17	0.08	0.46
厚度方向热膨胀系数(室温)/(10^{-6} K^{-1})	2.61	2.26	2.39	2.48

下降;超过某一临界厚度后,热膨胀系数随着界面厚度的增加而增加。在厚度方向,CVI C 界面改性层能降低复合材料的热膨胀系数值,但降低的效果随着界面厚度的增加而逐渐减弱。具体的原因将在下一节 CVI C 层界面调控机制中予以探讨。

10.4　CVI C 界面改性层的调控机制研究

纤维增强复合材料的理想界面应具备的主要功能有:传递载荷、调节和缓解界面应力、保护纤维等。本书采用 CVI C 涂层来进行界面改性,它除了具有上述功能外,还具有调节复合材料热膨胀系数的作用。本节将对其界面调控机制进行研究,主要讨论 CVI C 界面改性层对力学性能和热膨胀性能的调控机制。

10.4.1　CVI C 界面改性层对力学性能的调控

对于气相渗硅烧结法制备 C/C-SiC 复合材料而言,保护 C 纤维免遭 Si 的侵蚀可以大大地保留纤维的增强效果、提高复合材料的力学性能。在气相渗硅

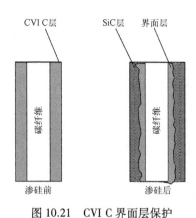

图 10.21　CVI C 界面层保护
作用示意图

烧结中 CVI C 界面涂层抵挡 Si 的侵袭保护 C 纤维的示意图如图 10.21 所示。

从图 10.21 可以看出,CVI C 界面涂层能以"牺牲层"的形式起到保护 C 纤维的作用,同时余下的 CVI C 层能起到调节界面结合强度的作用。界面结合的强弱对复合材料的力学性能有很大影响。如图 10.22 所示,当 CVI C 界面改性相很薄或者没有界面改性相时,纤维与界面结合很强,会导致纤维脆性断裂[图 10.22(a)],此时复合材料强度和韧性较低;当 CVI C 界面厚度适中时,界面结合强度适中,纤维发生韧性断裂[图 10.22(b)],此时纤维的桥联和拔出使得复合材料的强度和韧性较高;当纤维与基体之间的界面结合有强有弱时,产生混合断裂[图 10.22(c)]。

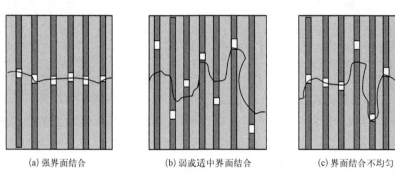

(a) 强界面结合　　　　　(b) 弱或适中界面结合　　　　　(c) 界面结合不均匀

图 10.22　界面结合强度与纤维断裂方式示意图[297]

10.4.2　CVI C 界面改性层对热膨胀性能的调控

首先,CVI C 界面改性层对复合材料热膨胀系数的调控依据之一是它跟碳纤维一样在平行于纤维轴向的方向具有负的热膨胀系数。因而在受热时会产生轴向收缩,从而对基体产生压缩应力约束基体热膨胀[288](图 10.23)。

其次,界面结合的强弱也是影响 CVI C 界面调控热膨胀性能的重要因素[288-290],这一因素表观反映为 CVI C 界面改性层的厚度对复合材料的热膨胀系数的影响。当 CVI C 改性涂层很薄时,C 纤维与界面相的结合强度(设为 B_1)较大,能与界面相和 SiC 基体的结合强度(设为 B_2)相匹配,此时 C_f 和 CVI C 界面相连成一体共同对基体产生压缩应力来约束基体的热膨胀,从而降低平行于纤维轴向

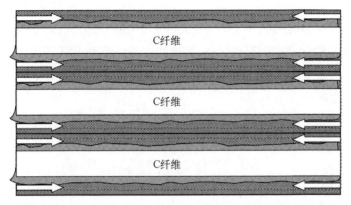

图 10.23　C 纤维及 CVI C 界面相对基体的压缩应力示意图

的热膨胀系数。当 CVI C 改性涂层过厚时,C 纤维与界面相的结合强度 B_1 将会弱于界面相和 SiC 基体的结合强度 B_2,此时纤维与界面相将容易脱黏(图 10.24)使得纤维的轴向负膨胀调控效果反而降低,这对降低复合材料的热膨胀系数是不利的。因此,以上因素也是复合材料 C0、C1、C3 的热膨胀系数依次变小,而 C5 热膨胀系数变大的原因之一。

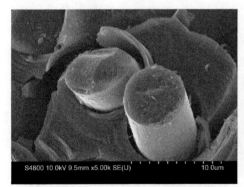

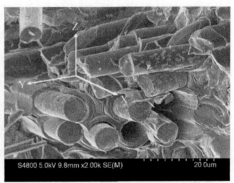

图 10.24　过厚的界面导致纤维脱黏　　　　图 10.25　复合材料内部 C 纤维排布情况

影响复合材料热膨胀系数的另一个原因是 CVI C 和 C_f 在径向上较高的热膨胀系数,这对降低复合材料热膨胀系数是不利的。图 10.25 是复合材料内部纤维排布情况,从图中可知,在面内方向,始终有一半的连续纤维和 CVI C 涂层的径向是沿着热膨胀的测试方向,因而径向的高热膨胀和轴向的负膨胀两种作用互相竞争。当纤维涂层很薄时,CVI C 的径向含量少,轴向负膨胀在竞争中占主导地位,所以此时材料的热膨胀系数降低(C1、C3 低于 C0)。当纤维涂层很厚时,CVI C 的径向含量变高,此时径向高热膨胀的不利因素逐渐占主导地位,从而使得复合材料的热膨胀系数反而变大(C5)。在厚度方向,除了少量不连续的针刺 C 纤维是轴向负膨胀起作用外,其他的大量纤维和 CVI C 的径向高热膨胀对复合材料的厚度方向热膨胀系数都是不利的,这也是 C1、C3、C5 的厚度方向热膨胀系数逐渐增大的原因。

10.5　纤维体积分数对 GSI C/C – SiC 复合材料性能的影响

本书所制备的 C/C – SiC 复合材料中 C 纤维作为增强体起着承受载荷、增加韧性和调节热膨胀系数的重要作用,因而其含量对复合材料的性能有影响。本节以纤维体积分数分别为 20%、25%、30% 的三种 C/C 素坯为研究对象来探究纤维体积含量对复合材料性能的影响规律。

10.5.1　纤维体积分数对 C/C – SiC 复合材料密度及力学性能的影响

将上述三种规格的 C 毡经过 CVI C 界面改性(3 μm)和 PIP(3 周期)增密后气相渗硅烧结制备一系列 C/C – SiC 复合材料,为叙述方便依次命名为 S20、S25、S30。它们的基本参数列于表 10.9。

表 10.9　不同 C 纤维体积含量的复合材料的参数

样　品	S20	S25	S30
C_f含量/vol%	20	25	30
密度/(g·cm^{-3})	2.41	2.37	2.30
孔隙率/vol%	0.92	0.99	1.12

从表 10.9 可见,随着 C 纤维体积含量的增加其制备的 C/C – SiC 复合材料的密度逐渐降低,这主要是由于 C 纤维的密度比 SiC 小造成的。

C 纤维体积含量对复合材料力学性能的影响规律如图 10.26 所示。随着 C 纤维体积分数的增加,复合材料的弯曲强度和断裂韧性均有不同程度的增加,当纤维体积分数为 30% 时,弯曲强度和断裂韧性均达到最大值,分别为 268 MPa、11.33 MPa·m$^{1/2}$,这主要是因为碳纤维作为增强相,其强度和韧性要远大于 SiC 基体,所以在一定范围内随着纤维体积分数的增加,复合材料的力学性能逐渐增加。

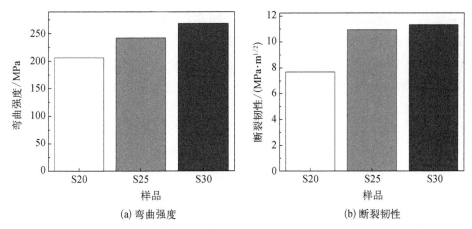

图 10.26　不同 C 纤维体积含量的 C/C‑SiC 复合材料的力学性能

10.5.2　纤维体积分数对 C/C‑SiC 复合材料热膨胀性能的影响

复合材料 S20、S25、S30 的面内方向和厚度方向的热膨胀系数随温度的变化曲线分别如图 10.27 和图 10.28 所示,其室温热膨胀系数值列于表 10.10。

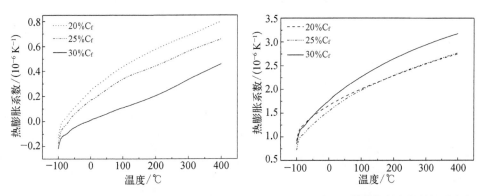

图 10.27　不同 C 纤维含量复合材料的平面方　图 10.28　不同 C 纤维含量复合材料的厚度方
　　　向的热膨胀系数随温度变化曲线　　　　　　　向的热膨胀系数随温度变化曲线

表 10.10　不同 CVI C 界面厚度的复合材料的室温热膨胀系数

样　品	S20	S25	S30
面内方向热膨胀系数(室温)/(10^{-6} K^{-1})	0.14	0.08	−0.05
厚度方向热膨胀系数(室温)/(10^{-6} K^{-1})	2.30	2.39	2.62

从上述结果可知,C 纤维体积含量对复合材料面内方向和厚度方向的热膨

胀系数的影响规律恰好相反：在面内方向，随着 C 纤维体积含量的增加，复合材料的热膨胀系数逐渐降低；而厚度方向的热膨胀系数则随着 C 纤维含量的增加而增加。由 10.4.2 节的分析可知，以上现象是由于 C 纤维及其周围包裹的 CVI C 界面改性层在纤维轴向和径向具有不同的热膨胀系数所导致的。

第11章 轻质高稳定 C/SiC 复合材料支撑结构的制备技术

新型高分辨率空间相机对轻质、高稳定的支撑结构提出了广泛需求。C/SiC 复合材料具有轻质、高强度、高模量、近零膨胀以及耐空间环境辐照等特性,能够保证空间光学系统的高精度、高稳定,也成为主流的空间先机结构材料。根据第 8~10 章确定的 C/SiC 材料结构与工艺,开展了 C/SiC 复合材料前镜筒的制备、测试与考核工作,成功实现了 C/SiC 前镜筒在空间相机上的应用。

11.1 C/SiC 复合材料前镜筒制备

应用于空间光机结构件的近零膨胀纤维增强陶瓷基复合材料的制备要求:① 纤维织物的整体性、可靠性要好,并且要有灵活的可设计性。② 选用的工艺能够满足未来空间复杂构件成型的工艺要求。

目前,将纤维编织成型和 PIP 复合是空间光机支撑结构(以前镜筒为代表)的主要制备方法,该制备方法主要基于以下几个方面考虑。

1) 三维编织结构能够保证复合材料的整体性、可靠性和设计的灵活性

三维编织整体成型具有如下特点:① 三维编织结构是不分层的整体;② 精确成型;③ 力学结构合理;④ 三维编织给后续工艺带来方便;⑤ 结构具有可设计性。

2) PIP 成型工艺能够保证复杂构件成型的工艺和性能的可实现性

PIP 工艺成熟、可重复性好、性能稳定。在工艺方面优势:① 可通过有机先驱体分子设计和工艺来控制组成和结构;② 可沿用纤维增强聚合物基复合材料和碳/碳复合材料的成型方法;③ 可在常压和较低的温度下完成无机转化;④ 能够制备得到形状比较复杂的异形构件,且可对中间体进行机械加工,得到精确尺寸的构件;⑤ 便于基体与纤维的复合和分散。常规方法难于实现纤维特别是其编织物与陶瓷基体的复合和分散,先驱体法能有效地实现这一过程。在性能方面,PIP C/SiC 复合材料的优势是:① PIP 工艺转化的 SiC 为无定形结构,比结晶 SiC 膨胀系数低;② PIP 工艺转化的 C/SiC 复合材料具有多级孔隙结构,温度

变化时可由孔隙尺寸的变化抵消固体组成的变形,使近零膨胀成为可能。

大尺寸轻质高稳定 C/SiC 复合材料前镜筒制备技术方案如图 11.1 所示,主要包括编织结构设计、编织成型、PIP 致密化、机械加工、表面涂层和空间环境考核等工艺过程。

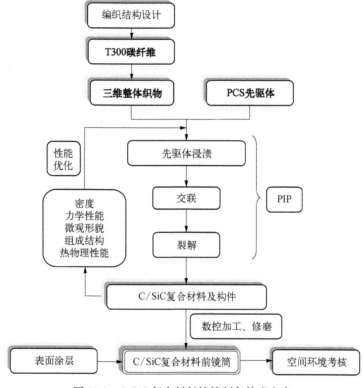

图 11.1 C/SiC 复合材料镜筒制备技术方案

11.1.1 前镜筒结构设计

对整体编织成型的 C 纤维预制件结构进行了设计优化,建立了 2.5D、3D3d、3D4d、3D5d、3D6d 的编织单胞模型,如图 11.2 所示。在此基础上,进行了单胞模型的网格划分,如图 11.3 所示,并对其等效热膨胀性能进行了分析,结果如表 11.1 所示。

表 11.1 不同结构单胞模型热膨胀系数

编织结构	2.5D	3D3d	3D4d	3D5d	3D6d
热膨胀系数/($10^{-6}\ K^{-1}$)	1.06	0.64	0.96	0.30	0.60

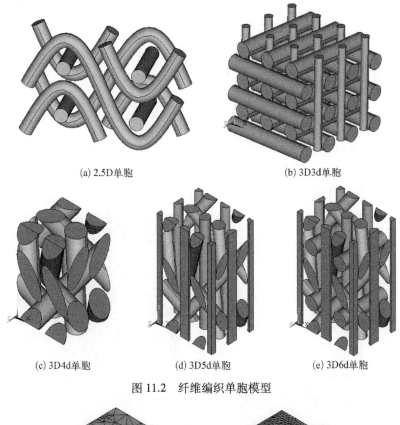

(a) 2.5D单胞　　　　　　　　　　　(b) 3D3d单胞

(c) 3D4d单胞　　　　(d) 3D5d单胞　　　　(e) 3D6d单胞

图 11.2　纤维编织单胞模型

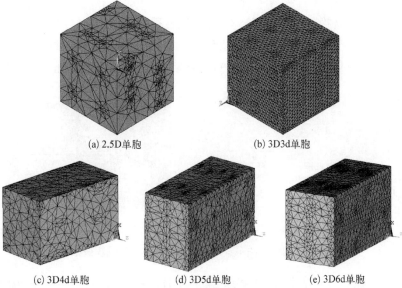

(a) 2.5D单胞　　　　　　　　　　　(b) 3D3d单胞

(c) 3D4d单胞　　　　(d) 3D5d单胞　　　　(e) 3D6d单胞

图 11.3　单胞模型的网格划分

从表 11.1 可知,2.5D 单胞的热膨胀系数最大,其值为 $1.06×10^{-6}$ K^{-1},其次为 3D4d 单胞,较小的 3D3d、3D6d 和 3D5d,而 3D5d 单胞最小,其值为 $0.30×10^{-6}$ K^{-1},3D5d 编织结构是实现长度方向近零膨胀的优化结构。

11.1.2　C 纤维预制件整体编织技术

纤维预制件的整体成型对于构件的稳定性、整体性非常重要。采用预留编织技术,在横筋的编织过程中,预留出纵、横筋相互贯穿的设计位置,再将纵筋未参与编织的纱线以十字交叉的方式穿过横筋的预留位置,从而实现纵、横加强筋的整体贯穿连接,如图 11.4 所示。

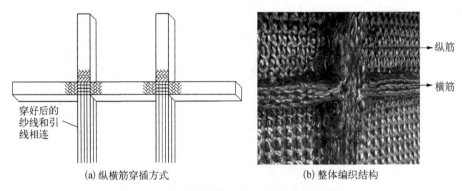

(a) 纵横筋穿插方式　　　　　　　(b) 整体编织结构

图 11.4　纵、横筋穿插方式及整体编织效果图

采用预埋加替换的集成编织技术,在编织过程中将横筋与筒身相接触的纱线预埋带有线圈的引线,然后将与横筋位置对应的筒身的最外层的纱线穿入线圈中,最后将引线依次从横筋上拉出,实现筒身的编织纱与横筋的交织,如图 11.5 所示。

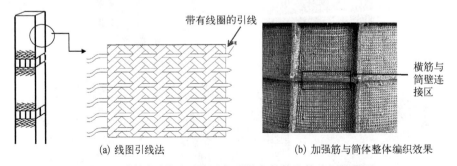

(a) 线图引线法　　　　　　　(b) 加强筋与筒体整体编织效果

图 11.5　线图引线法示意及加强筋与筒体整体编织效果图

通过纵、横筋的整体编织技术和加强筋与筒体的整体编织技术,实现前镜筒预制件的整体编织成型。通过该方法完成了缩比件和正样织物的研制和生产(图 11.6)。

(a) 挂纱　　　　　　　(b) 编织过程　　　　　　(c) 镜筒织物产品

图 11.6　1∶1 镜筒编织物的编织过程和产品

11.1.3　PIP SiC 致密化技术

PIP 工艺制备 C/SiC 复合材料主要有纤维编织成型、先驱体溶液浸渍、高温裂解等步骤。根据设计的碳纤维编织结构及相关参数,完成碳纤维预制件的编织。以聚碳硅烷为先驱体,二甲苯为溶剂,聚碳硅烷与二甲苯配制成 50wt% 的溶液,浸渍过程在真空环境下进行,具体工艺过程如下:将碳纤维编织预制件高温热处理后置于可抽真空的浸渍槽中,抽真空后吸入聚碳硅烷溶液,充分浸渍后取出,自然挥发除去二甲苯溶剂,然后放入裂解炉中在高纯氩气的保护下升温裂解,循环浸渍-裂解数次使材料致密化,得到致密化的 C/SiC 复合材料。

PIP C/SiC 过程是一个逐步致密化的过程,因此,在中间状态复合材料具有较好的机械加工性能,有利于构件的精密加工成型,可以采用普通的数控加工方法来进行初加工(图 11.7)。通过研究表明,浸渍-裂解循环 5~8 周期后为 C/SiC 复合材料及镜筒构件进行初加工的较佳加工时机,一方面材料在以后致密化的过程中变形很小,另一方面此时材料已经具有相当的加工强度和较低的加工硬度,可提高加工效率。后期,复合材料完成致密化后,再进行最终尺寸的精加工,精加工时,由于材料已经比较致密、硬度大,此时加工刀具需要选择一些超硬刀具。

11.2　C/SiC 复合材料前镜筒测试与考核

11.2.1　尺寸稳定性测试

前镜筒制备完成后为了使其服役时具有高的尺寸稳定性,进行了多次振动

(a) 数控铣加工　　　　　　　　(b) 打孔加工

图 11.7　C/SiC 复合材料前镜筒加工过程

消应力试验,在筒身上布置量块作为基准和测点,试验后采用三坐标测量仪进行位置稳定性测量。测量结果列于表 11.2。

表 11.2　前镜筒稳定性测试结果

序号	试验名称	试验量级	角度变化 /[$10^{-4}(°)$]	沿轴位移 变化/μm	垂轴位移 变化/μm	频漂	备注
1	消应力振动	1/2 验收级	—	—	—	—	—
2	验证振动	鉴定级	5.83	4	7.8	2	—
3	验证振动	鉴定级	10	3	4.1	1	—
4	验证振动	鉴定级	8.06	0.5	2.3	<1	稳定性验证 结束
5	验证振动	鉴定级	—	—	—	—	鉴定级连续 做 3 次
6	验证振动	鉴定级	—	—	—	—	鉴定级连续 做 3 次

　　根据测试结果,前镜筒经过多次振动消应力试验后,位置精度均在 $8.3 \times 10^{-4}(°)$,3 μm 以内。前镜筒位置稳定性满足光学系统的要求,可用于系统装调。

11.2.2　线膨胀系数测试

　　前镜筒的线膨胀系数是考核镜筒的重要指标,试验通过常压控温箱控制环境温度,热偶测量产品温度,激光双频干涉仪测量产品长度变化的方法来测量线膨胀系数,测试照片如图 11.8 所示。温度变化范围为室温-8~8℃,每间隔 4℃取一测温点。试验的测试精度为 $2×10^{-7}$。

图 11.8　前镜筒线膨胀系数测试

前镜筒在稳定性试验前后分别进行了线膨胀系数测试,测试结果变化较大。考虑到可能是由于振动造成 C/SiC 材料内部结构改变而影响镜筒整体的线膨胀系数,因此在稳定性试验结束后又增加了两次振动试验(表 11.2),每次试验连续做 3 次鉴定级振动,以保证效果等同于稳定性试验。在两次试验后又分别对镜筒的线膨胀系数进行了测试。对于 PIP 工艺制备的 C/SiC 复合材料前镜筒构件,通常要进行表面处理,处理方法为沉积 SiC 涂层或喷涂有机树脂。表面处理后,再次测试线膨胀系数。前镜筒线膨胀系数测试结果如表 11.3 所示。

表 11.3　前镜筒热膨胀系数测试结果

测 试 时 机	线膨胀系数/(10^{-7} K^{-1})
振动试验前	−1.6
第 4 次振动试验后	2.0
第 5 次振动试验后	0.4
第 6 次振动试验后	0.88
表面处理后	1.41

经过仿真分析及试验验证,C/SiC 镜筒的结构稳定性、基频、整体轴向线膨胀系数等均满足空间光机结构件的使用要求。

11.3　C/SiC 复合材料支撑结构研究展望

　　C/SiC 复合材料是最具有代表性,也是应用最广泛、最具应用前景的一类陶瓷基复合材料,被认为是继 C/C 复合材料之后发展起来的一种新型战略材料。大尺寸轻质高稳定性 C/SiC 复合材料支撑结构在新型高分辨率空间相机领域具有迫切的应用需求。目前,掌握满足在空间环境进行工程性应用的高性能 C/SiC 先进复合材料制备技术的主要国家是美国、德国、法国、日本等。国内同类技术总体上处于应用研究阶段,部分 C/SiC 产品如前镜筒、主框架等已实现了在多个空间相机中的应用。对于未来发展,全面实现 C/SiC 复合材料在空间相机上的工程应用还需做的工作主要有:① 深入研究 C/SiC 复合材料空间光机结构件的应力控制技术,建立构件稳定性的检测方法。在 C/SiC 支撑结构研制过程中,往往需要经过多次(6 次以上)消应力振动后,其外形尺寸才趋于收敛与稳定,每次消应力振动及相关的测试周期长(4 个月左右)、难度大,费时耗力,严重制约了光机部件的研制进度。迫切需要从材料本身的应力消除机理上进行深入研究,揭示 C/SiC 复合材料应力产生原因,找到加速释放应力的途径,形成加速 C/SiC 复合材料应力释放与构件稳定性检测的工艺方法,全方位提升 C/SiC 空间光机结构材料的技术成熟度,为工程应用提供坚实的技术支撑和保障。② 进一步突破高精度、高稳定性、超长薄壁结构光机构件及一体化连接技术。空间相机支撑结构的发展趋势是大尺寸、轻量化。支撑杆组合的桁架结构将是未来重要的发展方向之一,其能够满足一些轻量化、复杂构型的应用要求。为了减重需要,支撑杆的壁厚将越来越小(<5 mm),同时,支撑杆长度将超过 2 m 以上。对于这种超长、薄壁结构的杆状结构,预制件编织、成型过程中尺寸精度控制、精密加工、性能检测等方面均是一种挑战,相关的研制及检测技术需要进一步突破。另外,桁架结构杆件之间的一体化在线连接技术及精度、可靠性实现也是未来需要解决的关键技术之一。

参 考 文 献

[1] 张立同,成来飞,徐永东.新型碳化硅陶瓷基复合材料的研究进展[J].航空制造技术, 2003(1):24-32.

[2] Krenkel W, Berndt F. C/C - SiC composites for space applications and advanced friction systems[J]. Materials Science & Engineering A, 2005, 412(1):177-181.

[3] 朱晓娟,夏英伟.C/SiC 材料在国外空间光学系统上的应用[J].宇航材料工艺,2013, 43(4):20-23.

[4] 刘志泉,马武军.C/SiC 复合材料推力室应用研究[J].火箭推进,2011,37(2):19-24.

[5] 成来飞,张立同,梅辉,等.化学气相渗透工艺制备陶瓷基复合材料[J].上海大学学报 (自然科学版),2014,20(1):15-32.

[6] 刘巧沐,黄顺洲,刘佳,等.高温材料研究进展及其在航空发动机上的应用[J].燃气涡 轮试验与研究,2014,27(4):51-56.

[7] 张立同,成来飞.连续纤维增韧陶瓷基复合材料可持续发展战略探讨[J].复合材料学 报,2007,24(2):1-6.

[8] 周新贵.PIP 工艺制备陶瓷基复合材料的研究现状[J].航空制造技术,2014,450(6): 30-34.

[9] 邹豪,王宇,刘刚,等.碳化硅纤维增韧碳化硅陶瓷基复合材料的发展现状及其在航空 发动机上的应用[J].航空制造技术,2017(15):76-84.

[10] 沙建军,代吉祥,张兆甫.纤维增韧高温陶瓷基复合材料(C_f, SiC_f/SiC)应用研究进展 [J].航空制造技术,2017(19):16-29.

[11] 姚改成,郭双全,黄璇璇,等.陶瓷基复合材料在欧美军民用航空发动机上的发展[J]. 航空维修工程,2018(10):37-40.

[12] 朱积清.航天侦察对轻型高分辨率 TDICCD 相机技术应用需求分析[C].洛阳:星载轻 型高分辨率光学遥感技术 TDICCD 相机专题研讨会论文集,2002.

[13] 杨秉新.空间相机用碳化硅反射镜的研究[J].航天返回与遥感,2003,24(1):15-18.

[14] Zhang Y, Zhang J H, Han J C. Large-scale fabrication of lightweight Si/SiC ceramic composite optical mirror[J]. Materials Letters,2004, 58:1204-1208.

[15] 乌崇德,傅丹鹰,益小苏.空间光学遥感器的发展对先进复合材料的需求[J].宇航材料 工艺,1999,4:11-15.

[16] 杨力.先进光学制造技术[M].北京:科学出版社,2001.

[17] 姚启均.光学教程:2 版[M].北京:高等教育出版社,1989.

[18] 吴清文.空间相机中主镜的轻量化技术及其应用[J].光学精密工程,1997,5(6): 69-80.

[19]　饭田修一,大野和郎,神前熙,等.物理学常用数表[M].郭永江,译.北京:科学出版社,1987.

[20]　张长瑞,刘荣军,刘晓阳.材质气孔率和气孔大小与表面粗糙度的数学模拟与特征[J].光学精密工程,2004,12(3):340-345.

[21]　Geyl R, Cayrel M. Low CTE glass, SiC & Beryllium for lightweight mirror substrates[J]. Proceedings of SPIE, 2005, 5965(1F): 1-7.

[22]　PePi J W. A method to determine strength of glass, crystals, and ceramics under sustained stress as a function of time and moisture[J]. Proceedings of SPIE, 2005, 5868(0R): 1-13.

[23]　Kishner S J. Large stable mirrors: a comparison of glass, beryllium and silicon carbide[J]. Proceedings of SPIE,1990, 1335: 127-139.

[24]　Burge J, Cuerden B, Miller S. Manufacture of a 2-m mirror with glass membrane face sheet and active rigid support[J]. Proceedings of SPIE,1999,3782: 123-133.

[25]　Jedamzik R, Dohring T. Homogeneity of the coefficient of linear thermal expansion of ZERODUR[J]. Proceedings of SPIE,2005, 5868(0S): 1-11.

[26]　Nakajima K, Nakajima T. Material and application study for low thermal expansion glass-ceramic CLEARCERAM series[J]. Proceedings of SPIE,2005, 5868(0T): 1-12.

[27]　Hall C, Tricard M. New mold manufacturing techniques[J]. Proceedings of SPIE, 2005, 5868(0V): 1-10.

[28]　方珏.碳纤维复合材料反射镜[J].宇航材料工艺,1992(4): 74-75.

[29]　Wagner R, Deyerler M, Helwig G. Advanced materials for ultra-lightweight stable structures [J]. Proceedings of SPIE,1999, 3737: 232-240.

[30]　Harnisch B, Kunkel B, Papenburg U, et al. Ultra light weight C/SiC mirrors and structures [J]. ESA Bulletin 95, 1998(8): 148-152.

[31]　Edinger D J, Nordt A A. Selection of I-220-H beryllium of NIRCam optical bench[J]. Proceedings of SPIE,2005, 5868(0X): 1-12.

[32]　Deyerler M. Ultra lightweight beryllium mirror development[J]. Proceedings of SPIE,1992, 1753: 2-9.

[33]　Kendrick S E,Reed T, Streetman S, et al. Design and test of semi-rigid beryllium mirrors for lightweighted space applications: SBMD cryogenic performance update and AMSD design approach[J]. Proceedings of SPIE,2001, 4198: 221-229.

[34]　Robichaud J, Guregian J, Schwalm M. SiC optics for earth observing applications [J]. Proceedings of SPIE,2003, 5151: 53-62.

[35]　马文礼,沈忙作.碳化硅轻型反射镜技术[J].光学精密工程,1999,7(2): 8-12.

[36]　Robb P, Charpintier R, Lyubarsky S, et al. Three mirror anastigmatic telescope with a 60-cm aperture diameter and mirror made of silicon carbide[J]. Proceedings of SPIE,1995, 2543: 185-193.

[37]　Tobin E, Magida M, Kishner S, et al. Design, fabrication and test of meter-class reaction-bonded SiC mirror blank[J]. Proceedings of SPIE,1995, 2543: 12-21.

[38]　Casstevens J, Bray D J. Rapid fabrication of large mirror substrate by conversion joining of

silcon carbide[J]. Proceedings of SPIE,2005, 5868(1): 1 – 8.

[39] Robichaud J, Schwartz J. Recent advances in reaction bonded silicon carbide optics and optical systems[J]. Proceedings of SPIE,2005, 5868(2): 1 – 7.

[40] Schwalm M, Dibiase D. Silicon carbide pointing mirror and telescope for the Geostationary Imaging Fourier Transform Spectrometer (GIFTS) [J]. Proceedings of SPIE, 2005, 5868 (03): 1 – 8.

[41] Williams S, Deny P. Overview of the production of sintered SiC optics and optical sub-assemblies[J]. Proceedings of SPIE,2005, 5868(4): 1 – 10.

[42] Bath D A, Williams S C, Bougoin M, et al. Fabrication and optical characterization of a segmented and brazed mirror assembly[J]. Proceedings of SPIE,2007, 6666(0L): 1 – 9.

[43] Foss C A. CVC silicon carbide optical properties and systems[J]. Proceedings of SPIE, 2005, 5868(6): 1 – 9.

[44] Boy J. CESIC light-weight SiC composite for optics and structures[J]. Proceedings of SPIE, 2005, 5868(7): 1 – 6.

[45] Kowbel W, Woida R. SiC – SiC composite for optical applications[J]. Proceedings of SPIE, 2005, 5868(8): 1 – 6.

[46] Krodel M.Cesic: engineering material for optics and structures[J]. Proceedings of SPIE, 2005, 5868(0A): 1 – 13.

[47] Krodel M, Lichtscheindl J. Cesic: manufacturing study for next generation extreme large telescopes[J]. Proceedings of SPIE,2005, 5868(0C): 1 – 12.

[48] Tsuno K, Oono K. NT – SiC (new technology silicon carbide): application for space optics [J]. Proceedings of SPIE,2005, 5868(0D): 1 – 8.

[49] Suyama S, ltoh Y, Tsuno K, et al. NT – SiC (new technology silicon carbide): ϕ650 mm optical space mirror substrate of high strength reaction-sintered silicon carbide [J]. Proceedings of SPIE,2005, 5868(0E): 1 – 8.

[50] Decilliers C, Krodel M R. Cesic: a new technology for lightweight and cost effective space instrument structures and mirrors[J]. Proceedings of SPIE,2005, 5868(0F): 1 – 15.

[51] Deny P, Bougoin M. Silicon carbide components for optics: Present and near future capabilities[J]. Proceedings of SPIE,2005, 5868(0G): 1 – 11.

[52] Kaneda H, Nakagawa T, Enya K, et al. Optical testing activities for the SPICA telescope [J]. Proceedings of SPIE,2010, 7731(0V): 1 – 7.

[53] Peng C, Levine M, Shido L. Measurement of vibrational damping at cryogenic temperatures for silicon carbide foam and silicon foam materials[J]. Proceedings of SPIE, 2005, 5868 (0I): 1 – 17.

[54] Jacoby M T, Goodman W A. Material properties of silicon and silicon carbide foams[J]. Proceedings of SPIE,2005, 5868(0J): 1 – 12.

[55] Eng R, Carpenter J R. Cryogenic performance of a lightweight silicon carbide mirror[J]. Proceedings of SPIE,2005, 5868(0O): 1 – 8.

[56] Tannka C T, Webb K. Chemical vapor composite silicon carbide for space telescope[J]. Proceedings of SPIE,2006, 6265(2Q): 1 – 9.

[57] Zhou H, Zhang C R, Cao B, et al. Lightweight C/SiC mirrors for space application[J]. Proceedings of SPIE,2006, 6148(0L): 1 - 6.

[58] Zhang J, ZhangY M, Han J C, et al. Study of CVD SiC thin films for space mirror[J]. Proceedings of SPIE,2006, 6034(0X): 1 - 8.

[59] Palusinski I, Ghozeil I. Space qualification of silicon carbide for mirror applications: progress and future objectives[J]. Proceedings of SPIE,2006, 6289(03): 1 - 7.

[60] Yuan L, Wang B. Optical surfacing of reflecting SiC mirrors of 520 mm R - C system[J]. Proceedings of SPIE,2006, 6149(3N): 1 - 5.

[61] 董斌超,张舸.超轻量化 SiC 反射镜的制备及性能[J].光学精密工程,2015,23(8): 2185 - 2191.

[62] Michel B, Didier C, Franck L. CTE homogeneity, isotropy and reproducibility in large parts made of Sintered SiC[J]. Proceedings of SPIE,2012, 10564(10): 1 - 7.

[63] Ealey M A. Development history and trends for reaction bonded silicon carbide mirrors[J]. Proceedings of SPIE,1996, 2857: 66 - 72.

[64] 方敬忠,严佩英.空间光学系统轻量化技术及相关问题[C].洛阳: 星载轻型高分辨率光学遥感技术 TDICCD 相机专题研讨会论文集,2002.

[65] Omatete O. Gel casting a new ceramic forming process[J]. Journal of American Ceramic Society Bulletin, 1991, 70(10): 1641 - 1649.

[66] Robichaud J, Akerstrom A, Frey S, et al. Reaction bonded silicon carbide gimbaled pointing mirror[J]. Proceedings of SPIE,2007, 6666(0Q): 1 - 9.

[67] Claus M, Ulrich P, William A. C/SiC high precision lightweight components for optomechanical applications[J]. Proceedings of SPIE,2001, 4198: 249 - 259.

[68] Thomas S, Georg W, Dietmar S. Recent developments of advanced structures for space optics at Astrium Germany[J]. Proceedings of SPIE, 2003, 5179: 292 - 302.

[69] Ritva A, Keski-Kuha M. Chemical vapor deposited silicon carbide mirrors for extreme ultraviolet applications[J]. Optical Engineering, 1997,36(1): 157 - 161.

[70] Papenburg U, Pfrang W, G.Kutter S, et al, Optical and optomechanical ultra lightweight C/SiC components[J]. Proceedings of SPIE, 1999, 3782: 141 - 156.

[71] John S, Kevin G. Rapid fabrication of lightweight silicon carbide mirrors[J]. Proceedings of SPIE, 2002, 4771: 243 - 253.

[72] Lee H B, Young J, Suk J Y, et al. Trade study of all - SiC lightweight primary mirror and metering structure for spaceborne telescope[J]. Proceedings of SPIE,2015, 9574(0D): 1 - 12.

[73] 王长山.现代空间应用的 SiC 轻型望远镜[J].光机电信息,1996,13(7): 4 - 5.

[74] 韩杰才.大尺寸轻型 SiC 光学反射镜研究进展[J].宇航学报,2001,22(6): 124 - 132.

[75] Michael I A, Peter H. SiC lightweight telescope for advanced space applications I-Mirror technology[J]. Proceedings of SPIE,1992, 1693: 282 - 295.

[76] Johnson S. SiC coatings on RB SiC mirrors for ultra-smooth surfaces[J]. Proceedings of SPIE,1993, 2018: 237 - 247.

[77] Leviton D B, Saha T T. Far ultraviolet and visible light scatter measurements for CVD SiC

mirrors for SOHO[J]. Proceedings of SPIE,1998, 3443: 19 - 30.

[78] Goela J S. Fabrication of CVD - SiC thin shells for X-ray optics applications [J]. Proceedings of SPIE,1999, 3766: 338 - 349.

[79] Onaka T. Telescope system of the infared imaging surveyor (IRIS)[J]. Proceedings of SPIE,1998, 3356: 900 - 904.

[80] Triebes J, Huff W. Cyrogenic optical performance of a lightweighted 20 - inch SiC mirror and indications for thermal strain homogeneity and hysteresis[J]. Proceedings of SPIE, 1995, 2543: 213 - 218.

[81] Shi J, Ezis A. Application of hot-pressed silicon carbide to large high-precision optical structures[J]. Proceedings of SPIE,1995, 2543: 24 - 37.

[82] 张长瑞,周新贵,曹英斌,等.SiC 及其复合材料轻型反射镜的研究进展[J].航天返回与遥感,2003,24(2): 14 - 19.

[83] 郝寅雷,赵文兴.反应烧结碳化硅多相陶瓷制备方法研究进展[J].材料科学与工艺,2000,8(4): 86 - 89.

[84] Novi A, Basile G, Citterio O, et al. Lightweight SiC foamed mirrors for space applications [J]. Proceedings of SPIE,2001, 4444: 59 - 65.

[85] Jacoby T. Montgomery M, Edward E. Design, fabrication and testing of lightweight silicon mirrors[J]. Proceedings of SPIE,1999, 3786: 460 - 467.

[86] Wakugawa J M, Gresko L S, Brown K M. Lightweight silicon carbide mirror[P]. US: 4856887,1989.8.15.

[87] Citterio O, Parodi G. SiC-foamed mirror for telescope operating in space or on ground[J]. Proceedings of SPIE,1997, 2871: 337 - 342.

[88] Ealey M A. Development history and trends for reaction bonded silicon carbide mirrors[J]. Proceedings of SPIE,1996, 2857: 66 - 72.

[89] Lyubarsky S V, Khimich Y P. Optical mirrors made of nontraditional materials[J]. Journal of Optical Technology. 1994: 61 - 67.

[90] Petrovsky G T, Tolstoy M N, Lyubarsky S V, et al. A 2.7 - meter-diameter silicon carbide primary mirror for the SOFIA telescope[J]. Proceedings of SPIE,1994, 2199: 263 - 270.

[91] Hidehiro K, Takao N, Takashi O, et al. Development of lightweight SiC mirrors for the space infrared telescope fro cosmology and astrophysics (SPICA) mission[J]. Proceedings of SPIE,2007, 6666(07): 1 - 9.

[92] Choyke W J, Hoffman R A. Method of making a high power laser mirror[P].US: 4142006, 1979.02.27.

[93] Michael I A, Peter H, Theodore T. SiC Lightweight telescopes for advanced space applications2.structures technology[J]. Proceedings of SPIE, 1992, 1693: 296 - 303.

[94] Joseph R, Michael A, Leo G, et al. Ultralightweight off-axis three mirror anastigmatic SiC visible telescope[J]. Proceedings of SPIE, 1995, 2543: 180 - 184.

[95] Zhang G, Zhao W, Zhao R, et al. Fabricating large-scale mirrors using reaction bonded silicon carbide[R]. Bellingham, WA: SPIE News Room, 2016.

[96] 刘文广.环柱型高能连续波 HF 化学激光器研究[D].长沙: 国防科学技术大学,2004.

[97] 万玉慧,徐永东,潘文革.反应熔体浸渗法制备 C/SiC 复合材料的结构与力学性能[J].玻璃钢/复合材料,2005(5): 20-24.

[98] Devilliers C. CESIC: a new technology for lightweight and cost effective space instrument structures and mirror[J]. Proceedings of SPIE,2005, 5868(0F): 1-15.

[99] Krödel M, Kutter G S, Deyerler M. Short carbon-fiber reinforced ceramic Cesic for optomechanical applications[J]. Proceedings of SPIE,2003, 4837: 576-588.

[100] 马江,周新贵,张长瑞,等.纤维类型对纤维增强 SiC 基复合材料性能的影响[J].复合材料学报,2001,18(3): 72-74.

[101] 王其坤,胡海峰,简科,等.先驱体转化法制备 2D C_f/SiC-Cu 复合材料及其性能[J].新型碳材料,2006,21(2)151-155.

[102] 简科,陈朝辉,马青松,等.裂解工艺对先驱体转化制备 C_f/SiC 材料结构与性能的影响[J].复合材料学报,2004,21(5): 57-61.

[103] 简科,陈朝辉,马青松,等.浸渍工艺对先驱体转化制备 C_f/SiC 材料结构与性能的影响[J].航空材料学报,2005,25(5): 38-41.

[104] 简科,陈朝辉,陈国民.裂解升温速率对聚碳硅烷先驱体转化制备 C_f/SiC 材料弯曲性能的影响[J].材料工程,2003(11): 11-13.

[105] 何新波,曲选辉,张长瑞,等.先驱体浸渍-裂解法制备 C_f/SiC 复合材料[J].稀有金属材料与工程,2005,34(增刊): 577-580.

[106] 周长城,张长瑞,胡海峰.C_f/SiC 陶瓷基复合材料的制备工艺研究[J].稀有金属材料与工程,2007,36(增刊1): 659-663.

[107] 曹英斌,张长瑞,周新贵,等.先驱体转化——热压单向 C_f/SiC 复合材料的高温拉伸蠕变[J].高技术通讯,2002(3): 50-53.

[108] 叶斌,何新波,曲选辉,等.制备工艺对 C_f/SiC 复合材料力学性能的影响[J].材料工程,2004(8): 47-50.

[109] 李伟,陈朝辉.先驱体转化 C_f/SiC 复合材料微观结构与渗透性能研究[J].材料工程,2007(5): 24-27.

[110] 李钒,陈朝辉,王松,等.首周期裂解方式对先驱体转化制备 C_f/SiC 复合材料性能的影响[J].航空材料学报,2006,26(2): 29-32.

[111] 马青松,陈朝辉,郑文伟,等.先驱体转化法制备连续纤维增强陶瓷基复合材料的研究[J].材料科学与工程,2001,19(4): 110-115.

[112] 张玉娣,张长瑞,周新贵.SiC 基反射镜制备工艺研究进展[J].硅酸盐通报,2005(1): 89-93.

[113] 何新波.连续纤维增强 SiC 陶瓷基复合材料的研究[D].长沙:中南工业大学,2000.

[114] 李涛,陈秋阳,匡乃航,等.先驱体转化法制备连续纤维增韧陶瓷基复合材料的研究进展[J].纤维复合材料,2014(1): 17-21.

[115] 肖鹏.高温陶瓷基复合材料制备工艺的研究[J].材料工程,2000(2): 41-44.

[116] Maurice F C, Stuart H. Comparison of two processes for manufacturing ceramic matrix composites from organometallic precursors[J]. Journal of European Ceramic Society, 1999 (19): 285-291.

[117] 李崇俊.化学气相沉积/渗透技术综述[J].固体火箭技术,1999(1): 54-58.

[118] Byung J O, Young J L, Doo J C. Fabrication of carbon/silicon carbide composites by isothermal chemical vapor infiltration, using the in situ whisker-growing and matrix-filling process[J]. Journal of American Ceramic Society, 2001, 84(1): 245 - 247.

[119] 焦健,刘善华.化学气相渗透工艺(CVI)制备陶瓷基复合材料的进展研究[J].航空制造技术,2015(14): 101 - 104.

[120] 侯向辉,李贺军,刘应楼,等.先进陶瓷基复合材料制备技术——CVI 法现状及进展[J].硅酸盐通报,1999(2): 32 - 36.

[121] 肖鹏,徐永东,黄伯云.CSCVI 法制备 C 布增韧 SiC 基复合材料及其微观结构[J].航空材料学报,2001,21(4): 33 - 37.

[122] 肖鹏,徐永东,张立同,等.旋转 CVI 制备 C/SiC 复合材料[J].无机材料学报,2000, 15(5): 903 - 906.

[123] 乔生儒,杜双明,纪岗昌.3D - C/SiC 复合材料的损伤机理[J].机械强度,2004,6(3): 307 - 312.

[124] Kaneda H, Naitoh M. Manufacturing and optical testing of 800 mm lightweight all C/SiC optics[J]. Proceedings of SPIE,2013, 8837(1): 1 - 10.

[125] Devilliers C, KrÖdel M R, Sodnik Z, et al. Super-light-weighted HB-Cesic mirror cryogenic test[J]. Proceedings of SPIE, 2010, 10565(2F): 1 - 7.

[126] Krödel M, Zauner C. Extreme stable and complex structures for optomechanical applications[J]. Proceedings of SPIE,2015, 9574(0G): 1 - 12.

[127] Lee H B, Suk J Y, Bae J I. Trade study of all-SiC lightweight primary mirror and metering structures for spaceborne telescopes[J]. Proceedings of SPIE,2015, 9574(0D): 1 - 12.

[128] Krödel M R, Ozaki T. HB - Cesic composite for space optics and structures [J]. Proceedings of SPIE, 2007, 6666(0E): 1 - 10.

[129] Suganuma M, Imai T, Katayama H, et al. Optical testing of lightweight large all - C/SiC optics[J]. Proceedings of SPIE,2010, 10565(2E): 1 - 7.

[130] Krödel M R, Luichtelb G, Volkmer R. The Cesic® ceramic optics of the GREGOR telescope[J]. Proceedings of SPIE, 2006, 6273(0Q): 1 - 8.

[131] Krödel M R, Devilliers C. Cesic – A new technology for lightweight and cost effective space instrument structures and mirrors[J]. Proceedings of SPIE,2006, 6265(N): 1 - 14.

[132] Ozaki T, Kume M, Oshima T, et al. Mechanical and thermal performance of C/SiC composites for SPICA mirror[J]. Proceedings of SPIE,2005, 5868(0H): 1 - 10.

[133] Deyerler M. Mueller C E. Ultra-lightweight mirrors: recent developments of C/SiC[J]. Proceedings of SPIE,2000,61: 73 - 79.

[134] Michael D, Stefan B. Design. Manufacturing and performance of C/SiC mirrors and structures[J]. Proceedings of SPIE,1997, 3132: 171 - 182.

[135] 黄禄明,张长瑞,刘荣军,等.C/SiC 复合材料反射镜研究进展[J].宇航材料工艺, 2016(6): 26 - 29.

[136] Harnisch B, Kunkel B, Papenburg U, et al. Ultra lightweight C/SiC mirrors and structure [J]. ESA Bulletin, 1998, 95(8): 148 - 152.

[137] 王鑫.超低膨胀研究及复合材料的研究[D].北京: 钢铁研究总院,2009.

［138］　苗恩铭.精密零件热膨胀及材料精确热膨胀系数研究［D］.合肥：合肥工业大学，2004.

［139］　Barron T H K, Gibbons T G. Quasiharmonic lattice dynamics of Bravais lattices. I. Thermal expansion of a rhombohedral lattice［J］. Journal of Physics. C: Solid State Physics. 1974,7(18): 3287 - 3304.

［140］　Barron T H K. Thermal expansion of solids［M］. Material park, OH: ASM International, 1998.

［141］　王润.金属材料物理性能［M］.北京：冶金工业出版社,1981.

［142］　沈婕,王晓军,夏天东.因瓦效应及因瓦合金的研究现状［J］.功能材料,2007,38: 3198 - 3201.

［143］　邱杰,严学华,程晓农,等.先进近零膨胀陶瓷研究进展［J］.材料导报,2006,20(7): 31 - 34.

［144］　Lommens P, Meyer C D, Bruneel E, et a1. Synthesis and thermal expansion of ZrO_2/ZrW_2O_8 composites［J］. Journal of the European Ceramic Society, 2005, 25(16): 3605.

［145］　Kofteros M, Rodriguez S, Tandon V, et al. A preliminary study of thermal expansion compensation in cement by ZrW_2O_8 additions［J］. Scripta Materialia, 2001, 45(4): 369.

［146］　Takao Y, Taya M. Thermal expansion coefficients and thermal stresses in an aligned short fiber composite with application to a short carbon fiber/aluminum［J］. Journal of Applied Mechanics, 1985, 52: 806 - 810.

［147］　Karadeniz Z H, Kumlutas D. A numerical study on the coefficients of thermal expansion of fiber reinforced composite materials［J］. Composite structures, 2007, 78: 1 - 10.

［148］　Schapery R A. Thermal expansion coefficients of composite materials based on energy principles［J］. Journal of Composite Materials, 1968, 2(3): 380 - 404.

［149］　Bowles D E, Tompkins S S. Prediction of coefficients of thermal expansion for unidirectional composites［J］. Journal of Composite Materials, 1989, 23: 370 - 388.

［150］　Turner P S. Thermal expansion stresses in reinforced plastics［J］. Journal of Research of the National Bureau of Standards, 1946, 37: 239 - 250.

［151］　Chamis C C. Simplified composite micromechanics equations for hygral, thermal, and mechanical properties［J］. Transactions of the Asae, 1984, 39(3): 999 - 1004.

［152］　田海英,关志军,丁亚林,等.碳纤维复合材料应用于航天光学遥感器遮光镜筒［J］.光学技术,2003,29(6): 704 - 706.

［153］　林再文,刘永琪,梁岩,等.碳纤维增强复合材料在空间光学结构中的应用［J］.光学精密工程,2007,15(8): 1181 - 1185.

［154］　李威,郭权锋.碳纤维复合材料在航天领域的应用［J］.中国光学,2011,4(3): 201 - 212.

［155］　陈栋.低膨胀三维编织复合材料细观结构优化设计［D］.天津：天津工业大学,2008.

［156］　姚学峰,杨佳,姚振汉,等.编织结构复合材料热膨胀特性的实验研究［J］.复合材料学报,2000,17(4): 20 - 25.

［157］　Alzina A, Toussaint E, Beakou A. Multiscale modeling of the thermoelastic behavior of braided fabric composites for cryogenic strictures［J］. International Journal of Solids and

Structures, 2007, 44：6842-6859.

[158] 吴萍,张廷波,黄模佳.任意形状夹杂内、外应力场表达式及其有限元验证[J].南昌大学学报,2009,33(2)：138-141.

[159] 程伟,赵寿根,刘振国,等.三维编织复合材料等效热特性数值分析和试验研究[J].航空学报,2002,23(2)：102-105.

[160] 夏彪,卢子兴.三维编织复合材料热物理性能的有限元分析[J].航空学报,2011, 32(6)：1040-1049.

[161] 过梅丽,肇研,谢令.航空航天结构复合材料湿热老化机理的研究[J].宇航材料工艺, 2002,32(4)：51-54.

[162] 黄远,何芳,万怡灶,等.碳纤维增强环氧树脂基复合材料湿热残余应力的微 Raman 光谱测试表征[J].复合材料学报,2002,32(4)：51-54.

[163] 李端.氮化硼纤维增强陶瓷基头波复合材料的制备与性能研究[D].长沙：国防科学技术大学,2011.

[164] Cheng L, Xu Y, Zhang L, et al. Effect of heat treatment on the thermal expansion of 2D and 3D C/SiC composites from room temperature to 1400℃ [J]. Carbon, 2002, 411： 1645-1687.

[165] 张青,成来飞,张立同,等.高温处理对 3D C/SiC 复合材料热膨胀性能的影响[J].复合材料学报,2004,21(4)：124-128.

[166] Kumar S, Kumar A, Shukla A, et al. Investigation of thermal expansion of 3D-stitched C-SiC composites[J]. Journal of the European Ceramic Society, 2009, 29：2849-2855.

[167] 宛琼,李付国,梁宏,等.三维四向编织复合材料基本性能的有限元模拟[J].航空材料学报,2005,25(1)：31-35.

[168] 张德坷,曹英斌,刘荣军,等.C/SiC 复合材料空间光机结构的研究进展与展望[J].材料导报,2012,26(7)：7-11.

[169] 周长城,张长瑞,胡海锋,等.C/SiC 陶瓷基复合材料的制备工艺研究[J].稀有金属材料与工程,2007,36(1)：659-662.

[170] 曹英斌.先驱体转化——热压工艺制备 C/SiC 复合材料工艺、结构、性能研究[D].长沙：国防科学技术大学,2001.

[171] 张长瑞,郝元恺.陶瓷基复合材料——原理、工艺、性能与设计[M].长沙：国防科学技术大学,2001：549-561.

[172] 马青松,陈朝辉,郑文伟,等.先驱体转化法制备连续纤维增强陶瓷基复合材料的研究[J].材料科学与工程,2001,19(4)：110-115.

[173] 张玉娣,周新贵,张长瑞.C/SiC 陶瓷基复合材料的发展与应用现状[J].材料工程, 2005,4：60-63.

[174] Kikuo N. Fabrication and mechanical properties of carbon fiber-reinforced silicon carbide composites[J]. Journal of the Ceramic Society of Japan, 1992, 100(4)：472-475.

[175] 马江.先驱体液相浸渍工艺制备纤维增强碳化硅基复合材料[D].长沙：国防科学技术大学,2000.

[176] 郝元恺,肖加余.高性能复合材料学[M].北京：化学工业出版社,2004：247-257.

[177] 赵稼祥.东丽公司碳纤维及其复合材料的进展[J].高科技纤维与应用,2000(6)：

53 - 56.

[178] 殷晓光,马天,李正操,等.3D - C/SiC 复合材料的弯曲强度及热膨胀性能分析[J].原子能科学技术,2010,44: 363 - 366.

[179] 张青,成来飞,张立同,等.界面相对 3D - C/SiC 复合材料热膨胀性能的影响[J].航空学报,2004,25(5): 508 - 512.

[180] Hsieh C L, Tuan W H. Elastic and thermal expansion behavior of two-phase composites [J], Materials Science and Engineering A 425 (2006): 349 - 360.

[181] William A G, Marc T J, Matthias K, et al. Lightweight athermal optical system using silicon lightweight mirrors (SLMS) and carbon fiber reinforced silicon carbide (Cesic) mounts[J]. Proceedings of SPIE,2002, 4822: 12 - 22.

[182] Matthias K, Pascal C, Anne P, et al. Manufacturing of a 3 - D complex hyperstable Cesic® structure[J]. Proceedings of SPIE, 2007, 6666(0N): 1 - 11.

[183] Matthias R K, Langton J B. LSST camera grid structure made of ceramic composite material HB - Cesic[J]. Proceedings of SPIE,2016, 9908(5S): 1 - 8.

[184] Matthias K, John K, Brian L J, et al. The rigid and thermally stable allceramic LSST camera: focal plane from design to assembly[J]. Proceedings of SPIE, 2018, 10702 (4O): 1 - 10.

[185] Yukari Y, Ken G, Hidehiro K, et al. Performance of lightweight large C/SiC mirror[J]. Proceedings of SPIE,2008, 10566(0M): 1 - 8.

[186] Hidehiro K, Masataka N, Tadashi I, et al. Experimental and numerical study of stitching interferometry for the optical testing of the SPICA telescope[J]. Proceedings of SPIE, 2012, 8842(3T): 1 - 6.

[187] 袁世良.表面粗糙度及其测量[M].北京: 机械工业出版社,1989.

[188] Church E L. Fractal surface finish[J]. Applied Optics,1988, 27(8): 1518 - 1526.

[189] Stute T, Sippel R. Ultra lightweight composite mirrors for optical application[J]. Proceedings of SPIE, 1997, 3132: 148 - 159.

[190] Hitchman M L. Chemical vapor deposition-principles and applications[M]. San Diego: Academic Press, 1993.

[191] Stoldt C R. A low temperature CVD process for silicon carbide MEMS[J]. Sensors and Actuators A, 2002, 3201: 1 - 6.

[192] Stinton D P, Lackey W J. Effect of deposition conditions on the properties of pyrolytic SiC coatings for HTGR fuel particles[J]. Journal of the American Ceramic Society, 1978, 57(6): 568 - 573.

[193] Klein S, Winterer M, Hahn H. Reduced pressure chemical vapor synthesis of nano-crystalline silicon carbide powders[J]. Chemical Vapor Deposition, 2010, 4(4): 143 - 149.

[194] Leu I C, Hon M H. Nucleation behavior of silicon carbide whiskers grown by chemical vapor deposition[J]. Journal of Crystal Growth, 2002, 2361010(81): 171 - 175.

[195] Lin T T, Hon M H. The growth characteristics of chemical vapor deposited β - SiC on a graphite substrate by the $SiCl_4/C_3H_8/H_2$ system[J]. Journal of Materials Science,1995,

30: 2675 - 2681.

[196] Papasouliotis G D, Sotirchos S V. Gravimetric investigation of the deposition of SiC films through decomposition of methyltrichlorosilane[J].Journal of the Electrochemical Society, 1995, 142(11): 3834 - 3844.

[197] Papasouliotis G D, Sotirchos S V. Experimental study of atmospheric pressure chemical vapor deposition of silicon carbide from methyltrichlorosilane[J]. Journal of Materials Research, 1999, 14(08): 3397 - 3409.

[198] Chiu C C, Desu S B, Tsai C Y. Low pressure chemical vapor deposition (LPCVD) of β - SiC on Si(100) using MTS in a hot wall reactor[J]. Journal of Materials Research, 1993, 8(10): 2617 - 2626.

[199] 朱庆山,邱学良,马昌文.化学气相沉积制备 SiC 涂层——Ⅰ.热力学研究[J].化工冶金,1998,19(3): 193 - 198.

[200] Chiu C C, Desu S B, Chen Z J, et al. Local equilibrium phase diagrams: SiC deposition in a hot wall LPCVD reactor[J]. Journal of Materials Research, 1994, 9(8): 2066 - 2071.

[201] Kajikawa Y, Noda S, Komiyama H. Preferred orientation of chemical vapor deposited polycrystalline silicon carbide films[J]. Chemical Vapor Deposition, 2015, 8(3): 99 - 104.

[202] Fischman G S, Petuskey W T. Thermodynamic analysis and kinetic implications of chemical vapor deposition of SiC from Si - C - CI - H gas systems[J]. Journal of the American Ceramic Society, 1985, 68(4): 185 - 190.

[203] Kingon A I, Lutz L J, Liaw P, et al. Thermodynamic calculations for the chemical vapor deposition of silicon carbide[J]. Journal of the American Ceramic Society, 1983, 66(8): 558 - 566.

[204] 奚同庚.无机材料热物性学[M].上海: 上海科学技术出版社,1981: 258.

[205] Takuya A, Hiroshi H. SiC/C multi-layered coating contributing to the antioxidation of C/C composites and the suppression of through-thickness cracks in the layer[J]. Carbon, 2001(39): 1477 - 1483.

[206] 周浩.气相反应制备 SiC 基复合材料及其反射镜坯体的研究[D].长沙: 国防科学技术大学,2006.

[207] 周浩,张长瑞,曹英斌,等.树脂浸渍裂解对气相硅反应渗透 C/SiC 的影响[J].国防科学技术大学学报,2006(3): 33 - 36.

[208] 王林山,熊祥,肖鹏.高温热处理和不同基体碳对 C/C 多孔体熔融渗硅行为的影响[J].矿冶工程,2003,23(2): 77 - 79,83.

[209] 葛庆仁.气固反应动力学[M].北京: 原子能出版社,1991.

[210] 敬仕超.物理学导论: 1 版(上册)[M].北京: 科学出版社,2008.

[211] Pascal J P, Pascal H. Non-linear effects on some unsteady non-Darcian flows through porous media[J]. International Journal of Non-Linear Mechanics, 1997, 32(2): 361 - 376.

[212] Gilbron J, Soffer A. Knudsen diffusion in microporous carbon membranes with molecular

sieving character[J]. Journal of Membrane Science, 2002, (209): 339 – 352.

[213] Yang J, Olegbusi O J. Kinetics of silicon-metal alloy infiltration into porous carbon[J]. Composites Part A, 2000, 31: 617 – 625.

[214] 林瑞泰.多孔介质传热传质引论[M].北京:科学出版社,1995.

[215] 黄清伟,乔冠军,高积强,等.生坯制备参数对反应烧结碳化硅显微组织和性能的影响[J].稀有金属材料与工程,2001,30(2):149 – 152.

[216] Fischedick J S, Zern A, Mayer J, et al. The morphology of silicon carbide in C/C – SiC composites[J]. Materials Science and Engineering A, 2002, 332: 146 – 152.

[217] 关振铎.无机材料物理性能[M].北京:清华大学出版社,1992.

[218] 刘文川,魏永良.化学气相渗(CVI)碳化硅工艺研究[J].高技术通讯,1995(4): 36 – 40.

[219] Chiu C C, Desu S B, Tsai C Y. Low pressure chemical vapor deposition(LPCVD) of β – SiC on Si(100) using MTS in not wall reactor[J]. Journal of Materials Research, 1993, 8(10): 2617 – 2626.

[220] Kim D J, Choi D J. Effect of reactant depletion on the microstructure and preferred orientation of polycrystalline SiC films by chemical vapor deposition[J]. Thin Solid Films, 1995, 266: 192 – 197.

[221] Honjo K, Ado K. Crystallographic characteristics of polycrystalline β – SiC deposited from CH_3SiCl_3 in cold or hot wall reactor[J]. Electrochemical Society Proceedings, 1996(5): 739 – 743.

[222] 刘晓阳.CVI/CVD工艺制备SiC基复合材料基体和SiC表面涂层[D].长沙:国防科学技术大学,2003.

[223] 张彬.CVD SiC涂层性能研究[D].长沙:国防科学技术大学,2002.

[224] Papasouliotis G D, Sotirchos S V. On the homogeneous chemistry of the thermal decomposition of methyltrichlorosilane: thermodynamic analysis and kinetic modeling[J]. Journal of the Electrochemical Society, 1994, 141(6): 1599 – 1611.

[225] Lespiaux D, Langlais F. Chemisorption on β – SiC and armorphous SiO_2 during CVD of silicon carbide from the Si – C – H – Cl system. Correlations with the nucleation process [J]. Thin Solid Films, 1995, 265: 40 – 51.

[226] Lee Y J, Choi D J, Kim S S, et al. Comparison of diluent gas effect on the growth behavior of horizontal CVD SiC with analytical and experimental data [J]. Surface & Coatings Technology, 2004, 177 – 178(none): 415 – 419.

[227] Osterheld T H, Allendorf M D, Melius C F. Unimolecular decomposition of methyltrichlorosilane: RRKM calculations[J]. The Journal of Physical Chemistry, 1994, 98(28): 6995 – 7003.

[228] Kim H S, Choi D J. The reactant depletion effect on chemically vapor deposited SiC films with pressure and gas ambient[J]. Thin Solid Films, 1998, 312(1 – 2): 195 – 201.

[229] Besmann T M, Sheldon B W, Iii T S M, et al. Depletion effects of silicon carbide deposition from methyltrichlorosilane[J]. Journal of the American Ceramic Society, 1992, 75(10): 2899 – 2903.

[230] Kim H S, Choi D J. Effect of diluent gases on growth behavior and characteristics of chemically vapor deposited silicon carbide films[J]. Journal of the American Ceramic Society, 1999, 82(2): 331-337.

[231] Carlsson J O. Processes in interfacial zones during chemical vapour deposition: aspects of kinetics, mechanisms, adhesion and substrate atom transport[J]. Thin Solid films, 1985, 130: 261-282.

[232] 迪安.兰氏化学手册[M].北京: 科学出版社,1991.

[233] Lee Y J, Choi D J, Park J Y, et al. The effect of diluent gases on the growth behavior of CVD SiC films with temperature[J]. Journal of Materials Science, 2000, 35(18): 4519-4526.

[234] 徐志淮,李贺军.CVD 生长 SiC 涂层工艺过程的正交分析研究[J].兵器材料科学与工程,2000,23(5): 35-40.

[235] 徐志淮,李贺军,姜开宇.神经网络模型在 SiC 涂层制备中的应用[J].无机材料学报, 2000,15(3): 511-515.

[236] 焦桓,周万城.CVD 法快速制备 SiC 过程分析[J].西北工业大学学报,2001,19(2): 165-168.

[237] Langlais F, Prebende C. On the chemical process of CVD of SiC-based ceramics from Si-C-H-Cl system[C]. Pennington, NJ: Conference on chemical vapor deposition, 1990.

[238] Papasouliotis G D, Sotirchos S V. Hydrogen chloride effects on the CVD of silicon carbide from methyltrichlorosilane[J]. Cheminform, 1998, 4(6): 235-246.

[239] Schulberg M T, Allendorf M D, Outka D A. The adsorption of hydrogen chloride on polycrystalline β-silicon carbide[J]. Surface Science, 1995, 341: 262-272.

[240] Kuo D H, Cheng D J, Shyy W J, et al. The effect of CH4 on CVD β-SiC growth[J]. Journal of the Electrochemical Society, 1990, 137(11): 3688-3692.

[241] Kim H S, Choi D J. Effect of diluent gases on growth behavior and characteristics of chemically vapor deposited silicon carbide films[J]. Journal of the American Ceramic Society, 1999, 82(2): 331-337.

[242] Xu Y, Cheng L, Zhang L, et al. Morphology and growth mechanism of silicon carbide chemical vapor deposited at low temperatures and normal atmosphere[J]. Journal of Materials Science, 1999, 34(3): 551-555.

[243] Cheng D J, Shyy W J. Growth characteristics of CVD Beta-silicon carbide[J]. Journal of the Electrochemical Society, 1987, 134(12): 3145-3149.

[244] 刘荣军,张长瑞.低温化学气相沉积 SiC 涂层显微结构及晶体结构研究[J].硅酸盐学报,2003,31(11): 1107-1111.

[245] Barret C, Massalski T B. Structure of metals[M]. Oxford: Peegamon press, 1980.

[246] Zhang J, Jiang D, Lin Q, et al. Properties of silicon carbide ceramics from gelcasting and pressureless sintering[J]. Materials & Design (1980-2015), 2015,65: 12-16.

[247] Yang X, Li B, Zhang C, et al. Fabrication and properties of porous silicon nitride wave-transparent ceramics via gel-casting and pressureless sintering[J]. Materials Science and

Engineering：A, 2016,663：174 - 180.

[248] Yang X, Li B, Zhang C, et al. Design and fabrication of porous Si_3N_4 - Si_2N_2O in situ composite ceramics with improved toughness[J]. Materials & Design, 2016,110：375 - 381.

[249] 刘海林.反应烧结碳化硅凝胶注模成型工艺及烧结体性能研究[D].北京：中国建筑材料科学研究院,2004.

[250] 严瑞瑄.水溶性高分子[M].北京：化学工业出版社,2010.

[251] 陈玉峰.碳化硅/炭黑水基料浆凝胶注模成型的研究[D].北京：中国建筑材料科学研究院,2003.

[252] Huang L, Liu R, Wang Y, et al. Fabrication and properties of dense silicon carbide ceramic via gel-casting and gas silicon infiltration[J]. Ceramics International, 2016, 42：18547 - 18553.

[253] 周公度,段连运.结构化学基础：4 版[M].北京：北京大学出版社,2014.

[254] 赵会霞.阳离子 p(St - co - BA)纳米球的合成及对纤维素纤维的表面改性[D].青岛：青岛大学,2014.

[255] 陈延信,吴锋,胡亚茹.提高粉体堆积密度的理论与实验研究[J].煤炭转化,2012, 35(1)：37 - 40.

[256] 黄求安,崔庆忠,赵成文,等.紧密堆积优化炸药粒度级配技术研究[J].科学技术与工程,2015,15(25)：130 - 134.

[257] 周玉.材料分析方法[M].北京：机械工业出版社,2011.

[258] 张玉娣,张长瑞,刘荣军,等.C/SiC 复合材料与 CVD SiC 涂层的结合性能研究[J].航空材料学报,2004,24(4)：27 - 29.

[259] 程景全.天文望远镜的原理和设计[M].北京：科学出版社,2003.

[260] 张剑寒,张宇民,韩杰才,等.碳化硅空间反射镜坯体残余应力的研究[J].佳木斯大学学报(自然科学版),2006,24(2)：161 - 164.

[261] 刘荣军.化学气相沉积碳化硅涂层制备工艺、结构和性能研究[D].长沙：国防科学技术大学,2004.

[262] Takuya A, Hiroshi H. SiC - C multi-layered coating contributing to the antioxidation of C/C composites and the suppression of through-thickness cracks in the layer[J]. Carbon, 2001, (39)：1477 - 1483.

[263] Fu X A, Dunning J L, Zorman C A, et al. Measurement of residual stress and elastic modulus of polycrystalline 3C - SiC films deposited by low-pressure chemical vapor deposition[J]. Thin Solid Films, 2005, 492(1 - 2)：195 - 202.

[264] 张强,陈国钦.高体积分数 SiCp/Al 热膨胀系数与 SiC 含量的相关性[C].天津：第十二届全国复合材料学术会议,2002.

[265] Hsueh C H, Becher P F. Residual thermal stresses in ceramic composites Part I：with ellipsoidal inclusions[J]. Materials Science and Engineering A, 1996, 212：22 - 28.

[266] 傅晓伟,杨王玥,张来启,等.原位合成 $MoSi_2$/SiC 复合材料的组织缺陷[J].北京科技大学学报,2001,23(2)：249 - 252.

[267] 江东亮,李龙土,欧阳世翕,等.中国材料工程大典：第 8 卷[M].北京：化学工业出版

社,2006.

[268] Genzel C, Klaus M, Denks I, et al. Residual stress fields in surface-treated silicon carbide for space industry-comparison of biaxial and triaxial analysis using different X-ray methods [J]. Materials Science and Engineering A, 2005, 390: 376 – 384.

[269] 田欣利,于爱兵.工程陶瓷加工的理论与技术[M].北京: 国防工业出版社,2006.

[270] Lu Y M, Leu I C. Microstructural study of residual stress in chemically vapor deposited β – SiC[J]. Surface and Coating Technology, 2000, (124): 262 – 265.

[271] Hsueh C H, Becher P F. Residual thermal stresses in ceramic composites Part I: with ellipsoidal inclusions[J]. Materials Science and Engineering A, 1996, 212: 22 – 28.

[272] Zhu W L, Zhu J L, Nishino S, et al. Spatially resolved Raman spectroscopy evaluation of residual stresses in 3C – SiC layer deposited on Si substrates with different crystallographic orientations[J]. Applied Surface Science, 2006, 252(6): 2346 – 2354.

[273] 张玉娣.C/SiC 复合材料反射镜坯体及过渡层的研究[D].长沙: 国防科学技术大学, 2005.

[274] Broda M, Pyzalla A, Reimers W. X – ray analysis of residual stresses in C/SiC composites [J]. Applied Composite Materials, 1999, (6): 51 – 66.

[275] 王丹,徐滨士,董世运.涂层残余应力实用检测技术的研究进展[J].金属热处理, 2006,31(5): 48 – 53.

[276] Nakashima S I, Higashihira M, Maeda K, et al. Raman scattering characterization of polytype in silicon carbide ceramics: comparison with X – ray diffraction[J]. Journal of the American Ceramic Society, 2003, 86(5): 823 – 829.

[277] Sun G, Luo M, Wang L. Raman investigations of 3C – SiC films grown on Si (100) and Sapphire (0001) by LPCVD[J]. Chinese Journal of Luminescence, 2003, 23(4): 421 – 425.

[278] Stefan R, Martin H, Lothar L. Quantitative evaluation of biaxial strain in epitaxial 3C – SiC layers on Si (100) substrates by Raman spectroscopy[J]. Journal of Applied Physics, 2002, 91(3): 1113 – 1117.

[279] 何崇智,郗秀荣,孟庆恩,等.X 射线衍射实验技术[M].上海: 上海科学技术出版社,1988.

[280] 张定铨,何家文.材料中残余应力的 X 射线衍射分析和作用[M].西安: 西安交通大学出版社,1999.

[281] 滕凤恩,王煜明,姜小龙.X 射线结构分析与材料性能表征[M].北京: 科学出版社, 1997.

[282] Kuo D, Cheng D, Shi W. The effect of CH4 on CVD β – SiC growth[J]. Journal of the Electrochemical Society, 1990, 137(11): 3688 – 3692.

[283] 田欣利,于爱兵,林彬.陶瓷磨削温度对表面残余应力的影响[J].中国机械工程, 2002,13(18): 1600 – 1601.

[284] Wu H, Robert S G, Derby B. Residual stresses and surface damage in machined alumina and alumina/silicon carbide nanocomposite ceramics[J]. Acta Materialia, 2001, 49(3): 507 – 517.

[285] 高勇.去应力退火工艺对残余应力影响的研究[D].北京：北京科技大学,2007.

[286] Antonio M, Anshu M, Ann W. Determination of stress profile and optimization of stress gradient in PECVD poly－SiGe films[J]. Sensors and Actuators A, 2005, 118：313－321.

[287] 张云龙,张宇民,韩杰才,等.反应烧结碳化硅磨削参数优化及机理研究[J].材料导报,2007,21(5)：233－236.

[288] 李铁骑,章明秋,曾汉民.用 Raman 光谱研究纤维复合材料[J].复合材料学报,1997,14(2)：1－5.

[289] 曹莹,吴林志,张博明.碳纤维复合材料界面性能研究[J].复合材料学报,2000,17(2)：89－93.

[290] 贺福.用拉曼光谱研究碳纤维的结构[J].高科技纤维与应用,2005,30(6)：20－25.

[291] 于坤.气相反应 C/SiC 复合材料工艺、应力控制及其反射镜结构设计和制备研究[D].长沙：国防科学技术大学,2010.

[292] 黄远,何芳,万怡灶,等.碳纤维增强环氧树脂基复合材料湿热残余应力的微 Raman 光谱测试表征[J].复合材料学报,2002,32(4)：51－54.

[293] 高智芳.碳纤维环氧树脂基复合材料湿热残余应力的研究[D].天津：天津大学,2009.

[294] 张青.碳/碳化硅复合材料热膨胀行为研究[D].西安：西北工业大学,2004.

[295] Zhang B, Wang S, Li W, et al. Mechanical behavior of C/SiC composites under simulated space environments[J]. Materials Science and Engineering A, 534(2012)：408－412.

[296] Liu X, Cheng L, Zhang L, et al. Tensile properties and damage evolution in a 3D C/SiC composite at cryogenic temperatures [J]. Materials Science and Engineering A, 528 (2011)：7524－7528.

[297] Ortona A, Donato A, Filacchioni G, et al. SiC－SiC$_f$ CMC manufacturing by hybrid CVI－PIP techniques：process optimization[J]. Fusion Engineering and Design, 2000, 51－52：159－163.